LINDA

TELLINGTON-JONES

Müller Rüschlikon

Wakan Tanka, Grosser Geist,
lehre mich zu vertrauen.
Meinem Herz.
Meinem Geist.
Meiner Intuition.
Meinem inneren Wissen.
Meinen Sinnen …

… lehre mich, diesen Dingen zu vertrauen,
damit ich meinen heiligen Raum erreiche.
Und jenseits meiner Angst lieben kann.
Und mich so im Gleichgewicht bewege.
Bei jedem Vorüberziehen der goldenen Sonne.

LAKOTA-GEBET

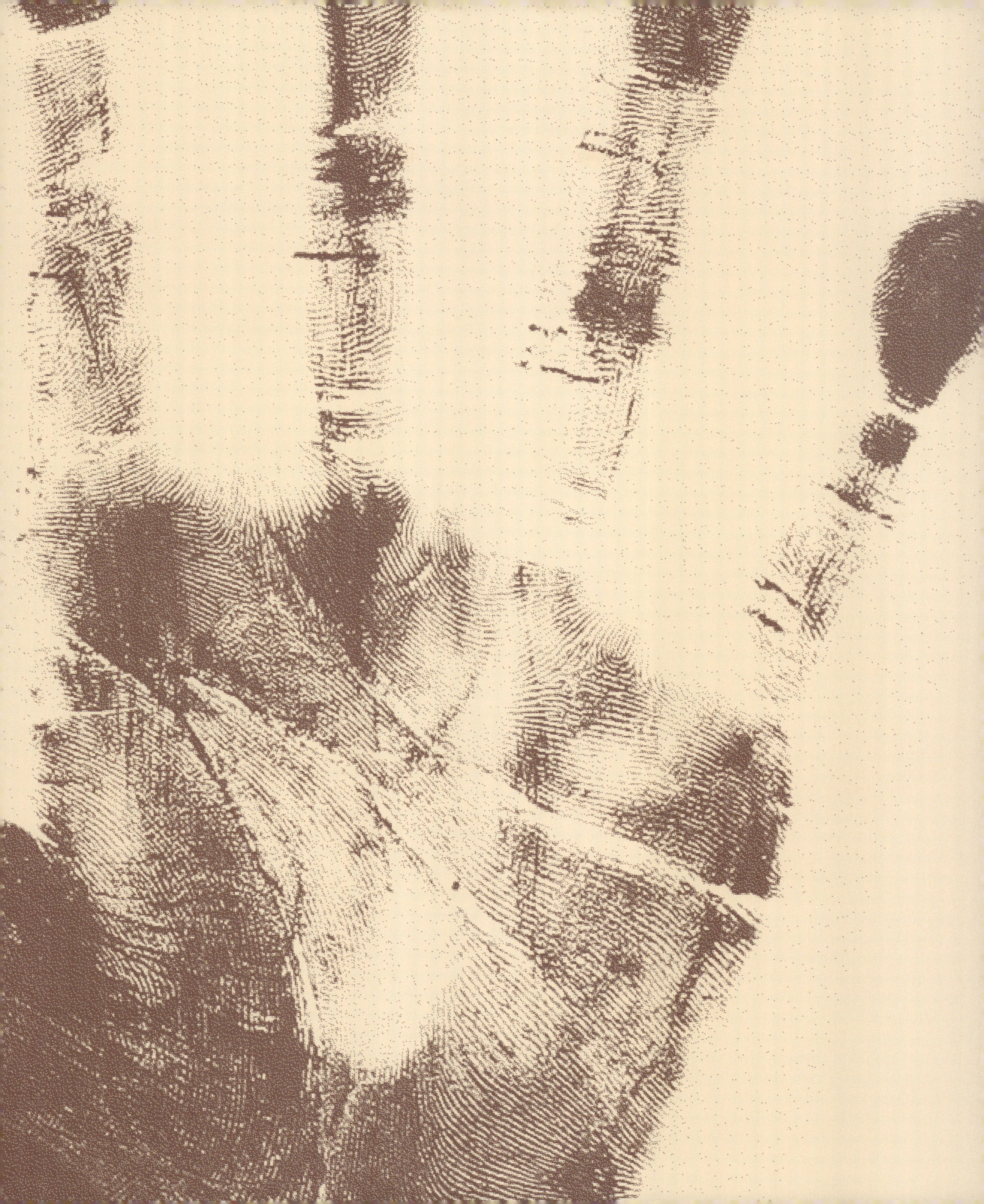

VERTRAUE
DEINER
INTUITION

LINDA
TELLINGTON-JONES

... SICH KENNEN LERNEN

... SICH VERBINDEN

... SICH VERTRAUENSVOLL ENTSPANNEN

INHALT

LINDA

Ein Buch über das abenteuerliche Leben der legendären Horsewoman **Linda Tellington-Jones** … und darüber, was sie zum TTouch führte.

von Gabriele Boiselle

Die vielschichtige regenbogenfarbene Persönlichkeit der legendären Pferdefrau Linda kommt in ihren Lehrbüchern nur ansatzweise zum Vorschein. Sie hat mehr als zwanzig Bücher zum TTouch publiziert, die in fünfzehn verschiedene Sprachen übersetzt wurden und vielen Menschen und Pferden auf dieser Welt geholfen haben, sich gegenseitig besser zu verstehen. In diesem Buch möchte ich als langjährige Freundin von Linda ihr spannendes Leben und ihren Weg zum TTouch in den Vordergrund stellen und auch über sehr private Seiten berichten. Wir haben sehr lange gemeinsam über ihr Leben gesprochen, und sie hat viele Erinnerungen nochmal nachempfunden und manche Situationen erneut erlebt. Es war eine Herausforderung und eine Freude, mit ihr zu arbeiten. Und es wurde mir klar, warum nur einem so spirituell und intuitiv geprägten Wesen wie Linda es gelingen konnte, den TTouch in seiner heutigen Form hervorzubringen. Denn sie ist nicht nur eine begnadete Lehrerin, sondern sie ist auch geerdet und sehr pragmatisch veranlagt und folgte schon immer ihrer Intuition. Sie hat Wege gefunden, ihr Wissen allen, die es begreifen wollen, ganz einfach zu vermitteln, so dass jeder es ins tägliche Leben mit Tieren und Menschen einbauen kann. Die Grundlagen des TTouches, das betont sie immer wieder, gehen auf uraltes Wissen zurück, auf die universelle Kommunikation zwischen allen Lebewesen. Wir sind alle wichtige Teile dieses Planeten, damit er leben und sich entwickeln kann: Jeder von uns.

Universell und Individuell

Ehrlich gesagt – ich habe auch einige Jahre gebraucht, bevor ich die wirkliche Dimension ihrer Arbeit und ihrer Mission begriffen habe. Man muss Linda zuhören und ihre Geschichten verstehen lernen. Die Arbeit an diesem Buch erfüllt mich noch mehr mit tiefer Hochachtung für ihr Lebenswerk, denn jetzt erst beim Prozess des Schreibens fügen sich die ganzen Teile eines großen Puzzles zu einem Gesamtbild zusammen. Tausende von Fragmenten, die alle verbunden sind, 80 Jahre volles Leben! Mit ihrem Alter hat sie kein Problem, sie ist noch voller Energie und neuen Ideen. Diese Vitalität ist unglaublich, sie muss einfach weitermachen, das ist ihre Mission.

Was ist nun wirklich ihr Verdienst?

In den letzten Jahrzehnten leistete sie einen gewaltigen Beitrag dazu, dass Menschen lernen, die Tiere besser zu verstehen. Und die Tiere fühlen mehr und mehr, dass die Menschen den Zugang, die Kommunikation mit ihnen suchen, und sind dankbar dafür. Linda begründete ein riesiges Netzwerk an TTouch-Lehrern, einfach aus dem Bedürfnis heraus, ihr Wissen in die Herzen so vieler Menschen als möglich zu pflanzen. Das ist ihr gelungen, aber sie brauchte Hilfe und hat sie in dieser emotionalen und fähigen Gruppe von Menschen auch wirklich gefunden – ihren »Practitionern« und erfahrenen Lehrern, die als »Instructors« bezeichnet werden.

Wer ist Linda eigentlich?

Um zu begreifen, was diese Frau alles geleistet hat, muss man ihren Lebensweg zurückverfolgen, und das habe ich zusammen mit ihr in diesem Buch getan. Ich möchte kurz ansprechen, was alles in diesem Buch steckt. Natürlich ist wie bei allen von uns die Kindheit ein wichtiger Schlüssel für das weitere Leben. Linda wurde in eine kinderreiche, tierliebe Familie hineingeboren, beschenkt mit der seltenen Gabe, sich mit Tieren und allen möglichen Wesen zu unterhalten. Ihre besondere Verbindung zu den Pferden war schon früh sichtbar. Ihr Talent, Pferde nicht nur zu verstehen, sondern auch wie selbstverständlich auf ihrem Rücken zu sitzen, hat sie wohl im Erbgut ihrer beiden Familienzweige mitbekommen. Als Pferdezüchter und Jockeys haben ihre Großväter ihr eine Veranlagung weitergegeben, die noch aus England mit über den großen Teich nach Kanada und Amerika geschwommen ist. Und einer ihrer Großväter vermachte ihr noch etwas ganz Besonderes, ein Geheimnis, das ihr Leben und das vieler Menschen verändern würde. Es war ein Geschenk der besonderen Art, doch über diese Geschichte und die Vorhersehung wollen wir erst später sprechen.

»Lächle, mein Kind« – sagte ihre Mutter

Mit sechs Jahren hatte Linda ihr erstes eigenes Pferd, und schon mit zwölf Jahren bestritt sie mit großem Erfolg viele anspruchsvolle Turniere auf eigenen, von ihr trainierten Pferden. Aber sie war auch eine gefragte Gastreiterin, die auf ihr ganz unbekannten Pferden viele Erfolge erstritt. Vor dem Start hatte sie dann jeweils gerade ein paar Minuten Zeit, um sich mit dem Wesen und Charakter des Pferdes bekannt zu machen. Ihre Intuition und ihr Einfühlungsvermögen wurden in diesen Lehrjahren extrem geschult. Meistens wurde sie von ihrer Mutter begleitet, die immer am Rand des Turnierplatzes saß und immer wieder zu ihr sagte: »Smile, my dear«. Was dieser Satz, immer wiederholt, für eine Wirkung hatte, das erfuhr sie erst 30 Jahre später. Zunächst einmal tat sie, was ihre Mutter gesagt hatte: Sie lächelte.

Große Herausforderungen und Rekorde

Als Linda sehr jung einen 20 Jahre älteren Mann heiratete, veränderte sich ihr Leben schlagartig. Heute noch sagt Linda, dass sie ihm unheimlich viel zu verdanken habe: Wentworth Tellington. Eigentlich von Berufs wegen Geologie-Ingenieur, baute er zusammen mit seiner blutjungen Frau Linda eine einzigartige Ausbildungsstätte auf: die »Pacific Coast Equestrian Research Farm« in Kalifornien. Die beiden hatten einen ambitionierten, zehn Monate dauernden Schulungsplan für die Fortbildung von Reitlehrern ausgearbeitet. Es war eine intensive Ausbildung, in welche die reiche Erfahrung von Lindas Ehemann als Pferdemann mit einfloss. Er hatte seine Ausbildung bei dem letzten amerikanischen

Araberstute Bint Gulida und Linda am Pazifischen Ozean.

Kavallerieregiment erhalten und auch auf sportlicher Ebene viel Erfahrung gesammelt. In ihrem Ausbildungszentrum gab es Kleidervorschriften, und es wurden auch professionelles Auftreten, Disziplin und Organisationsvermögen erwartet und geschult. Über 10 Jahre lang kamen Reiter aus 9 Ländern und 36 Staaten der USA zu diesem Programm. Schon mit 27 Jahren war Linda eine professionelle Ausbilderin. Sie war Vorbild für ihre Schüler und in ganz Amerika bekannt durch ihre sportlichen Erfolge und die Artikel und Publikationen, die ihr Mann über sie verfasst hatte, und die in vielen Zeitschriften publiziert wurden. Sie hat Distanzpferde trainiert und mit ihnen mehrmals erfolgreich am härtesten Rennen der Welt, dem »Tevis Cup«, teilgenommen. Der Trail führte über 100 Meilen (160 km) durch den Gebirgszug der Sierra Nevada mountain range. Bemerkenswert ist, dass sie nicht wirklich darauf erpicht schien, selbst zu gewinnen. Ihr Stolz war es, ihre Schüler als Gruppe zusammen über die Ziellinie führen zu können: Sie belegte mit ihnen den 15. Platz von 140 Startern. Auf ihrer arabischen Stute Bint Gulida hielt Linda ebenfalls sieben Jahre lang den Rekord im »Jim Shoulders«-Distanzrennen in Oklahoma über 100 Meilen. Doch diese Distanzrennen waren nur ein kleiner Teil ihres Trainings-Programms. Sie ritt selbst und trainierte ihre Schüler auch für Vielseitigkeitsprüfungen. Dabei müssen Springen, Dressur und Geländeritte gleichermaßen ernst genommen werden. Sie startete und siegte auch in Parcours- und Jagdspringen. Kurzum: Linda war in allen Sätteln zuhause, vom Westernreiten bis zur klassischen Dressur und auch im Damensattel. Über die Jahre füllte sie einen eigenen Raum mit ihrer Sammlung von Pokalen und Trophäen.

Ungarische Pferde und eine Einladung

Nach 18 Jahren trennten sich die Wege der Tellingtons, und Linda führte die Schule für einige Zeit alleine weiter. Doch mit 80 Pferden und wechselnden Schülern war es ein Mammutprojekt und Linda erkannte, dass sie ihren Wirkungskreis verkleinern musste, um weiterhin effizient zu sein. Die ungarische Gräfin Margit Bessenyey machte ihr ein verlockendes Angebot, wobei Linda ihre Arbeit als Ausbilderin weiter fortsetzen, aber gleichzeitig die fast unbekannten Pferde der ungarischen Noniusrasse für die Gräfin trainieren und promoten konnte. Dies schien Lindas Zukunft zu sein. Doch 1969 bekam sie Besuch von Ursula Bruns aus Deutschland. Die Herausgeberin der deutschen Zeitschrift »freizeit im sattel« hatte schon viel über ihre Erfolge, Reitweise und Methode gelesen und war neugierig geworden. So gastfreundlich, wie Linda ist, lud sie die Deutsche ein und zeigte ihr nicht nur ihre eigenen Pferde und Trainingsmethoden, sondern nahm sie mit auf Turniere und machte sie mit neuen Reitweisen und Trainern bekannt. Die beiden Frauen verstanden sich auf Anhieb, und es entwickelte sich eine lebenslange Freundschaft, die weitreichende Folgen haben sollte.

Ein neues Leben in Deutschland

Linda kam einige Jahre später nach Deutschland und lehrte zusammen mit Ursula Bruns in einem Ausbildungszentrum in Reken. In den Jahren 1975 bis 1980 entwickelten sie zusammen neue Ideen und Programme zur schonenden und artgerechten Ausbildung von Pferden. Linda gab Seminare, in denen sie ihre Art des Reitens lehrte, die auf Vertrauen basiert. Sie gab Kurse in Western Pleasure Riding und machte die »leichte Reitweise« bekannt.

Ursula Bruns überredete Linda dazu, sich an die Schreibmaschine zu setzen und ihre Methode aufzuschreiben; sie korrigierte sie, und so entstand Lindas erstes Buch, das tausendfach aufgelegt wurde und wie eine Bombe einschlug. Das erste von vielen, die in über fünfzehn Sprachen übersetzt wurden, sogar ins Chinesische. Beide Frauen waren Pioniere mit ihren Methoden und mit ihren Einsichten ihrer Zeit weit voraus, sowohl im Freizeitreiten als auch im Umgang mit den Pferden. Sie ergänzten sich, ermutigten sich gegenseitig und erreichten zusammen viele Reiter und Pferdeleute. Von 1976 an war Linda in ganz Europa unermüdlich unterwegs und gab Workshops, in denen sie ihr Augenmerk auf das ausbalancierte Reiten legte, basierend auf dem gegenseitigen Vertrauen von Pferd und Reiter.

Das Reiten mit einem Halsring

Auf einen Schlag wurde Linda in Deutschland berühmt, als sie auf der EQUITANA im Jahre 1975 einen arabischen Hengst nur mit einem fast unsichtbaren Halsring ritt. Das war noch nie da gewesen und wurde zu ihrem Sprungbrett in das Bewusstsein der europäischen Reitszene. Als sie dann noch am nächsten Tag der Messe zusammen mit drei anderen Reitern auf englischen Vollblütern eine Springquadrille präsentierte, die ebenfalls nur mit diesem feinen Ring um den Hals geritten wurde, war die Sensation perfekt. Alle deutschen Pferde-Magazine berichteten damals darüber, teilweise sehr kontrovers: Von »unverantwortlich« bis »genial« reichte die Palette der Reaktionen.
Wolf Kröber, der Erfinder der EQUITANA, wusste sofort, als er Linda traf, was für eine mitreißende Lichtfigur er vor sich hatte. Mit seiner Intuition, durch die die EQUITANA sich auch zur weltgrößten Pferdemesse entwickelte, erkannte er, dass Linda sein »Zugpferd« für einen neuen Trend sein könnte. Zusammen mit dem Schweizer Jean-Claude Dysli wurden sie die Wegbereiter einer ganz neuen Pferdekultur in Europa. Sie beide waren die Stars der EQUITANA im Jahre 1977 und brachten das Westernreiten und die Quarter Horses nach Europa, die Leichtigkeit des Reitens, den Mythos der Cowboys.
Unterstützt von Ursula Bruns baute Linda ihre Methode weiter aus, die Schüler liefen ihr in Scharen zu. Sie ist bis heute eine mitreißende Lehrerin, die inspiriert und motiviert, die in der ganzen Welt Kurse gibt und neue Ideen verbreitet. Und sie ist ruhelos, unglaublich fleißig und will immer nur lernen und selbst lehren.

Keine Angst vor wilden Tieren

Doch Linda wäre nicht Linda, wenn sie nicht Giraffen, Löwen, Elefanten, Schlangen und auch Keiko (den Orca-Wal aus dem Film »Free Willy«) ttouchen würde. Sie arbeitet in vielen Zoos auf der ganzen Welt und überall dort, wo sie von den Tieren gebraucht wird. Sie folgt ihrem Rufen, auch wenn die Einladung von den Menschen ausgesprochen wird.
Ihr TTouch verbindet die Herzen von Tieren und Menschen. Und so ist es nicht verwunderlich, dass sie auch ein Konzept speziell für Menschen entwickelt hat.
Der TTouch hilft auf fast jeder Ebene, das ist die Grundessenz ihrer Erfahrung. Er kann die Angst vor Schmerz verschwinden lassen, hilft bei Depressionen und erschafft ein unglaubliches Wohlgefühl. Für Linda ist es wichtig, dass dies auch bei Menschen funktioniert. Auf der ganzen Welt wird der TTouch auch dafür genutzt, sich selbst, der Familie und

Linda mit Orca-Wal Keiko aus dem Film »Free Willy«.

Freunden zu helfen. Dabei ist die Methode wirklich einfach, man kann sie sich auch aus ihren Büchern selbst beibringen. Doch ungleich genialer ist es natürlich, wenn man Linda selbst erlebt.

Linda will die ganze Welt erleben

Noch im »kalten Krieg« fährt sie nach Russland – ihre Neugierde treibt sie voran, überall dorthin, wo es Pferde gibt, auch nach Australien. An einigen magischen Orten, wie dem Olgas und Ayers Rock in Alice Springs, erlebt sie intensive spirituelle Lektionen, die sie erst später verstehen wird. Sie arbeitet mit Kamelen und erspürt die Weite der Wüste und sie trifft auf einen 500 Jahre alten Feigenbaum, dem sie ein Gedicht widmet. Das Großartige an Linda ist ihre grenzenlose Offenheit: Sie kann nie glauben, ausgelernt zu haben. Sie hat immer noch die Nase für neue Entwicklungen, immer wieder das Gefühl für Pferde und Menschen, die sich in ihrer gegenseitigen Beziehung weiterentwickeln.
Doch ihr TTouch bleibt nicht nur auf die Pferde bezogen. Hunde werden zu einem großen Thema, denn sie sind tägliche Lebensgefährten der Menschen. Sie haben sich vom Jagdgefährten zum Freund entwickelt, zum Seelengefährten. Linda verbessert die Kommunikation und das Verständnis zwischen Hunden und Menschen. Sie versteht es, Angst zu lösen und Vertrauen aufzubauen.
Gemeinsamkeit schaffen und im Gefühl sein stellten andere große Themen dar. Ihre Leidenschaft ist es, das, was sie intuitiv und empirisch mit und durch den TTouch erarbeitet hat, mit dem Fortschritt und den neuen Erkenntnissen der Forschung, besonders der Quantenphysik, abzugleichen und zu erklären. Sie beweist, dass der Hintergrund des TTouch einen Teil der modernen Wissenschaft beinhaltet. Es gibt inzwischen neue wissenschaftliche Erkenntnisse, die Linda schon lange bewusst waren.

TTouch all over the world

Linda hat viele Bücher und Videos publiziert, die sich mit hohen Auflagen in vielen Ländern verbreiten. Sie bekommt immer mehr Schüler – viele junge Leute, die mit einer ganz anderen genetischen Vernetzung auf diese Welt kommen; sie haben neue Fähigkeiten und Möglichkeiten, die für die Zukunft der Menschheit wichtig sind. Doch das ist wiederum eine Geschichte für sich. Mit dem TTouch können diese Sensibilitäten gefördert werden. Linda hat ein Team von Lehrern aufgebaut, das weltweit aktiv ist. Ihre Lehrer werden wie gesagt »Practitioner« genannt, weil sie praktisch zeigen, wie es geht, tragen die Essenz ihres Touches weiter und inspirieren Abertausende von Menschen.
Es geht Linda wirklich nicht um ihren eigenen Ruhm oder Erfolg. Im Grunde geht es ihr darum, dass der TTouch allen, die damit in Berührung kommen, einen neuen Zugang zu anderen Lebewesen ermöglicht. Dadurch entwickelt sich automatisch auch ein neuer Zugang zum eigenen Selbst, zum eigenen Herzen. Ihre »Hearthugs«, die Herzkreise, die man mit der eigenen Hand an sich selbst vollziehen kann, bringen eine neue Dimension der Empathie in alle zwischenmenschlichen Beziehungen.
Wer Linda jemals persönlich kennengelernt hat, ist beeindruckt und überrascht, gleichzeitig überwältigt von ihrer überschäumenden Lebensfreude und ihrer positiven Ausstrahlung. Diese zierliche Person verfügt über so viel Energie und sendet Impulse, die das Leben vieler Menschen verändert haben.

Linda mit Kindern im Township Soweto in Südafrika beim »Hearthug«.

Einzigartig und doch so normal

Ohne Linda wäre diese Welt, besonders die der Pferde und Tiere, um ein großes Stück ärmer. Sie ist eine Botschafterin der Tiere, aber auch eine Philosophin: sie ist spirituell, aber auch voller Demut vor ihrer Aufgabe. Sie ist eine unermüdliche Arbeiterin, aber sie kann auch absolut abschalten und umfallen vor Lachen. Sie ist die Organisatorin hinter einem weltweiten Netzwerk, dabei kreativ chaotisch und spontan intuitiv. Sie ist jederzeit bereit, ihr Konzept umzuwerfen, wenn es etwas Besseres gibt. Sie ist lustig bis drollig und wirkt unglaublich jung. Sie ist das beste Beispiel, dass Altern nichts mit Lebensjahren zu tun hat, sondern mit der inneren Einstellung. Sie ist einfach genial, aber auch anstrengend, denn sie hat immer neue Ideen und die Kraft und den Willen, diese auch durchzusetzen. Sie ist eine Herausforderung für ihre Umgebung und für sich selbst.

Das darf ich wohl mit Fug und Recht sagen, denn mit Linda verbindet mich diese lange und tiefe Freundschaft. Wir fühlen uns auf vielen Ebenen verbunden, und wenn sie in Deutschland ist, dann ist sie auch bei mir in Speyer zuhause. Es war schon länger überfällig, dass man mehr erfährt über den Menschen Linda, mit seinen vielfältigen Facetten, der sich hinter dem TTouch verbirgt. Sie hat noch viel mehr zu vermitteln als eine Methode, sie ist eine wegweisende Lichtfigur. Das kommt besonders bei ihren schönen Gedichten zum Ausdruck, die ich in diesem Buch in Originalsprache wiedergeben möchte.

Hinter dem TTouch steht eine spirituelle Frau, die eine intensive Verbindung zur Natur hat, die durch ihre besondere Art der Berührung mit ihrer Hand nicht nur die Zellen, sondern auch die Seele eines Menschen erreichen kann. Linda ist wahres Leben, das in Einheit mit dem großen Universum existiert. Linda ist einzigartig und lustig und originell und einfach unwiderstehlich. Sollte das alles wie eine Liebeserklärung klingen, dann ist das einfach so. Man kann sie nur lieben ... und achten.

Die wirkliche große Liebe kommt erst spät

Ihre persönliche große Liebe hat sie mit ihrem dritten Mann Roland Kleger gefunden, den sie schon fast ihr ganzes Leben lang kennt. Linda hat kein Problem damit, ihre privaten Gefühle zu beschreiben. Für sie gehört sowieso alles zusammen. Sie ist so frei, dass sie über ihre traurigsten und schönsten Momente im Leben erzählen kann. Dabei kann sie immer wieder über sich selbst lachen und staunen. Mit Freude berichtet Linda vom schönsten Fest in ihrem Leben, von ihre Hochzeit mit Roland im Beisein von 100 Freunden in Sante Fé, New Mexiko. Es war die unglaublichste Hochzeit, die ich je erlebt und fotografiert habe. Dabei zu sein, war eine Ehre und eine intensive Lebenserfahrung für mich.

Dieses Buch erhebt keinen Anspruch auf Vollständigkeit, sonst müsste es über 1000 Seiten haben, so vieles hat Linda erlebt. Es ist nur ein kleiner Ausschnitt aus ihrem Leben, auch aus ihrem privaten Leben, wobei sie wie gesagt, kaum eine Grenze zieht. Sie ist grenzenlos emotional und emphatisch und verausgabt sich immer wieder. Egal ob mitten in der Nacht jemand anruft und ihren Rat bei einem Notfall mit Pferden haben möchte: Linda hilft immer, wenn sie kann. Sie möchte zeigen, dass bei ihr und bei allen anderen Menschen auch ALLES mit ALLEM zusammenhängt. Linda lebt bewusst das Prinzip des universellen Eingebunden-Seins ins Leben.

Für mich ist sie ein mich immer wieder herausforderndes Vorbild, das mich manchmal mit ihren subtilen intuitiven Reaktionen aus der Situation heraus – als könnte sie vieles sehen, was Anderen immer verborgen bleiben wird – auch aus der Fassung bringt. In einem anderen Jahrhundert hätte sie ihre Fähigkeiten wohl nicht benutzen dürfen, ohne der Nutzung übernatürlichen Kräfte angeklagt zu werden. Heute ist gerade das ihre Stärke, sie darf ihre Kraft leben und ist eine einzigartige Lehrerin und Motivatorin.

Es kommt oft anders als geplant

Eigentlich sollte dieses Buch ein Fotobuch werden, inspiriert durch die vielen Reisen und Fotos, die wir in den letzten 30 Jahren zusammen gemacht haben. Dazu sollte dann etwas erzählerischer Text kommen und einige Gedichte von Linda. Doch als Linda zu erzählen anfing und ich ihre Geschichten aufschrieb, da verselbstständigte sich das Buch, bekam eine eigene Dynamik. Wir verbrachten Nächte bei Facetime und Skype und konferierten von Hawaii nach Deutschland.

Verbundene Herzen – Linda und Gabriele.

Linda tauchte ein in ihre Erinnerungen, und der Strom war nicht aufzuhalten, gewaltig, lebendig und so vielfältig. Wie hätte ich da etwas anderes tun können, als zuzuhören und zu staunen und zu notieren und das Gehörte umzusetzen. Es wurde viel Text. Doch das Buch hat außer der persönlichen Erzählebene von Linda noch zwei andere Ebenen, die ich mir erlaubt habe einzuführen. Es kommen Freunde von Linda zu Wort, die sich mit einem Brief direkt an sie wenden. Als dritte Ebene präsentiere ich den Lesern meine eigenen Erlebnisse oder Sichtweisen zu bestimmten Ereignissen. Durch diese verschiedenen Perspektiven bekommt man nochmals einen anderen Zugang zu der schillernden Person von Linda Tellington-Jones. Das ist für ein Buch nicht so gebräuchlich und zugegeben vielleicht nicht stringent oder übersichtlich, doch es entspricht der Vielfältigkeit ihrer Persönlichkeit.

Ich freue mich sehr, dass dieses Buch trotzdem viele Fotos beinhaltet, denn was in manchen Bildern von Linda steckt, das kann man nicht in Worte fassen. Ihre Ausstrahlung ist intensiv. Insofern gibt es also noch eine Ebene, die das Buch tatsächlich erfüllt und die es zu etwas Besonderem macht. Ich hoffe, dass durch dieses Buch noch viel mehr Menschen begreifen, was für einen Schatz an Wissen und Weisheit Linda Tellington-Jones uns schenkt, wobei sie uns auch gleich eine praktische Gebrauchsanleitung für ein glücklicheres Leben dazu gibt.

Danke, Linda, für alles und im Namen aller, die jemals von Dir lernen durften.

VERT
DEIN
INTU

RAUE
ER
ITION

INTUITION, WAS IST DAS?

Ein **Fingerzeig** des Himmels für fünf Dollar

Das Wort »Intuition« tauchte zum ersten Mal im Jahr 1967 in meinem Leben auf. Es sprang geradezu in mein Bewusstsein hinein, so, als würde etwas bisher Namenloses plötzlich sichtbar werden. Warum auch immer mir diese kleine Anzeige bei meiner morgendlichen Zeitungslektüre zwischen zwei Tassen Kaffee in der »San Francisco Post« ins Auge fiel – sie sollte ein Schlüssel zu vielen Erkenntnissen werden.

Ein kleiner Werbetext am oberen Rand von Seite dreizehn pries das »erste computer-generierte astrologische Diagramm« an, und zwar für 5 Dollar. Na ja, dachte ich mir, das ist die Investition wert, und aus einer puren Laune heraus bestellte ich es – sozusagen als Geschenk an mich selbst zu meinem 30. Geburtstag. Bald danach kam per Post ein 22 x 14 cm großes beiges Büchlein bei mir an, das gelocht war und mit einem gelben Band zusammengehalten wurde. Während ich dies schreibe, liegt es neben mir auf dem Tisch, ich habe es über all die Jahre hinweg sorgsam aufbewahrt. Es ist schon etwas zerfleddert, aber dort steht immer noch geschrieben: »Du wirst in Deinem Leben eine eigene Art der Kommunikation entwickeln, die sich über die ganze Welt verbreiten wird. Um dies zu erreichen, musst Du Deiner Intuition vertrauen.«

»Was«, überlegte ich, »meiner Intuition«? Was bedeutet das? Was ist Intuition? Ein Wort, das wir heute kennen und ganz selbstverständlich nutzen. Im Jahr 1967 war es jedoch ein absolutes Fremdwort. Heute würde ich es im Internet googeln, damals stand ich auf und ging in die Bibliothek, das Heiligtum meines Mannes. Wentworth Tellington war 20 Jahre älter als ich, ein Pferdemann, aber sehr belesen, ein Künstler, Ingenieur und ein ewig Suchender nach spirituellen Antworten. Leider bezog er mich nicht in sein anderes Leben mit ein, vielleicht hielt er mich für zu unreif. Trotzdem vermittelte er mir die Liebe zu Büchern. Irgendwie habe ich in meinem Leben ganz häufig zum richtigen Zeitpunkt den richtigen Autor und das treffende Buch sowie das passende Kapitel zu meinen Fragen gefunden.

Das erstbeste Lexikon, das ich damals zufällig zur Hand nahm, sagte: »Intuition ist Wissen, das nicht erlernt wird, sondern unbewusst vorhanden ist.« Diese Definition warf mehr Fragen auf, als dass sie mir eine Antwort gab.

Der erste Satz der Vorhersage über die »eigene Art der Kommunikation« machte mich ebenfalls neugierig. Ehrlich gesagt, konnte ich mir damals unter einer neuen Form der Kommunikation nicht viel vorstellen. Ich hatte keine Ahnung, dass diese neue Form der Kommunikation einmal der Tellington-TTouch sein würde.

Das Wort »Intuition« entzündete etwas in mir, als hätte ich auf sein Erscheinen gewartet. Heute würde ich sagen, ich ging in Resonanz mit diesem Wort und es traf auf etwas ganz Verborgenes in meinem Innern, das erklingen wollte. Im Rückblick scheint es mir, als ob mich eine Fee mit ihrem Zauberstab angetippt hätte.

Was passiert, wenn Du es wirklich tust?

Es fühlte sich an, als sei ich plötzlich aufgewacht und würde die Welt mit neuen Augen ansehen. Mir wurde schlagartig bewusst, dass rationales Wissen zwar immens wichtig ist, und ich lernte auch gerne und viel, aber es war eben nur die eine Seite der Medaille. Die andere Seite war viel aufregender: sich selbst zu vertrauen und auf einen Schatz an Wissen zurückzugreifen, den wir schon seit unserer Geburt in uns tragen. Weshalb dies stimmt und warum es für uns heute im 21. Jahrhundert eine manifestierte und bewiesene Tatsache ist – um zu dieser Erkenntnis zu gelangen, brauchte ich ein halbes Leben lang.

Dreißig Jahre später erhielt ich eine andere, etwas ausführlichere Definition von Intuition, die – basierend auf den Erkenntnissen von Wissenschaft und Spiritualität – heute tiefer greift und die ich in allen meinen Workshops als Grundlage verwende: »Intuition ist die Manifestation des göttlichen Bewusstseins in Dir. Die Botschaften der Intuition haben eine wesentliche Bedeutung für Dein emotionales, körperliches und spirituelles Wohlergehen. Die Eingebung und das Verständnis für diese Wahrheit wird Dein Leben verändern und Dir helfen, Deine Lebensaufgabe zu finden.« (Judee Gee: Intuition – Awakening your inner guide)

Wenn ich mich an meine Kindheit erinnere, wird mir heute bewusst, dass ich schon als kleines Kind ganz häufig und selbstverständlich meinen Gefühlen und Ahnungen spontan vertraute und ihnen rückhaltlos folgte. Das ist eigentlich nichts Besonderes, denn alle Kinder kommen mit einer gewaltigen Portion Intuition, mit ungelerntem Wissen auf die Welt. Diese verliert sich mit der Zeit, wird abtrainiert oder sogar bestraft. Bei mir ist ein großer Teil dieser natürlichen Intuition erhalten geblieben, zum einen durch den Respekt und den Zuspruch meiner Familie, aber auch ganz besonders durch mein Leben mit den Pferden und meine Liebe und Hingabe an alle Tiere. Sie sind für mich wie Schutzengel, die mich immer wieder aufforderten, meiner Intuition zu folgen.

Aber wie macht man das, seiner Intuition folgen?

Hier kommen wir zum Kern, zum eigentlichen Beweggrund, warum ich dieses Buch schreibe. Ja, es macht mir Spaß, mich an all meine wundervollen Begegnungen mit Menschen und Tieren zu erinnern, aber das wäre »just for fun« und keine ausreichende Motivation für ein ganzes Buch. Wichtiger ist es mir, Dir – der Du Dich für den TTouch und für mich interessierst – meine Lebensgeschichte zu erzählen und Dir über die Rolle zu berichten, die Vertrauen und Intuition darin gespielt haben. Den TTouch würde es nicht geben, ohne dass ich meiner Intuition gefolgt wäre. Mit diesem ersten Horoskop aus dem Jahre 1967 wollte mich das Schicksal wohl mit der Nase darauf stoßen, damit ich es auch ja wirklich begreife.

Es ist mir eine Freude, mit Dir meine Erfahrungen und Erkenntnisse zu teilen, und ich hoffe, dass sie Dich inspirieren. Ich wünsche mir, dass Dich dieses Buch dazu bringt, Dein eigenes Leben erneut und neugierig zu betrachten, und dass es Dir Mut macht, Deiner Intuition und Dir selbst zu vertrauen.

Linda Tellington

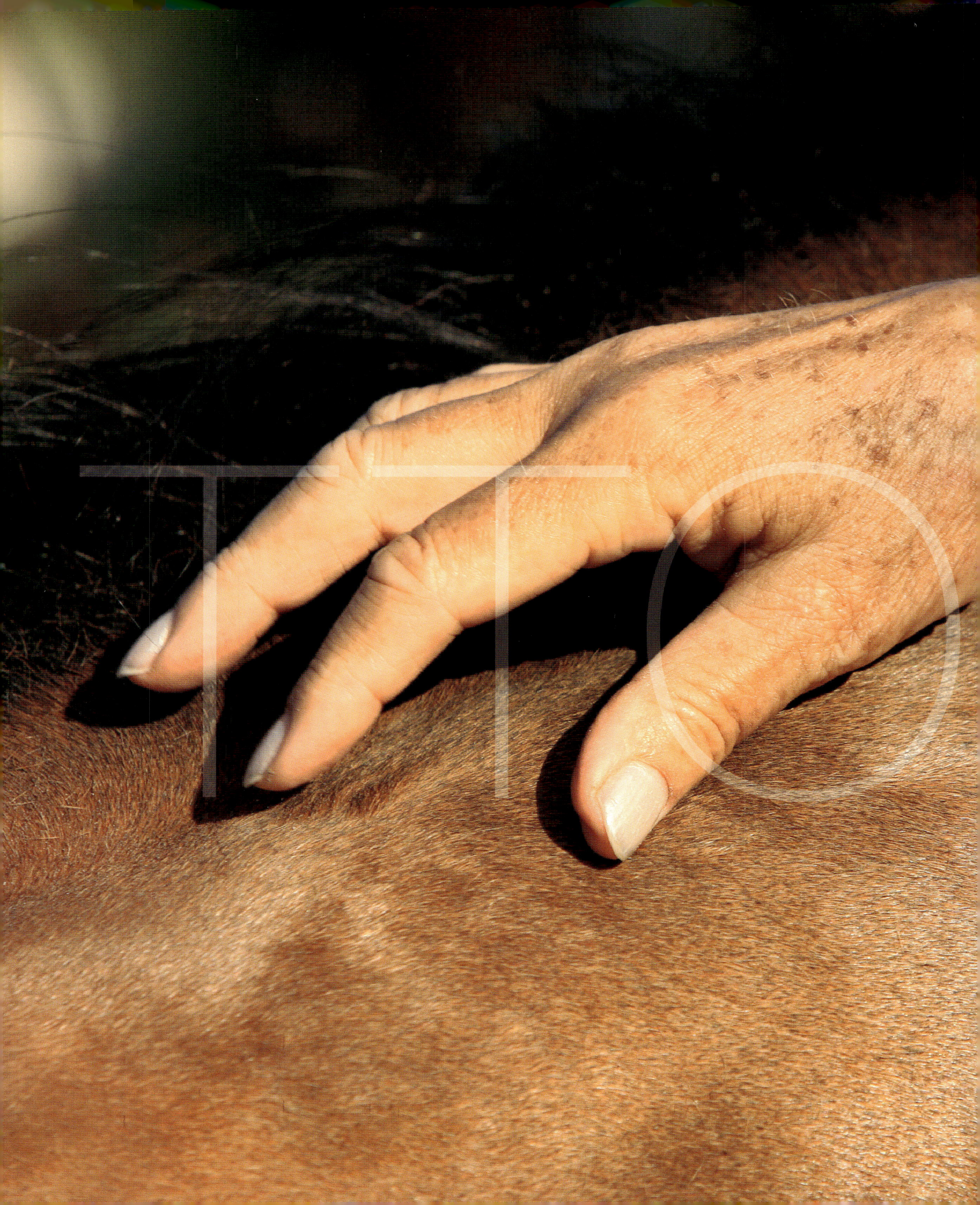
TTO

UCH

WAS IST DER **TTOUCH**?

Wie konnte Linda ihre Methode entwickeln?

Linda erzählt immer wieder, dass es viele, viele kleine Schritte waren, die sie machen musste, um ihre eigene Methode zu entwickeln und zu manifestieren. Ich habe ihr gut zugehört, wenn sie mal wieder einen Teil der Geschichte ausgepackt hat. Mit der Zeit konnte ich das Puzzle zusammensetzen und herausfinden, was die ganz entscheidenden Momente gewesen waren. Dazu habe ich Linda dann noch mal eindringlich befragt und so sind viele Texte in diesem Buch entstanden. Wenn man einen Bogen schlagen möchte, um diese vielen Geschichten einordnen zu können, dann den folgenden: Mit kaum zehn Jahren war Linda total auf Pferde eingestellt, es gab für sie nichts Anderes. Sie trainierte sich selbst, ihre Schüler, die Pferde und ihre Intuition. Mit jeder Herausforderung wuchsen ihre innere Sicherheit und ihr Gefühl, dass sie eine Mission zu erfüllen hatte. Als erstes steht da ihre Familie, die mit so viel Liebe zu den Tieren und Menschen das emotionale Fundament ihrer Entwicklung darstellte. Doch hat sie es schon in ihrer Veranlagung mitgebracht, diese Affinität zu Pferden und ihre Sensibilität für alles, was lebendig ist. Der Schlüssel ist wohl ihr Großvater. Will Caywood hat ihr nicht nur seine Gene mitgegeben, sondern auch das Geheimnis verraten, das ihn erfolgreich gemacht hatte. Linda hat es nicht nur angewendet, sondern es war ein Sprungbrett für ihren weiteren Weg.

UCH

Ein besonderes Ereignis markiert sozusagen die offizielle Geburtsstunde des TTouches: 1983 an der Universität von Delaware vor einem ganzen Kollegium von Tierärzten arbeitet Linda mit einer sehr schwierigen Stute. Da wandte sie zum ersten Mal bewusst die kreisenden Bewegungen des TTouches an. Ihre erfolgreiche sportliche Karriere genügt ihr nicht, sie sucht nach mehr und erlebt eine tiefe seelische und spirituelle Entwicklung. Sie entdeckt Zusammenhänge zwischen verschiedenen Methoden und verwoben mit ihrer praktischen Erfahrung und ihrem Pferdefeeling, schafft sie es, neue Erkenntnisse praktisch umzusetzen.

Aufgrund einer ganz besonderen Frau lässt sie ihr bisheriges Leben in Amerika hinter sich, in dem sie zu den erfolgreichsten Distanz- und Militaryreitern und -trainern gehörte. Sie gibt ihre finanzielle Sicherheit auf, indem sie den Vertrag mit der Gräfin Bessenyey aufkündigt, verlässt ihre Pferde. Sie beginnt, in Deutschland als total unbekannte Amerikanerin, mit gerade mal 6 Wörtern Deutsch im Gepäck zu lehren und erarbeitet zusammen mit Ursula Bruns revolutionäre Konzepte zur Pferdehaltung und zum Pferdetraining. Sie baut ihre eigene Organisation, die TEAM-Gilde, auf. Und heute erstreckt sich weltweit ein Netz von Tellington-TTouch-Practitionern, die ihre Methode, ihre Erfahrung und das Anliegen zu helfen weiterverbreiten. Sie bekommt die Ehrendoktorwürde verliehen und ist Dr. honoris causa Linda Tellington-Jones.

Als sie gänzlich unbekannt nach Deutschland kam, wurde das Potential ihrer Arbeit von einigen der führenden Sportler des Landes sofort als wertvoll erkannt. Schon in den 1970ern baten die Military- und Dressurreiter sie, nach Warendorf zu kommen. Klaus Balkenhol lud sie in den 1980ern ein, und Ruth und Reiner Klimke organisierten in den 1990ern Tellington-Seminare, zu denen Hunderte von Zuschauern kamen. Auch mit anderen Olympiareitern wie Nicole Uphoff und Christine Stückelberger aus der Schweiz arbeitete sie eng zusammen. Einige Episoden, die in diesem Kapitel erzählt werden, geben einen guten Einblick in die Überzeugungsarbeit, die sie für den Dressursport geleistet hat. Ihre Erfolge waren besonders bei den sensiblen Grand-Prix-Pferden wie Balkenhols Goldstern und Grazioso zu sehen, wie spontan sie immer wieder auf Lindas Arbeit reagierten und wie sie oft neuen Spaß an ihrer Aufgabe fanden.

Linda ist mehr als 40 Jahre unermüdlich unterwegs, immer wieder in Deutschland und in ganz Europa und weltweit. Sehr oft besuchte sie Russland, Italien und auch Südafrika, immer wieder die USA, wo sie zeitweise in Santa Fé lebte und auch ihr Büro führte. Sie erfüllt ihre Mission, »eine bestimmte Form der Kommunikation über die Welt zu verbreiten«.

Wir erinnern uns an das Horoskop für fünf Dollar.
Doch die Frage, woher der TTouch kommt, ist immer noch offen!

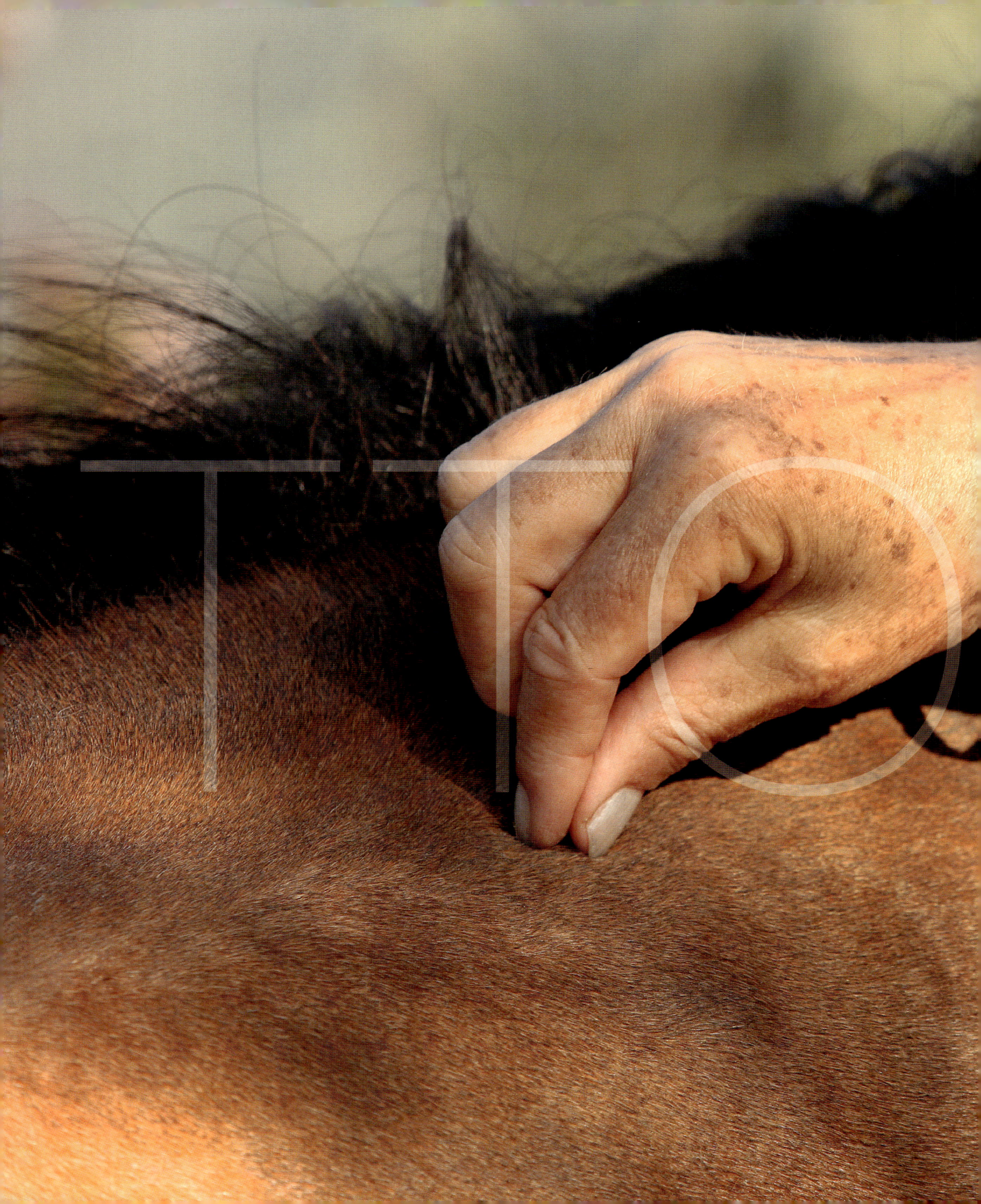
TTO

UCH

WIE FUNKTIONIERT DER **TTOUCH**?

Was hat es mit dem Kreis auf sich?

Das Jahr 1975 war ein wichtiges Jahr auf diesem Planeten. Der Vietnamkrieg wurde beendet, und mit dem Watergate-Skandal wurde zum ersten Mal ein amerikanischer Präsident von seinem Volk aus seinem Amt getrieben. 1975 war auch ein Meilenstein in meiner Entwicklung hin zu einem besseren Verständnis für Pferde, zu einer neuen Sichtweise und zu neuen Erkenntnissen. Alles führt zurück zu meinem ersten Besuch beim Esalen Institut in Kalifornien. Dort erlebte ich eine einzige Stunde mit der Feldenkrais®-Methode, die mich sprachlos machte, weil sie so viel in mir bewegte. Diese Methode wurde von Dr. Moshé Feldenkrais entwickelt, um das Nervensystem der Menschen nach Unfällen wieder zu aktivieren. Sie wird eingesetzt, um sportliche, mentale und körperliche Fähigkeiten zu steigern. Es ist eine Art von Körperarbeit, bei der sanfte und ungewohnte Bewegungen gemacht werden, um die Nervenbahnen, die direkt zum Gehirn führen und die normalerweise brach liegen, zu aktivieren.

Nach dieser ersten Übungsstunde hatte ich das Gefühl, mich freier und anders zu bewegen. Es hatte viel in mir gelöst und ausgelöst, und ich wollte mehr darüber lernen. Mein erster Gedanke war, dass diese Methode die Beweglichkeit und den Sitz meiner Reitschüler verbessern könnte. Als ich dann bei einer Übung während der Feldenkrais®-Ausbildung auf dem Boden lag, mittendrin, da schoss es mir wie ein Geistesblitz durch den Kopf: Das ist ja nicht nur für die Menschen gut, das muss auch perfekt bei den Pferden wirken. Sofort übertrug ich all das, was ich lernte, auf die Pferde. Nachmittags ging ich in die Ställe und versuchte, es umzusetzen. Es war mir klar geworden, dass Pferde, die schwer zu kontrollieren sind oder widerspenstig erscheinen, nur auf Stress reagieren oder Angst bzw. Schmerzen haben. Dieser Ansatz sollte sich später als absolut richtig erweisen. Ich entwickelte ein ganz neues Konzept, mit Pferden zu arbeiten, indem ich mich auf ihr Nervensystem konzentrierte und sie mit besonderen Übungen, die neu für sie waren, beschäftigte. Daraus entstand eine bahnbrechende Methode; doch damals war ich noch ganz am Anfang. Alle Erkenntnisse meiner jahrzehntelangen Arbeit als Sportlerin und Trainerin, als Lehrerin und Reiterin kamen zusammen. Mit eingeflossen ist in jedem Fall die Massage- und Entspannungstechnik meines Großvaters und die eigene Erkenntnis, dass aus Zwang und Druck heraus nie etwas Gutes entstehen konnte. Pferde zu trainieren ohne Gewalt und Dominanz, das war die Lösung. Doch wie konnte das realisiert werden?

Die Früchte der Feldenkrais®-Methode

Von 1977 bis 1983 war ich ausschließlich damit beschäftigt, die Feldenkrais®-Methode auszuprobieren und dazuzulernen. Ich arbeitete mit Menschen und Tieren, in Amerika und Deutschland. Ich erzielte immer bessere Resultate, doch es war nicht einfach, mit der Technik umzugehen, man musste viel wissen und gezielt und genau am Körper arbeiten. Die Resultate waren im Verhalten der Pferde sichtbar, aber es war schwierig, jemandem zu erklären, wie ich dahin gekommen war. Ich hatte vier Jahre lang eine Ausbildung am Institut für Humanistische Psychologie in San Francisco gemacht und persönlich mit Moshé Feldenkrais gearbeitet. Zusammen mit Roger Russel, meinem damaligen Lebensgefährten, habe ich diese Ausbildung als zertifizierte Lehrerin abgeschlossen und die Erfahrungen mit den Menschen dann auf Tiere und besonders Pferde übertragen.

An einem warmen Julitag ...

... im Jahre 1983 hatte man mich in die Veterinärklinik in Delaware gerufen. Die Stute eines der Tierärzte war ein so schwieriger Fall, dass man mich um Hilfe bat: Es war eine feine Stute mit bildschönem Kopf und sie zeigte sich von ihrer »besten« Seite, legte die Ohren an, versuchte zu beißen und verteilte gezielte Tritte, wenn man versuchte, ihr einen Sattel aufzulegen. In diesem Moment sah ich bei ihr das Muster, das mir schon oft begegnet war und das immer wieder als willkürlicher Ungehorsam falsch ausgelegt wurde. Und wie so oft zog das Universum eine Schublade auf und präsentierte wiederum einen kleinen Bruchteil einer Erkenntnis, wie ein Puzzleteilchen, das ich brauchte, um wichtige Zusammenhänge zu verstehen: Denn zwei Jahre zuvor war ich bei meiner spirituellen Suche auf das Buch *Ein Kurs in Wundern* gestoßen und hatte dort den Satz gelesen, der meine Haltung zu widerspenstigen Tieren vollkommen auf den Kopf stellte: »Aggression kommt von dem Ort, wo die Angst sitzt, und ist ein Hilferuf aus dem Innersten.« Vor meinem inneren Auge sah ich immer wieder all die Pferde, die von ihren Besitzern und Reitern gnadenlos bestraft werden, weil sie sich widersetzen. Die Dominanztheorie war so weit verbreitet und ich fühlte mich plötzlich unheimlich traurig, zu wenig dagegen vorgegangen zu sein, nicht mehr Aufklärung darüber in meinen Seminaren gegeben zu haben. Tiere sind nicht bösartig, sondern hilflos. Würde es mir gelingen, neue Wege zu entwickeln? Es beschäftigte mich die Frage: Wie kann ich dem Tier zeigen, dass ich ihm helfen und es nicht bestrafen will? Welche Art von Hilfe wäre wirklich nötig, um es zu motivieren? Und wieder half mir meine Intuition und schickte mir in großen Lettern das Wort Vertrauen. TRUST! Und wie gewinne ich Vertrauen?

Die Geburtsstunde der Kreisbewegung

Einfach mit Tieren zu reden, mit einer warmen guten Stimme – nette Idee, aber sie funktioniert nicht, wie ich gelernt hatte. Wenn in den Zellen Angst eingelagert ist, dann kann man diese Angst nur dadurch wieder zum Verschwinden bringen, indem man auf der zellulären Ebene daran arbeitet. Eben mit meinen Kreisbewegungen.

Genau das tat ich an jenem Sommertag in Delaware: Ich stellte mich an ihre Seite, berührte die Schulter der braunen Stute ganz sanft und machte leichte fortlaufende Bewegungen, wie ich das bei Feldenkrais gelernt und weiterentwickelt hatte. Mit diesen Bewegungen wanderten meine Finger über ihre Schulter und ganz allmählich verschwand die Verspannung der Muskeln und ihre Aggression floss aus ihr heraus. Sie ließ ihren Kopf mehr und mehr sinken, ihre Augenlieder schlossen sich etwas, und sie kaute ab. Sie entspannte sich. Ihre Besitzerin Wendy war geschockt, wie schnell sich die Stute vor ihren Augen verwandelt hatte. Meine kleinen subtilen Bewegungen konnte sie damit nur schwer in Verbindung bringen. Sie starrte mich an und fragte: »Was ist das Geheimnis? Arbeitest Du mit einer besonderen Energie? Wie kannst Du meine Stute in so kurzer Zeit derart beeinflussen?« Ohne nachzudenken, antwortete ich ihr und die Worte sprudelten einfach aus mir heraus: »Frage nicht, was ich tue, sondern lege einfach Deine eigene Hand auf die Schulter und bewege die Haut sanft in einem Kreis.« Ich hörte plötzlich meine eigenen Worte in mir nachklingen und war selbst erstaunt:

Was hatte ich da gesagt?
Hatte ich das gesagt?
Bewege die Haut in einem Kreis?
Wo kam das her?

Es war wie eine Eingebung gewesen, ohne Blitz und Donner, aber trotzdem wie eine Gebrauchsanweisung. Nach außen hin blieb ich cool. Ich hatte gelernt, meiner Intuition bedingungslos zu folgen, und schaute Wendy jetzt dabei zu, wie sie meinen Anweisungen folgte. Und es passierte wirklich diese gleiche tiefe Entspannung wie vorher bei mir; die Stute akzeptierte die Behandlung und reagierte keineswegs mehr aggressiv. Dieser Moment war eines der größten Aha-Erlebnisse in meinem Leben, er wurde zur Geburtsstunde des TTouch.

Wie genial war das denn?

Statt jahrelang die Feldenkrais®-Methode zu lernen, kann jeder mit einer bestimmten Kreisbewegung der Haut eine ebenso tiefe Verbindung zum Nervensystem und damit zum inneren Bauplan jedes Pferdes, Tieres, Menschen herstellen.

Ich war wie elektrisiert und konnte es kaum abwarten, diesen magischen Kreis weiter auszutesten. Über einige Jahre hinweg konnte ich meine Erfahrungen zusammentragen und die Methode ausbauen, die Vertrauen aufbaut, Wohlbefinden und Kommunikation verstärkt und Leistungen steigert. Alles begann mit einer einfachen Kreisbewegung, die jeder Mensch machen kann. Was für eine Entdeckung! Was für ein Geschenk vom lieben Gott.

Die bohrende Stimme der Intuition

Wie leicht hätte dieser Moment verschenkt werden können, wenn nicht meine innere Stimme, meine Intuition, zu mir gesprochen hätte. Wenn sie nicht aus mir gesprochen hätte, ohne dass ich die Worte erdachte. Vertraue Deiner Intuition! Sie spricht nur einmal zu Dir, manchmal laut, manchmal leise, aber sie möchte gehört werden, sonst geht sie wieder.

Was ist sie nun, diese Intuition? Einbildung? Bestimmt nicht. Sie wird mit uns geboren, ist da, unsere Verbindung zu allem Wissen, das nicht in Worten, sondern als Sein existiert. Sie liegt unter unserem Bewusstsein, ist aber immer bei uns, wir müssen sie nur wahrnehmen. Schon im ersten Kapitel dieses Buches haben wir über Intuition gesprochen und ich hoffe, dass bis hierher einigen Lesern klar geworden ist, wie zwingend und bestimmend sie für mein Leben war. Doch die Intuition fällt einem nicht in den Schoß. Wer taub ist, wird auch nicht hören können, wenn man einen Lautsprecher einschaltet, sondern nur die Vibration fühlen. Daher muss man auch lernen, mit Intuition umzugehen.

Wie arbeiten die rechte und die linke Gehirnhälfte zusammen?

Doch jetzt möchte ich noch einen Schritt weiter gehen und erklären, warum die Aufmerksamkeit für bewusstes Lernen in Verbindung mit dem unbewussten Wissen so wichtig ist: Jeder wird schon mal von den verschiedenen Charakteristika der linken und rechten Gehirnhälften gehört haben. So eindeutig, wie man glaubt, sind beide nicht getrennt, doch man kann einige Areale zuordnen, die logisch funktionieren, andere mehr emotional und intuitiv.

Jetzt kommen wir zu einem ganz wichtigen Teil, um den TTouch in seiner gesamten Auswirkung zu begreifen. Man sagt, dass die Intuition in der rechten Gehirnhälfte sitzt, welche die Kreativität, die Bilder und Vorstellungen beherbergt. Der TTouch birgt ein kleines Wunder in sich. Mit seinem 1¼-Kreis aktiviert er beide Gehirnhälften, vereint das gesamte Gehirnareal. Der Austausch geht über den Kortex; die Verbindungsbahnen zwischen Bereichen, die quasi hinter der Stirn liegen, werden zu hochfrequentierten Autobahnen. Warum sage ich das?

Um den Kreis auszuführen und noch ein Viertel anzuhängen, lehre ich, an die Ziffern der Uhr zu denken. Also: Der Kreis geht bei 6 Uhr los, geht über 9 Uhr, dann 12 Uhr und 3 Uhr wieder zu 6 Uhr und dann noch ein Viertel weiter bis 9 Uhr und wird dort etwas gehalten. Warum das letzte Viertel so wichtig ist, erklären wir später. Wenn ich an Zahlen denke, dann aktiviere ich meine linke Gehirnhälfte mit logischem Impact. Wenn ich aber den »Bärenttouch« mache oder den »Leopardttouch« oder den »Tigerttouch«, dann stelle ich mir das Tier vor, das sich bewegt, jeweils seine eigene Farbe hat, groß oder klein ist, brüllt oder schnurrt. Also kreiere ich ein Bild oder einen Film vor meinem inneren Auge, und genau das aktiviert die andere Gehirnhälfte spontan im selben Moment. Auf diese einfache und wunderbare Art und Weise bringe ich meine beiden Gehirnhälften zu einer genialen Zusammenarbeit … und dann? Ja, wenn unser gesamtes Gehirn funktioniert, hat es ein vielfach erhöhtes Energieniveau zur Verfügung, aktiviert Wohlbefinden und die Bereitschaft, sich mit der Außenwelt zu verbinden.

So einfach – so wirkungsvoll – eine Berührung – ein Kreis

Ich glaube, diese »einfache Anwendung« herausgefunden zu haben, ist einer der wichtigsten Beiträge des TTouch für den Menschen. Wer sich angesprochen fühlt und es nachvollziehen möchte, kann dies ganz einfach tun. Doch es gehört noch etwas dazu: die Bewegung der eigenen Hand in einem Kreis und das Gefühl, das wir in diese Bewegung einströmen lassen. Der heilige Kreis ist ein mythisches und uraltes Kultsymbol der Menschheit.

Alles ist ein Kreis oder ein Kreislauf, in der Natur, am Himmel oder in der Zeit. Doch jedes Symbol hat nur so viel Gewicht wie die Intention und die Bedeutung, die man ihm zumisst. Ein Gullideckel ist auch kreisrund, doch hat er eine eher praktische Bedeutung. In einer mit heiligem Wasser gefüllte Opferschale spiegelten in Machu Picchu die Mayas den Sternenhimmel und erforschten die Planeten, das hat eine weit tiefere Bedeutung. So gibt der Mensch seinem Tun seine Bedeutung, seine Wertigkeit, wenn er seine Gefühle, seine Liebe mit einfließen lässt. Doch beim TTouch ist es überraschend und wunderbar, dass er auch funktioniert, wenn »Anwender« ihn distanziert und skeptisch einsetzen. Die natürliche Gesetzmäßigkeit ist so groß, dass er funktioniert, weil das Universum einen ganz einfachen Trick einsetzt: Es setzt sich über das Gehirn und die linke Gehirnhälfte der Skeptiker hinweg und kommuniziert gleich mit der rechten Gehirnhälfte und den tiefen Seelenebenen des Individuums. Denn jede Zelle unserer Menschheit, jeder einzelne Mensch ist mit dem tiefen Bewusstsein der Verbundenheit von Allem, mit Allem auf diese Erde gekommen. Jeder von uns funktioniert auf dieser Basis; so können wir auch nicht mit unserem Gehirn den Schlag unseres Herzens aussetzen lassen. Wir können den Herzschlag zwar verlangsamen, aber niemals die ewigen Gesetze aufheben und das Herz zum Stillstand bringen.

Eine Initialzündung für die Entwicklung

Das Erlebnis in Delaware hat mich aktiviert, als hätte man eine neue Raketenstufe in mir gezündet. Ich konnte es nicht abwarten, bei meinem nächsten Training mit über 500 Teilnehmern auszuprobieren, ob es auch andere Menschen so erleben und die Pferde dermaßen beeinflussen konnten. Als ich dann im August 1983 in Carmel Valley in Kalifornien die gleichen umwerfenden Resultate sah, wusste ich, dass es funktioniert. Jetzt wollte ich wissen, wie Menschen es empfinden, und bat alle Teilnehmer, aufzustehen und diese Kreise bei den ihnen jeweils am nächsten stehenden Menschen zu machen. Sie sollten dort ansetzen, wo der andere einen Schmerz oder eine Verspannung hatte: Es funktionierte.

Einige Teilnehmer riefen mich am nächsten Tag an und sagten mir, dass sie erstaunliche Veränderungen empfanden, Schmerzen gelindert oder verschwunden waren. Wir hatten gerade mal 15 Minuten investiert.
Schmerzen sind immer wieder eines der wichtigsten Themen in meinen Seminaren. Fehlhaltungen beim Menschen und falsch gerittene Pferde, all das und noch viel mehr führt über die Jahre hinweg zu permanenten Schmerzen. Menschen helfen sich mit Schmerzmitteln, Pferde verweigern die Kooperation. Die ersteren kann man fragen, bei den Pferden und Tieren allgemein ist es schwieriger, dahinterzukommen, wo es und was ihnen wirklich weh tut.

Man spürt die Schmerzen der Pferde unter den Fingerspitzen

Wie so oft war es wieder einmal auf einem Seminar, dass ich mit einem Dressurpferd arbeitete und besonders auf seinem Rücken in der Sattellage gravierende Energieveränderungen spürte. Es fühlte sich an, als hätte man das Licht in den Zellen ausgeknipst. Das machte mich traurig, ich reagierte spontan, indem ich mich darauf konzentrierte, sie wieder zu beleben, ihnen wieder Licht einzuflößen. Ich vergaß meine Umgebung, plötzlich hörte ich eine klare Stimme: »Was machst Du da, Linda?«, kam die Frage aus dem Publikum, und spontan kam meine Antwort – ohne dass ich sie in meinem Gehirn erwogen hätte, direkt aus dem Bauch:
»Ich lasse die Angst aus den Zellen herausfließen.«
Oh, nicht schon wieder!
Wer sollte das verstehen?
Ich hätte mir am liebsten einen Korken in den Mund gesteckt, als ich meine eigenen Worte hörte. Damals sprach man noch nicht über die Zellenergie usw. Es war vor dem Zeitalter der Aidsforschung und der Anerkennung der Quantenphysik. Ehrlich gesagt, lernte ich erst später tatsächlich die Hintergründe kennen, warum das, was ich da gesagt hatte, wirklich absolut richtig war. (Tatsächlich geht es um die Photonen, die Lichtträger, die in jeder Zelle zuhause sind und auf den Kreis reagieren, aber dazu kommen wir später.)

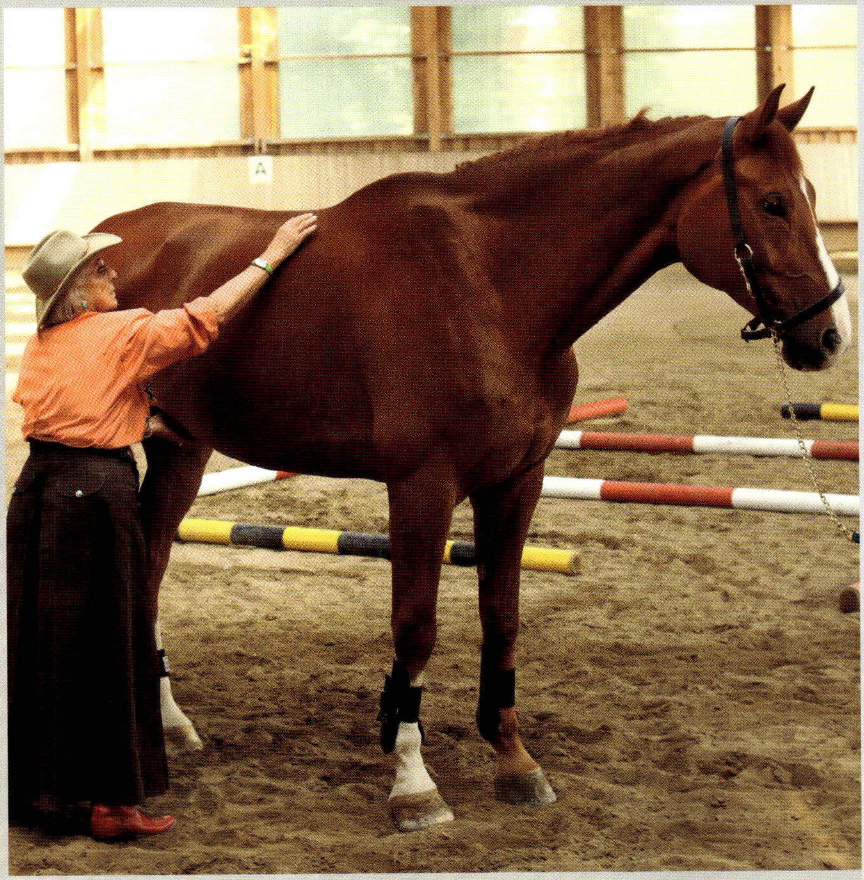

Die Chinesen wissen es schon 3000 Jahre lang

Als ich spät abends nach Hause kam, musste ich darüber mit jemandem sprechen, der mehr Ahnung hatte als ich: Dr. Alice DeGroot war die einzige Person, die ich anrufen konnte, auch noch mitten in der Nacht. Sie war die erste Tierärztin, die die Akupunktur für Pferde in Amerika eingeführt hatte und die sehr viel über Energie und auch über die asiatische Schmerztherapie wusste. Sie war eine Freundin, und wir hatten schon nächtelange Gespräche geführt. Als das Telefon klingelte, war sie sofort in der Leitung; wahrscheinlich hatte sie mal wieder lange gearbeitet. Auf meine spontane herausgesprudelte Frage: »Glaubst Du, dass Zellen Angst speichern könnten?«, reagierte sie erst mal mit einem herzhaften tiefen Lachen und sagte: »Linda, in der chinesischen Medizin weiß man das seit 3 Jahrtausenden. Nur hier im Westen ist man so ignorant, diese Erkenntnis gar nicht zuzulassen.« Mir fiel ein Stein vom Herzen, als ich erkannte, dass meine »verrückte Idee und mein Gefühl« nur die Erkenntnis einer Gesetzmäßigkeit war, mit der viele Menschen in Asien seit langem arbeiteten. Ich war erleichtert, und im Rückblick erkannte ich, warum so viele Pferde spontan Vertrauen zu mir aufgebaut hatten: Ich nahm ihnen mit meiner Hand und deren Bewegung ihre Schmerzen.

Alle wichtigen Funktionen im Körper ereignen sich erst mal auf der Zellebene

Wieder hatte mich das Universum auf die Zellen aufmerksam gemacht. Ich würde den Rest meines Lebens von den Forschungen rund um diese fasziniert sein und viele Erkenntnisse in meine Methode einbauen. Viele Anwender des TTouch können das bis heute nicht nachvollziehen, aber das macht nichts. Das erste Mal hatte ich über Zellen und ihre Bedeutung in dem Buch des Nobelpreisträgers Sir Charles Scott Sherrington gelesen »Man On His Nature«. Da saß ich an einem verregneten grauen Februartag 1976 im Sheratonhotel in Stuttgart und las den Satz: Jede Zelle im Körper kennt genau ihre Funktion im Körper und erfüllt ihre Aufgabe. Irgendwie elektrisierte mich dieses Bewusstsein: bei 70 Trillarden von Zellen hatte jede einzelne ein Gedächtnis und eine Aufgabe: zellulare Intelligenz, wow! Diese »Erleuchtung« wurde zur Basis der Tellington-TTouch-Methode. Heute gibt es viele Bücher über die zellulare Intelligenz und die Kenntnis darüber ist fast zum Allgemeingut geworden. Gott sei Dank haben wir auch mit dem TTouch zur Veränderung des Bewusstseins in dieser Hinsicht beigetragen. Manchmal kann ein einziger Satz Dein Leben verändern, Dir eine neue Perspektive geben – so war es damals 1976, als ich versonnen in meinem Cappuccino rührte und den Satz in mich hineinfließen ließ. Wenn ich 40 Jahre zurückblicke, muss ich schmunzeln und mich wundern, wie sehr sich dieser Satz in mir festsetzte, so dass ich in meiner Arbeit darauf aufbauen konnte.

Da kommt mir die Episode mit dem verletzten Wallach in den Sinn. Wann war das denn, im folgenden Jahr 1977? Auf jeden Fall war er beim Springen mit seinem Reiter gestürzt und dann irgendwie mit der Stange kollidiert. Er hatte eine sichtliche Schwellung auf seiner Kruppe, der ich nicht zu nahe kommen wollte. Sanft umrundete ich seine Verletzung, und eine angenehme Welle des »Besser-Fühlens« breitete sich aus, das zeigte er mir. Ich konnte fühlen, nicht unbedingt sehen, dass im Zentrum seiner Verletzung immer weniger Energie und Licht wohnte. Langsam bekam ich eine positive Rückmeldung, dass durch meine Finger wieder Licht zurückfloss, und nach einiger Zeit war auch die immer noch angeschwollene Region auf der Kruppe wieder lebendig und aktiv, und ein Heilungsprozess hatte eingesetzt. Nein, dieser Prozess wurde zwar durch mich ausgelöst, ich sehe mich aber trotzdem nicht als Heilerin, sondern habe dem Pferd einen Anstoß gegeben, seine eigenen Energien, seine Photonen und Lichtfrequenzen wieder zu beleben und zu nutzen. Wenn man es kurz fassen will: Es ist meine Intention, mit meiner Arbeit die Zellfunktion zu unterstützen.

Schicksalhafte Begegnung beim Zahnarzt

Wie elementar diese Arbeit ist, wie universell und wichtig, das hat mir erst Dr. Fritz-Albert Popp vermittelt. Ich möchte nicht die kleine Geschichte verschweigen, wie das Universum mich mal wieder auf ungewöhnliche Art und Weise zu

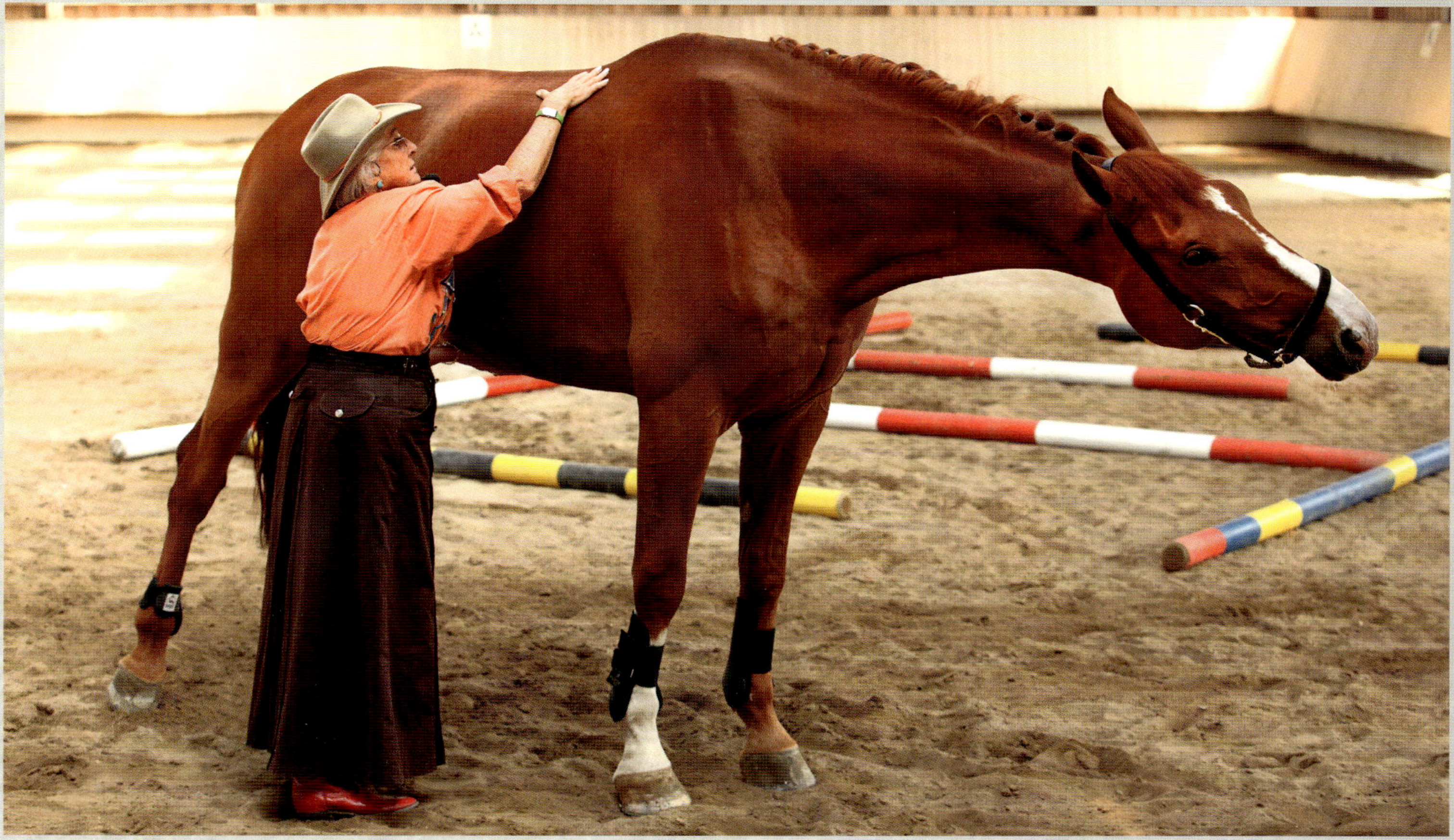

ihm geführt hat: Ich hatte Zahnschmerzen während einer Equitana in Essen, mir war ein Stück Zahn herausgebrochen. Ich musste dringend einen Zahnarzt aufsuchen. Während der Behandlung kamen wir ins Gespräch darüber, was ich auf der Equitana mache, und er ließ sich den TTouch praktisch zeigen, an der eigenen Schulter, die ja einem Zahnarzt immer weh tut. Als ich gerade mal drei Kreise ausgeführt hatte, sagte er spontan: »Dieser Energiefluss ist elektrisierend, das untersucht auch Dr. Popp, mit dem müssen Sie sich unterhalten.« »Wer ist Dr. Popp?«, fragte ich. Seine Antwort öffnete mir eine neue Tür in den Bereich der Wissenschaft. Dr. Popp ist der Begründer und Direktor des Institutes für Biophysik in Neuss. Er hat über 40 Jahre lang die Zellen und ihre Energie sowie das Licht darin untersucht, das sie erzeugen, und ist mit bahnbrechenden Erkenntnissen an die Öffentlichkeit getreten. Ich musste ihn einfach treffen, sagte mir mein Gefühl. Eine meine Schülerinnen, Tanja Lasser, die gerade ihre Ausbildung beim TTouch-for-you für Menschen abgeschlossen hatte, arrangierte so bald als möglich eine Zusammenkunft. Ich dachte mir: Vielleicht könnte er auf der wissenschaftlichen Schiene noch mehr über den TTouch herausfinden? Hoffentlich wäre er nicht zu beschäftigt und gar nicht interessiert! Vielleicht war die Wirkung des TTouch doch messbar? Ich hatte ja schon das Licht in den Zellen gesehen, vielleicht konnte er mir verraten, ob es durch die TTouch-Kreise verstärkt würde.

Eine Erkenntnis »poppt« auf und wird zu einer Tatsache

Dr. Popp ist ein wundervoller Mensch und war von meiner Einführung zum TTouch fasziniert. Ich demonstrierte ihm an seiner eigenen Schulter den TTouch, und er sagte sofort: »Das Licht in den Zellen zeigt die Kommunikation der Zellen untereinander, durch den TTouch wird das verstärkt.« Jetzt wurde mir das, was ich nur spürte und intuitiv wusste, endlich von einem Wissenschaftler bestätigt. Und mein Wunsch ging in Erfüllung.

Zwei Jahre später führte Dr. Popp an seinem Institut eine Pilotstudie durch, die sich mit der Auswirkung des TTouch beschäftigte, und wir bekamen nach 6 Jahren so viele Tausende von Ergebnissen, dass es gar keinen Zweifel mehr gibt: Der TTouch unterstützt die Vertrauensbildung, reduziert Angst und Schmerz und verstärkt das Gefühl des Wohlbefindens von Menschen und Tieren.

Er ist nicht nur eine Kreisbewegung, sondern ein methodisches System

Ich spreche hier immer nur von dem TTouch und dem Kreis, der eigentlich eine Spirale ist, wie ich wesentlich später herausgefunden habe. Doch die Tellington-Methode umfasst noch viel mehr. Ich habe spezielle Trainingsmethoden entwickelt, die außerhalb der normalen Aufgaben liegen, die man mit Tieren übt, und die nichts mit Gehorsamsschulung zu tun haben. Die Übungen haben alle besondere Ansätze und Ziele. Das gilt besonders für Pferde und Hunde. Ich konnte besonderes Equipment und besondere Übungsparcours, die wir »den Lernparcours« nennen, entwickeln. Es geht hier um eine anspruchsvollere Methode des Lernens, nicht durch stupide Aufgaben, sondern mit Übungen, die die Pferde und ihren Intellekt herausfordern. Sie müssen sich fokussieren, agieren, balancieren und kooperieren, und man sieht sofort riesige Erfolge, denn oft macht es einfach klick und das Problem ist gelöst. Ich habe eine ganz klare Philosophie der visualisierten Intention entwickelt. Bei den Übungen sehen wir in Bildern schon im Voraus, wie das Pferd die Aufgabe löst, und so kommt es dann auch.

Der TTouch entwickelt sich immer weiter

Dieses Buch bringt mich dazu, meine verschiedenen Erlebnisse, die mich wie Perlen an einer Schnur immer weiter gebracht haben, neu hervorzukramen und sie verwundert zu betrachten. Im Rückblick sieht alles so einfach und zwangsläufig aus, das war es damals bestimmt nicht. Und ich habe nicht alles als Paket geliefert bekommen. Meine Erfahrungen setzen sich aus vielen verschiedenen Facetten und Erkenntnissen zusammen.

Zunächst der Einfluss meines ersten Ehemanns Wentworth Tellington und seine enorme Erfahrung, dann die besonderen Massagepraktiken meines Großvaters und meine eigene 20-jährige Erfahrung mit Sportpferden und als professionelle Reitlehrerin waren eine erste Etappe. Dann kamen die spirituellen und energetischen Erfahrungen, die mir das Esalen Institut vermittelt hat, die Feldenkrais®-Methode und die Erkenntnis über den Zusammenhang von Aggression und Angst. Gerade dazu muss ich sagen, dass nicht damit gemeint ist, dass man den Pferden ihr »Fehlverhalten« durchgehen lassen sollte. Man sollte es aber anders analysieren und sie nicht dafür bestrafen, sondern sie ablenken, beschäftigen und mit Wohlbefinden und Vertrauen kurieren. Es gibt immer einen Weg, und wir sind beim TTouch noch nicht am Ende seiner Erklärung, seiner Wirksamkeit und seines Einflusses angekommen.
Denn gerade als letzte Perle in der Kette ist die Erkenntnis hinzugekommen, dass der Kreis des TTouch ja eigentlich mehr als ein Kreis ist. Durch die Fortsetzung mit dem einen Viertel geht er ja weiter, nicht auf der gleichen Ebene, sondern quasi in die nächste Ebene. Vielleicht haben Sie schon einmal von der Fibonacci-Spirale gehört. Die alten Griechen wussten davon und Leonardo da Vinci hat sie sozusagen wieder entdeckt. Sie ist ein Teil der »heiligen Geometrie«. Und sie ist keine Erfindung von ein paar Wissenschaftlern, sondern sozusagen der generelle Bauplan der Natur. Wenn Sie eine Ananas hernehmen und die Noppen der Schale in Spiralen verbinden, dann entdeckt man eine gewisse mathematische Struktur dahinter. Wenn man die Samenkörner einer Sonnenblume analysiert, dann entdeckt man die gleiche Gesetzmäßigkeit, und wenn man den Stand von Blättern an einem Stängel analysiert, genau das Gleiche. Es gilt für alles – ist das nicht ungeheuerlich? Wenn man es dann auf den TTouch überträgt und diese Spirale weiter analysiert, dann … ja, wo wir dann hinkommen, das habe ich noch nicht herausgefunden, aber ich bleibe dran. Wichtig ist nur, dass die Anwendung einfach ist und funktioniert und hilft. Der TTouch ist zu einem Instrument geworden, das von Freizeitreitern, von Sportreitern, von Trainern in allen Sparten, bei Hunden und Pferden und auch im Humanbereich angewendet wird und Hilfe bringt. Das ist das Wichtigste.

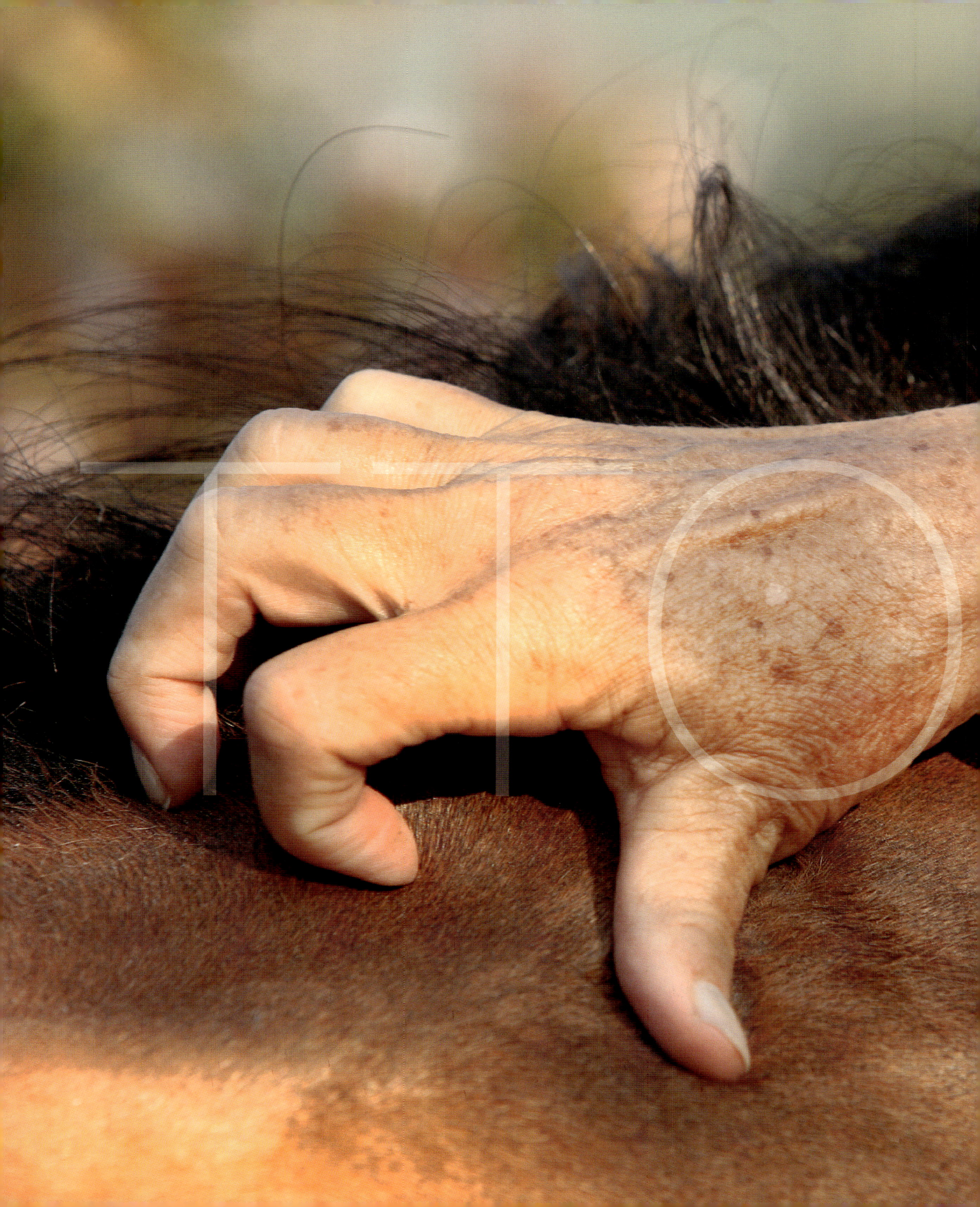
TTO

UCH

TRANSFORMATION & MOTIVATION

Lindas Workshops und Seminare führen in eine andere Dimension des Fühlens

Es erstaunt mich jedes Mal, welche Verwandlung mit Linda vor sich geht, wenn sie sich für einen Workshop vorbereitet. Man könnte meinen, dass sie nach mehr als sechzig Jahren, in denen sie als Lehrerin tätig ist, eine entspannte Haltung einnähme, Routine hätte. Das hat sie bestimmt, doch jeder neue Workshop, jedes neue Zusammentreffen mit ihr unbekannten Menschen und Tieren ist für sie eine Herausforderung.

Denn es geht ihr nicht nur darum, Wissen zu vermitteln oder einfach Techniken zu erklären, sie möchte mehr. Ihre Intension ist es, den Menschen, die zu ihr kommen, Türen zu öffnen für Erkenntnisse und Erfahrungen mit Tieren und sich selbst, die sie vorher noch nicht gemacht haben. Sie möchte ihnen eindringlich bewusst machen, dass alles, was sie tun, nur so gut ist, wie die wahre Verbindung zu ihrem Herzen es erlaubt. Linda weiß, dass sie ihre Schüler auf einer anderen als der intellektuellen Ebene erreichen muss, um den Kern ihrer Botschaft zu vermitteln: Nur wenn wir uns mit dem Herzen untereinander und mit den Tieren verbinden, können wir Veränderung erreichen. Berühren und Vertrauen – Touch & Trust! Ihr genialer TTouch mit der Kreisbewegung intensiviert auf wunderbare Art und Weise die Aktivität der Zellen, inspiriert die Nervenbahnen und hat eine eklatante Auswirkung auf die Psyche. Dies gilt für Mensch und Tier, für alle Lebewesen.

UCH

Jedes Seminar ist für Linda eine neue Mission; sie ist Botschafterin einer intensiven Kommunikation, die die Lebensqualität einfach anhebt.
Einige Zeit vor dem Beginn des Workshops tritt sie schon eine Reise nach innen an und sammelt sich. Dann stellt sie sich mit voller Konzentration und innerlich fokussiert vor ihre Teilnehmer und nimmt sie auch sofort für sich ein. Sie ist wie ein Magnet. Es ist faszinierend zu beobachten, wie alle still werden und ihr Inneres zu ihr hin öffnen, als würden sie einen Faden spinnen. Alle schauen sie gebannt an, ihre zierliche Gestalt hat eine enorme energetische Ausstrahlung und ist lebendig, intensiv, mitreißend. Keiner der Anwesenden, der ihr auch nur halbwegs folgen kann, geht am Abend als der gleiche Mensch wieder nach Hause. Jeder nimmt immer etwas mit – mehr oder weniger – was ihm in seinem Leben weiterhelfen wird.
Besonders wenn es um Pferde geht, sieht man schon während des Seminars die enorme Veränderung im Verhalten und im Vertrauen. Aber das wirklich Einzigartige ist, dass Linda allen Menschen die Zuversicht und auch praktische Beispiele gibt, dass jeder diese Veränderungen selbst mit dem TTouch herbeiführen kann. Dabei sieht sie sich auf gar keinen Fall als Guru. Man muss ihr nicht glauben, was sie sagt, es nicht intellektuell nachvollziehen können, es beweist sich von alleine in der Praxis.

Da steht sie dann mit ihrem breiten Cowboyhut, den roten Westernstiefeln, der gelben Weste und oft auch mit ihren roten Handschuhen mit den langen Fransen: Linda mit ihrem eigenen »Style«, leuchtend und unübersehbar.
Sie arbeitet mit den Pferden, bringt die Gruppe zusammen, bildet eine Einheit im Geist und ein Energiefeld der Herzen. Diese andächtige Fülle im Raum berührt mich immer wieder und ich habe schon viele große und kleine Seminare mit ihr erlebt.

Immer wieder habe ich mir die Frage gestellt:
Was geht in ihr vor?
Was stellt sie sich dabei vor?

Dann habe ich sie gebeten, es mir einmal zu erklären. Sie hat mich ganz erstaunt angeschaut und gesagt: »Darüber habe ich noch nie nachgedacht, das kommt automatisch, ganz »intuitiv«!
Und da ist es wieder, dieses Wörtchen »intuitiv«. Es ist schwer zu erklären und doch immer wieder verlockend, es zu begreifen. Also habe ich mich mit Linda hingesetzt und sie gebeten, die Augen zu schließen und sich in den Moment vor dem Seminar hineinzuversetzen und zu fühlen und zu beschreiben, was da mit ihr passiert.

ICH KNÜPFE DAS BAND DER HERZEN

So funktionieren meine Workshops

Sie lächelt und sagt: »Ich sehe gerade all die Tausende von Menschen und Tieren vor mir, mit denen ich schon gearbeitet habe, ganz schön viele. Ich habe es schon immer geliebt, Schülern zu helfen, weiterzukommen. Das fing bereits in meinem ersten Reitstall mit den ersten linkischen Reitstunden an, die ich gab. Es erfüllt mich mit Freude und Zufriedenheit, wenn jemand sagt: »Wow, genau, jetzt merke ich, dass es funktioniert.« In der Position des Lehrenden habe ich die einzigartige Möglichkeit, mich mit den Menschen zu verbinden, die zu mir kommen, um etwas zu lernen. Ohne diese Verbundenheit von Herz zu Herz bleibt das Wissen bedeutungslos, wie ein Auto ohne Räder. Ich möchte jeden Teilnehmer mit neuer Energie, neuen Erkenntnissen und neuen Erfahrungen wieder nach Hause gehen lassen. Denn dann wird er nicht nur selbst etwas verändern, sondern diese Veränderung in sein Leben hineintragen. Und nur die immerwährende Veränderung ist Leben. Dabei ist es egal, ob der Workshop thematisch mit Pferden, Hunden oder Menschen zu tun hat.

Deswegen muss ich mich innerlich auf diese Zeit vorbereiten und wenn ich anfange, dann hole ich mir erst mal Hilfe aus der geistigen Welt. Denn wer bin ich ohne Gottes Unterstützung? Ich stelle mich in die Mitte des Raumes, erhebe meine Arme und – so stelle ich es mir wenigstens vor – schließe mich an die Energie, die von oben kommt, an. Manchmal sehe ich silberne Schnüre herabschwingen, die leuchten und glitzern und die sich mit meinen Fingerspitzen verbinden. Ich verbinde mich mit ihr lasse sie durch mich hindurchfließen und fühle, wie meine Füße im Boden feine Wurzeln schlagen und mich erden. Es entsteht in mir das Gefühl, wie durch eine Stromleitung mit der ganzen Welt umfassend von oben nach unten verbunden zu sein. Lange habe ich über diese Art meiner Vorbereitung gar nicht gesprochen aus Angst, missverstanden zu werden. Doch wir leben heute in einer Welt, in der die Spiritualität nicht nur in der Religion passiert, sondern immer mehr in unserem täglichen Leben stattfindet, wo Mediation, Visualisierung und Transformation dazugehören. Mir war dies schon vor 40 Jahren bewusst, seit meiner Seelenreise zum Ayers Rock in Australien. Doch heute können viel mehr Menschen daran teilhaben; andere haben andere Visionen, das ist alles gut.

Bei meiner Vorbereitung bin ich nicht allein. Alle Teilnehmer geben ihre Energie in den Kreis und wir stellen zusammen ein Feld her. Wir werden eins mit den Menschen und mit den Tieren, mit denen wir arbeiten wollen. Als Einführung beschreibe ich einen großen Blumenkorb, den wir uns in der Mitte unseres Kreises vorstellen können und aus dem sich jeder eine Blüte nehmen kann. Dann erkläre ich noch einige Übungen, die wir gemeinsam machen, und schon nach einer kurzen Zeit hat sich die Atmosphäre im Raum verändert, man könnte sagen, sie hat eine andere Farbe bekommen. Wenn wir dann in eine gemeinsame Atmung eintreten und die Herzenskreise für uns machen, dann sind wir alle so geeint, dass der Workshop auf dem richtigen Weg ist.

Früher habe ich detaillierte Pläne ausgearbeitet, auch aus Angst, etwas Wichtiges zu vergessen. Doch schon lange folge ich den Fragen der Teilnehmer und meiner Intuition, was wirklich in diesem Moment wichtig ist. Es gibt ein Grundthema, und alles, was dazu hochkommt, ist richtig und wichtig. Jedes Seminar hat seine eigene Dynamik, und eine bestimmte Fragenstellung ist auch für die anderen wichtig. Wenn etwas gar nicht in den Ablauf passt, dann bitte ich die Person, ihre Frage aufzuschreiben und später zu mir zu kommen.

Solange wir alle das Gefühl haben, von der Situation zu profitieren, bleibt die Gruppenemotion erhalten. Selbst bei mehrtägigen Seminaren spüre ich keinen Bruch von einem Abend zum nächsten Morgen. Im Gegenteil, oft träumen die Menschen von ihrer Erfahrung, weil sie ihnen über die Haut unter die Haut geht und arbeiten am nächsten Tag noch fokussierter weiter.

Jeden Morgen erneuern wir unser Versprechen, mit aller Kraft und Liebe zusammenzuarbeiten und rufen auch die Schutzengel der Tiere zu Hilfe. Auch durch sie wird die Energie immer stärker und hilft auch Menschen, die noch nicht intuitiv arbeiten, freier zu werden. Plötzlich findet man ganz einfache Lösungen und alles fühlt sich leicht an. Am Ende eines Workshops fällt es uns schwer, auseinanderzugehen, denn jeder Einzelne muss sich wieder seine ureigene Energie einpacken, praktisch den Stecker aus dem gesamten Netz ziehen und wieder alleine für sich selbst verantwortlich sein. Manchmal fließen Tränen dabei, diese Geborgenheit der energetischen Gemeinschaft aufzugeben und als Individuum wieder »allein« zu sein. Aber all das passiert so natürlich, dass wir gar nicht darüber nachzudenken brauchen.

IN HARMONIE & EINKLANG

Reiten ohne Sattel und Zaumzeug, ein Spaß für Linda und auch ein Beweis, wie harmonisch sie mit den Pferden verbunden ist. Damit wird Linda berühmt und zu einem Vorbild für alle Mädels heute, die diese freie Form des Reitens wiederentdeckt haben.

GEHEIMNISVOLLE KATZEN

Sie fordern eine ganz sensible Behandlung ein …

Man sagt, dass manche Menschen mit Katzen besonders gut auskommen, andere dagegen nur mit Hunden. Das hat sicherlich seine Richtigkeit, denn Katzen und Hunde haben ein völlig unterschiedliches Verhalten und somit sehr unterschiedliche Körpersprachen. Doch man kann auch zwei Sprachen sprechen und von einer zur anderen wechseln. Daher gibt es gar nicht so wenige Menschen, die sowohl mit Katzen als auch mit Hunden ein enges Verhältnis haben. Viele Menschen dominieren ihre Hunde zu sehr mit überzogenen und permanenten Kommandos. Hunde möchten gerne die Aufmerksamkeit »ihrer« Menschen haben und gieren geradezu nach deren Lob. Und so tun sie alles, was von ihnen verlangt wird, auch manches, was nicht ihrem Naturell entspricht. Eine Katze hingegen folgt keinen Kommandos; sie ist autark und versteht sich nicht als Befehlsempfänger. Sie ruht in sich und tut nur das, was ihr gefällt und wann es ihr gefällt. Auch die Belohnung mit Futter funktioniert selten. Eine Katze sieht den Menschen eher als Bediensteten, der ihren Bedürfnissen nachkommen sollte. Gut, man schnurrt und lässt sich streicheln – aber das war es dann auch.

Irgendwie hat Linda auch ein kleines bisschen die Attitüde einer Katze. Man kann niemals voraussagen, was sie tun wird und wohin ihre Intuition wandert. Sie reagiert manchmal blitzschnell und dann wieder ganz langsam und sehr vorsichtig. Dabei bewegt sie sich geschmeidig und elegant und bleibt immer in ihrer Mitte. Wo Hunde schwanzwedelnd auf und ab springen, da bewegt eine Katze nur die Schwanzspitze und blinzelt einmal mit den Augen. So kommt Linda auch mit Katzen hervorragend aus. Bevor sie irgendetwas tut, lässt sie die Katze ganz in Ruhe und fühlt sich in die jeweilige Situation hinein, ganz gleich, ob es sich um zahme Hauskatzen oder um ihre größeren Verwandten, die Raubkatzen, handelt.

Ich habe Linda mit Tigern arbeiten sehen, und sie hat junge Schneeleoparden mit unglaublich leichten und sensiblen TTouches wieder ins Leben zurückgeholt. Doch das kann sie besser selbst erzählen. Sie scheint auf einer tiefen Ebene mit den Katzen zu verschmelzen, ja geradezu in Resonanz zu ihrer Vibration zu gehen. Fast glaube ich manchmal auch, Linda schnurren zu hören, so tief lässt sie sich auf die Samtpfoten ein. Eine besondere Katze in Lindas Leben war Sybil.

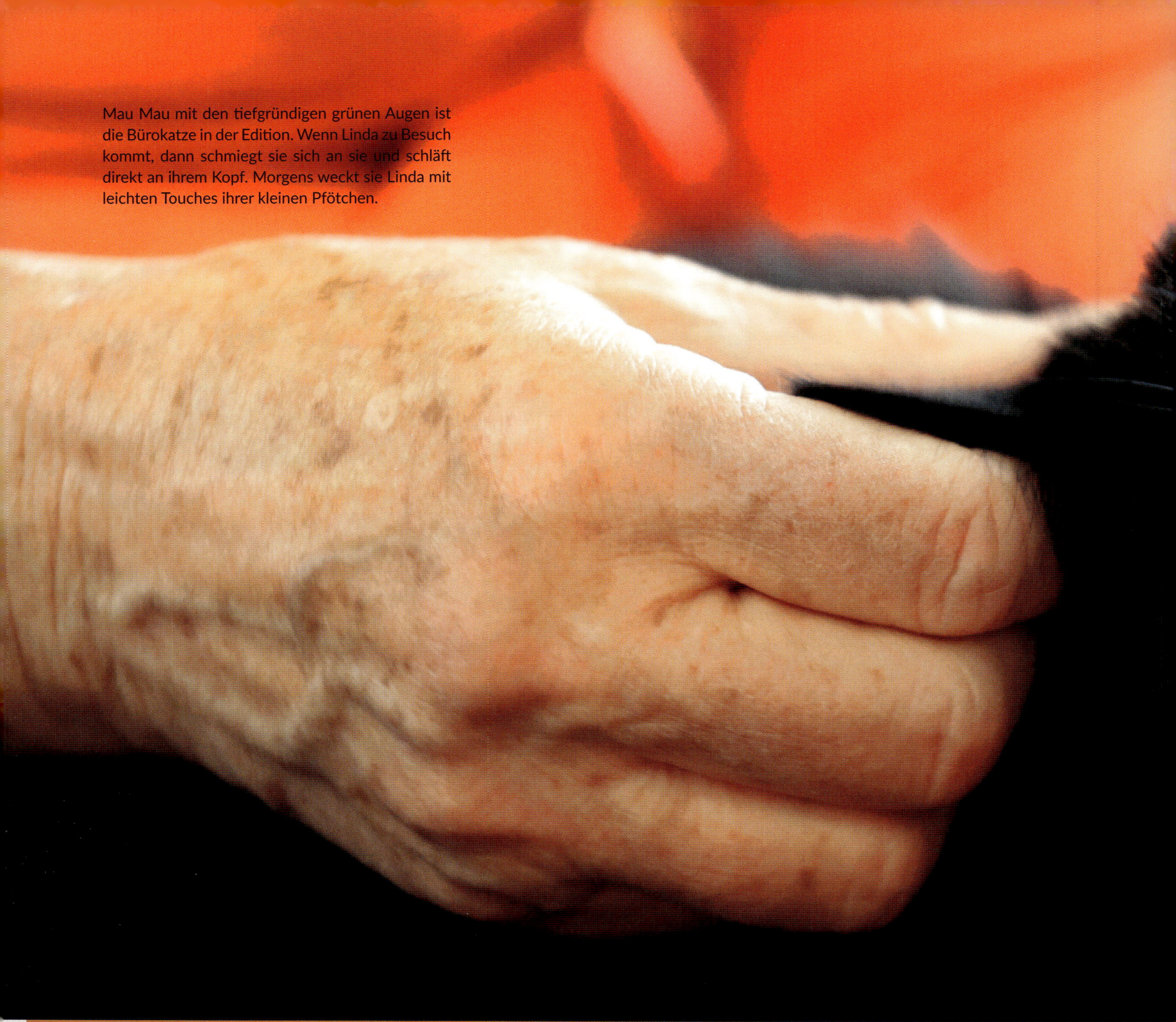

Mau Mau mit den tiefgründigen grünen Augen ist die Bürokatze in der Edition. Wenn Linda zu Besuch kommt, dann schmiegt sie sich an sie und schläft direkt an ihrem Kopf. Morgens weckt sie Linda mit leichten Touches ihrer kleinen Pfötchen.

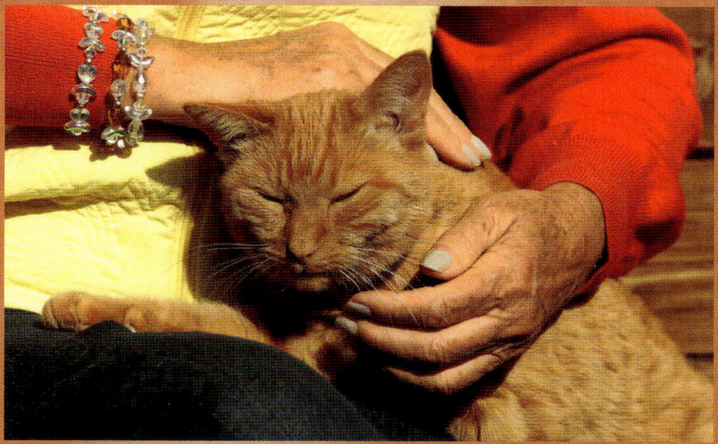

SYBIL TRITT IN MEIN LEBEN & DIE SCHNEELEOPARDEN

Zu meinen Workshops kommen oft verzweifelte Katzenbesitzer, die sich keinen Rat mehr wissen. Man sagt bei Katzen, dass sie, wenn sie mal erwachsen sind, ihr Verhalten nicht mehr ändern. Mit TTouch haben wir da ganz andere Erfahrungen gemacht, und eine Geschichte zeigt das besonders gut: Es geht um Sybil, meine Schicksalskatze.

Ich hatte in Clinton, New York, einen 3-tägigen Workshop auf einer Farm, die sich zur Aufgabe gemacht hatte, viele verschiedene Tiere aller Gattungen zu retten. Es ging um Katzen, und um den TTouch wirklich überzeugend demonstrieren zu können, brauchte ich eine schwierige Katze. Man brachte mir Sybil, die sich nicht anfassen ließ und sehr agressiv war. Kurzum, man wollte sie eigentlich in der nächsten Woche einschläfern, da sie schon zu viele Menschen verletzt habe. Gerade kurz zuvor hatte sie den Leiter der Stiftung so sehr gebissen, als er sie in die Transportbox schieben wollte, dass er in die Notaufnahme gebracht werden musste. Diese Box mit einer schneidend schreienden Katze stand nun vor mir auf dem Tisch und 120 Teilnehmer schauten mich erwartungsvoll und auch ungläubig an. Sybil vollführte ein Konzert, zwischen kläglichem Kreischen und agressivem Fauchen – das ganze Repertoire. Man erzählte mir, dass sie ein ganz widersprüchliches Verhalten zeige: Wenn man sich dem Gitter ihres Käfigs näherte, schnurrte sie und drückte sich so sehr daran, dass man sie hätte streicheln können. Doch sobald eine Hand in ihre Nähe kam, attackierte sie diese und biss, bis Blut kam.

Ich schaute sie durch das kleine Türgitter an und versuchte, ein Gefühl für sie zu bekommen. Ihr Schreien schnitt mir ins Herz und ich spürte, dass sie nicht sterben wollte. »Aggression kommt daher, wo die Angst wohnt und ist ein Hilfeschrei.« Dieser Satz kam mir da wieder ins Gedächtnis; er stammte von einem Seminar, das ich vor einiger Zeit besucht hatte, und hat sich als essentieller Grundsatz bewahrheitet.

Ich dachte natürlich auch daran, wie ich mich schützen könnte. Dem Umstand, dass auf dieser Rettungsstation auch Greifvögel aufgenommen wurden, verdankte ich es, dass mir Falknerhandschuhe zur Verfügung gestellt wurden. Sie waren aus dickem Leder und gingen bis zum Oberarm. So »bewaffnet« näherte ich mich der Box.

Zunächst muss man alle Vorurteile und eigene Ängste fallen lassen und seinen Kopf leeren. Ich stellte mich auf die Signale des Lebewesens ein, mit dem ich es zu tun hatte. Und dann öffnete ich die Tür von Sybils Box und streckte meine Hand hinein. Sie stand auf und kam zu mir rüber. Dann fasste ich sie vorsichtig an der Schulter und konnte sie zwischen meinen behandschuhten Händen fixieren.

Sie schrie wieder auf, als würde ich ihr ein Leid antun. Dann fing ich an mit ganz leichten TTouches, so gut es mit dem Leder zwischen meiner Hand und ihrer Haut ging. Sie schrie herzerweichend. Und trotzdem habe ich weitergemacht. Warum? Ich wusste aus Erfahrung, dass es eine Gefühlsbarriere zu durchbrechen galt. Als ich dann in der Lage war, ihre Ohren zu touchen, wusste ich, dass es gelingen könnte. Sybil jaulte und bellte und keuchte, es war erschreckend, und wäre ich mir nicht so sicher gewesen, ich hätte aufgegeben. Doch es blieben mir nur drei Tage für meine Behandlung, bevor sie über die Regenbogenbrücke gehen sollte. Der zweite Tag verlief identisch, doch ich wusste, dass sie ihre Gefühle verarbeiten musste, die ich durch die TTouches ausgelöst hatte. Am dritten Tag kam eine total veränderte Katze aus der Transportbox: Ihre Augen waren keine Schlitze mehr, sondern offen und neugierig, sie blickte mich ruhig und gelassen an.

Voller Vertrauen kam sie auf mich zu und schmiegte sich an mich, rieb ihr Köpfchen an meinem Arm und schnurrte. Jeder von uns war sprachlos und berührt. Ich hatte selbst Tränen in den Augen und einen Kloß im Hals, als ich meine Teilnehmer fragte: »Wer von Euch möchte diese wundervolle Katze adoptieren?«
Ohne Handschuhe berührte ich sie am ganzen Körper und sie liebte es, meine Fingerspitzen überall zu spüren. Es war ein so wundervolles Gefühl, ihre Hingabe zu erleben, ihre Aggression war wie Eis an der Sonne geschmolzen und kehrte auch nie wieder zurück. Wie gerne hätte ich sie mit nach Hause genommen, denn ich hatte mich verliebt, aber alles sprach dagegen: meine Reisen, meine Hunde usw. Doch das Leben spielt oft anders. Letztendlich kam sie doch mit mir nach Santa Fé und wurde die wichtigste Katze in meinem Leben.

Exotische Katzen

Mit Dr. Ewald Isenbügel verbinden mich eine lebenslange Freundschaft und viele wundervolle Erlebnisse, die natürlich immer mit Tieren zu tun haben. Dieser Schweizer hat eine so positive und vertrauenserweckende Ausstrahlung, dass sich Tier und Mensch unweigerlich zu ihm hingezogen fühlen. Als Cheftierarzt des Zürcher Zoos war er mit seinen Schutzbefohlenen immer wieder vor viele Probleme gestellt und bat mich öfters um einen Rat.
Im Jahr 1982 hatte ich eine Einladung der Veterinär-Universität als Referentin zum TTouch. Er fragte mich, ob ich mich zuvor noch eines augenscheinlich hoffnungslosen Falls annehmen könnte: Zwei Schneeleoparden, ein Geschwisterpärchen, hatten sich auf unerklärlicher Weise mit Staphylokokken angesteckt und lagen im Sterben. Es brach ihm das Herz, dies mitansehen zu müssen, denn jegliche Behandlung hatte versagt. Wir gingen in den abgeschotteten Bereich des Raubkatzenhauses. Dann bekam ich einen Stuhl hingestellt und Ewald brachte in seinen Armen ein wunderschönes Schneeleopardenjunges herein und setzte es mir auf den Schoß. Die Leopardin war ein paar Monate alt, und ich konnte sie gerade noch auf meinen Knien halten. Ihr langer Schwanz reichte bis zum Boden. Wie weich und kuschelig sich die Kleine anfühlte – aber sie war total ausgekühlt. Rosarote Blut-Bläschen quollen aus ihren Nasenlöchern, kein gutes Zeichen, sie röchelte. Ich schaltete meinen Kopf aus und schuf innerlich einen friedlichen und stillen Raum, in dem ich uns beide einbettete. Mit winzigen sanften TTouches, um ihre triefende Nase und das Mäulchen herum, fing ich an, arbeitete mich langsam über die Ohren und den ganzen Körper weiter bis zur Schwanzspitze. Kaum hörbar ging ein Vibrieren, ein leises Schnurren durch ihren Körper, das mir zeigte, wie gut die TTouches ihr taten.
Während dieser halben Stunde, die ich dort saß, hatte ich keinen konkreten Gedanken zugelassen, meine Hände bewegten sich intuitiv in den TTouches. In meinem Unterbewusstsein fühlte ich mich eins mir ihr und visualisierte sie gesund und munter mit ihrem Bruder herumtollend. Der lag gerade neben uns auf einer Decke und schaute zu. Nicht nur das – er war nicht mehr apathisch, sondern interessiert, als würde er die TTouches ebenfalls fühlen können.
Schon am Abend zeigten die Beiden erste Zeichen der Erholung, und zur Überraschung aller Fachleute wurden sie wieder gesund – mit nur drei Behandlungen.
Mit Ewald sprach ich über diese unglaubliche Reaktion und wir kamen auf den Spiegelneuronen-Effekt. Es bedeutete, dass das Brüderchen durch seine Schwester die Behandlung indirekt im gleichen Moment erlebt hatte. Und da ich ihn ja intuitiv miteingebunden hatte, erlebte er die Energie, die mit dem TTouch einhergeht, im gleichen Moment. Den Rest ihrer Krankheit konnten sie selbst bekämpfen. Sie wurden später prächtige große Schneeleoparden. Ewald erzählte mir begeistert, dass sie selbst noch Monate später immer zum Zaun kamen und sich von ihm kraulen und ttouchen ließen. Auch als er mit einer Spritze zur Impfung kam, zeigten sie kein Zurückschrecken und ließen ihn gewähren. Was für eine unglaubliche elementare Wirkung der TTouch hat!

TTO

UCH

DOGS

ÜBER **HUNDE** & LOYALITÄT

Mein irischer Wolfshund »Quincy Jones jr.« war mein Schatten, meine bessere Hälfte und treuester Freund. Immer lag er in meiner Nähe und bewachte mich. Als aber Linda zu Besuch kam, da passierte etwas Seltsames: Quincy ging sofort auf sie zu und schmiegte sich an sie. Es schien, als erkannte er in ihr eine seit langem vertraute Seele. Wenn Linda in seiner Nähe war, dann war er unheimlich glücklich und zufrieden. Zunächst war ich etwas irritiert und betroffen, doch dann begriff ich, dass auch der Hund es wusste: Linda und ich hatten eine lange gemeinsame Vergangenheit, die über dieses Leben hinausging. Und da ich auch absolut davon überzeugt bin, dass Quincy nicht zum ersten Mal in meinem Leben zugegen war, in seiner Wesensform, wurde mir klar, dass dies auch für Linda zutraf. Ihre Seele ist so offen und universal, dass sie ganz besonders die Tiere magnetisch damit anzieht.

Ich bin über die Jahre hinweg viele Male mit ihr gereist, und ich erlebe es immer wieder, dass sich die gleiche Szene abspielt – ganz besonders mit Hunden: Sie würden am liebsten in Linda hineinschlüpfen. Und ganz oft erspürt sie genau, was sie für jeden einzelnen Hund tun kann.

Sir Henry mit Linda.

Sie ist wie ein Leuchtturm des Mitgefühls und der Anteilnahme. Es ist, als wollten die Hunde sagen: »Hallo, Linda, da bist Du ja, wo warst Du so lange?« Kein Hund vergisst Linda, auch über Jahre hinweg nicht. Warum? Der TTouch, mit dem sie die Tiere berührt, geht direkt ins Unterbewusstsein. Er trifft die Seele der Hunde, aktiviert ihre Zellen, weckt Erinnerungen an Wohlbefinden und Liebe. Es ist, als würde ein Licht angeschaltet, als würde wieder der Strom fließen.

Einmal trafen wir einen kleinen Hund auf einem Restaurantparkplatz in Spanien, der partout keinen Schritt mehr von Lindas Seite weichen wollte. Dreckig, verlaust und abgemagert, wie er war, mussten wir ihn natürlich mitnehmen und aufpäppeln.

Linda hat mit den TTouches eine eigene Sprache gefunden, eine uralte Kommunikation in einem neuen Verständnis. Doch sie tut dies nicht nur für die Tiere, sondern vor allem für die Menschen, damit diese ihre Hunde besser verstehen können. Eigentlich kommt es mir so vor, als würden die Hunde Linda bitten, ihren Besitzern zu erklären, was sie wirklich wollen. Wie oft übernehmen sie den Stress oder sogar Krankheiten von ihren Menschen, leiden für sie oder mit ihnen und sterben oft daran. Hunde sind uns Menschen bedingungslos ergeben und lieben uns ohne Wenn und Aber. Das ist mit Pferden anders. Sie bekommen viel mehr Raum und Abstand zu den Menschen und können dadurch mehr sie selbst sein. Die Hunde sind praktisch immer mit ihren Menschen zusammen und geben sich oft für sie auf – auf körperlicher und seelischer Ebene. Deshalb sind die TTouches so wichtig, um den Stress abzubauen und Angst und Furcht aus den Zellen zu eliminieren. Was ich von Linda gelernt habe, einfach beim Zuschauen, hat mein Einfühlungsvermögen und meine Sensibilität für Hunde immens verstärkt. Ich nähere mich heute Hunden ganz anders und sehe sie anders und bin noch mehr beeindruckt davon, welchen Einfluss sie ganz offensichtlich auf das Wohlbefinden ihres Menschen ausüben.

Die meisten Menschen, die Hunde haben, wissen, dass es kein Zufall ist, welcher Hund in ihr Leben hineinspringt. Hunde kommen zu uns, weil sie für und mit uns eine Aufgabe haben. Wir denken, wir retten die Hunde aus den Tierheimen oder dem Tierschutz, dabei suchen sie sich oft nur ungewöhnliche Wege, um ihren Menschen zu finden.

Linda selbst hatte viele Hunde in ihrem Leben, seit sie ganz klein war. Ihre Deutsche Dogge Tiger kommt auch in diesem Buch vor.

Ich hatte das Vergnügen, bei meinen Besuchen in Hawaii, eine ganz besondere Persönlichkeit kennen zu lernen: Rayne, Lindas West Highland White Terrier. Diese kleine Schönheit war für sie eine Quelle der Freude und Inspiration. Zwischen den beiden bestand eine Kommunikation, die keine Worte brauchte. Frech, keck und intelligent sprang Rayne morgens auf mein Bett und weckte mich, um mich zum Frühstück zu holen. Ihre wachen Augen schauten mich an und wollten mir klarmachen, dass ich mich beeilen sollte.

Rayne füllte das Haus mit Leben und dirigierte die Aktivitäten von Linda und Roland. Als sie starb, hinterließ sie eine große Lücke, die Linda heute noch schmerzt.

West Highland White Terrier-Dame Rayne war über viele Jahre hinweg die Weggefährtin von Linda und Roland in Hawaii.

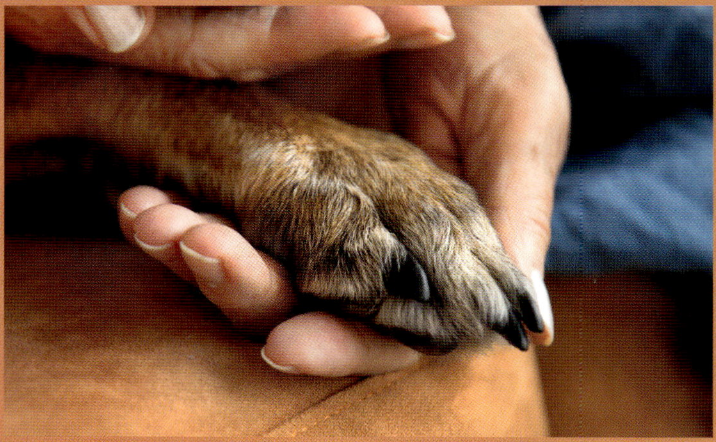

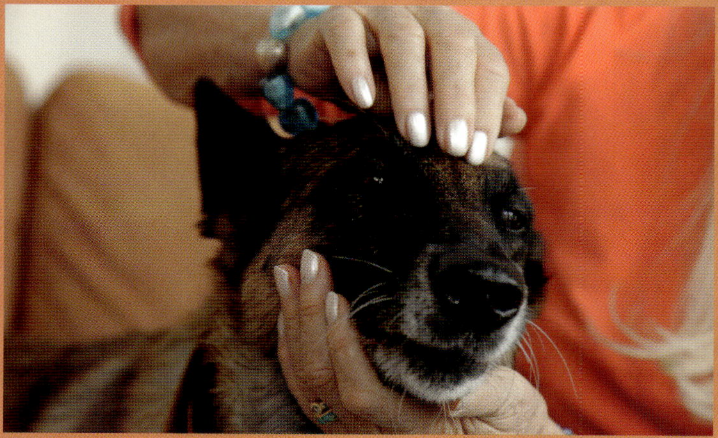

TTOUCH TECHNIK & ANWENDUNG

Der TTouch, also der 1 ¼-Kreis, ist nur der grundlegende Teil von Lindas gesamter Methode. Warum alle TTouches Tiernamen haben, hat einen wichtigen Grund. Warum es Hilfsmittel wie Bandagen und Halsringe gibt und wann sie eingesetzt werden, warum es Übungen wie das Labyrinth gibt usw., das erfährt man aus ihren Lehrbüchern, aus den Videos und bei Seminaren oder natürlich am Besten von ihr selbst.

Doch der wichtigste Teil ihrer Methode ist zweifelsohne der TTouch selbst. Um ihn richtig anwenden zu können, gibt es einige wesentliche Instruktionen:

Bei der Anwendung geht es um das Gefühl und die Sensibilität der Hand und der Finger, aber auch um die innere Haltung, Atmung, Gedanken und Visualisierung.

Was man über die Ausführung des TTouches wissen sollte

1. Was ist der Tellington-TTouch-Basis-Kreis?

- Die Finger der Hand bewegen die Haut in einem 1 ¼-Kreis.
- Achtung: Es ist kein Gleiten über die Hautoberfläche, sondern die Finger liegen relativ stabil auf der Haut.
- Die Bewegung: Stellen Sie sich eine Uhr vor. Man beginnt bei 6 Uhr (also unten) und bewegt die Haut einmal im Uhrzeigersinn, bis man wieder bei 6 Uhr ankommt und geht dann weiter bis auf 9 Uhr.
- Am Ende des Kreises sollte man kurz innehalten.
- So entsteht der ein Ein-und-einviertel-TTouch-Basis-Kreis.
- Ob mit oder gegen den Uhrzeigersinn gekreist wird ist nur relevant, wenn es vom Behandelten als unangenehm empfunden wird.
- Man sollte denjenigen fragen, der behandelt wird, wie er es empfindet.
- Bei Tieren kann man sich gut auf sein Bauchgefühl verlassen, was sich im Moment harmonischer anfühlt, oder sorgfältig die Reaktion der Tiere beobachten.
- Achten Sie darauf, die Haut zu verschieben und nicht über die Haut zu streichen.

2. Mit welchem Druck wird der Kreis gemacht?

- Der TTouch wird mit einem leichten Hautkontakt ausgeführt.
- Der Druck sollte lieber leichter sein als zu stark und nicht als unangenehm empfunden werden: Die Druckstärke definiert sich auf einer Skala von 1 bis 10:
  Pferde: 1 bis 4, Hunde: 1 bis 3, Katzen: akzeptieren 1 bis 2, Menschen: normalerweise 1 bis 5, selten mit einem Druck bis zu 10 für kurze Zeit.

Die Haut wird permanent sanft stimuliert und dadurch das Vertrauens- oder Bindungshormon Oxytocin freigesetzt, der Schlüssel zu weiteren Reaktionen. Es ist erforscht worden, dass tief ins Gewebe dringende Massagen das »Stresshormon« Cortisol freisetzen und damit konträre Reaktionen zum TTouch hervorbringen. Der Kreis ist keine Massage, sondern eine Stimulation der Haut, die wiederum eine Zellkommunikation animiert.

3. Wie schnell bewegt man seine Hand?

- Auf keinen Fall zu schnell.
- Zwischen 1 bis 3 Sekunden sollte eine 1¼ Kreisbewegung dauern.
- Zum Aktivieren sind schnellere Kreise sinnvoll von ca. 1. Sekunde, zum Aufmerksamwerden von ca. 2 Sekunden und zum Entspannen von ca. 3 Sekunden.
- Bei akuten Verletzungen und Schmerzen sind Kreise von 1 Sekunde wirksam, um Schwellungen und Schmerzen zu reduzieren.

4. Die achtsame Pause!

- Es ist wichtig, nach einigen TTouches eine Pause einzulegen, um dem Lebewesen, das behandelt wird, die Zeit für eine eigene Wahrnehmung zu geben.
- Tiere bekommen eine tiefere Verbindung zu dem Menschen, der den TTouch ausführt. Normalerweise erfolgt ein Durchatmen, Entspannen und Hingeben, oft auch ein Aktivieren.
- Manchmal fordert ein Tier auch mit einem Stupsen die Fortführung der Behandlung ein.

5. Wie Perlen an einer Schnur – verbundene Kreise

- Die Kreise werden nicht an der gleichen Stelle wiederholt, sondern reihen sich mit geringem Abstand aneinander, wie viele runde Steine, die man zu einem Weg verbindet: So ist es, wenn die Hand über den Körper gleitet.
- Wer schon einmal von den Meridianen, den Energielinien aus der chinesischen Medizin, gehört hat, der kann sich dieses unsichtbare Netz vorstellen.

6. Haltung

- Achten Sie auf eine komfortable Körperhaltung, in der Art, wie Sie sitzen und stehen, aber auch, wie Sie Ihre Hände und Arme benutzen.
- Benutzen Sie immer beide Hände zum TTouchen: Eine Hand macht den TTouch, die andere Hand hält den Kontakt.
- Wenn Sie sich unbequem fühlen, spürt Ihr Gegenüber das auch.
- Fragen Sie sich immer wieder: Bin ich bequem in meiner Haltung, überall?
- Die Knie sollten sich nicht berühren.
- Die Augen sollten liebevoll und nicht kritisch blicken.
- Man sollte im Gleichgewicht sein, um sich geschmeidig zu bewegen.

7. Die Atmung

- Wichtig ist es, selbst ruhig, tief und gleichmäßig zu atmen. Dies beeinflusst den Atem und den Zustand desjenigen, der behandelt wird.
- Wichtig ist es auch, den Atem strömen zu lassen.

8. Von der Mechanik zur Intention

- Was die Hand tut, muss vom inneren Auge unterstützt werden. Daher ist das Bild des gesunden Lebewesens, das sich wohlfühlt und gesund ist, das Bild, das wir während der Behandlung vor unserem inneren Auge sehen und mit unserer Herzensstärke intensivieren sollten.
- Kein Mitleid empfinden, aber Stärke und Fokussierung auf eine Veränderung zum Besseren.
- Die Quantenphysik hat bereits bewiesen, dass die Intention eine weltbewegende Kraft ist.
- »Erinnere Dich an Deine Perfektion«, das ist die Botschaft, die durch den TTouch an jede einzelne Zelle vermittelt wird.

9. Feedback

- Bei dem Menschen nachfragen, wie er die Behandlung empfindet.
- Seine Antworten bestimmen den Verlauf der Sitzung.
- Worte verbinden und vermitteln.
- Bei den Tieren hineinhören, ob sie sich zum Beispiel wie bei den Hunden wohlig ablegen oder beim Pferd abkauen und tief atmen.

Was bewirkt das TTouch-Training?

Es unterstützt das Lernen,
verbessert das Verhalten,
verstärkt das Wohlbefinden,
hebt das Selbstwertgefühl,
vertieft die Verbindung von Mensch und Tier
und löst Schmerzen und Angstzustände.

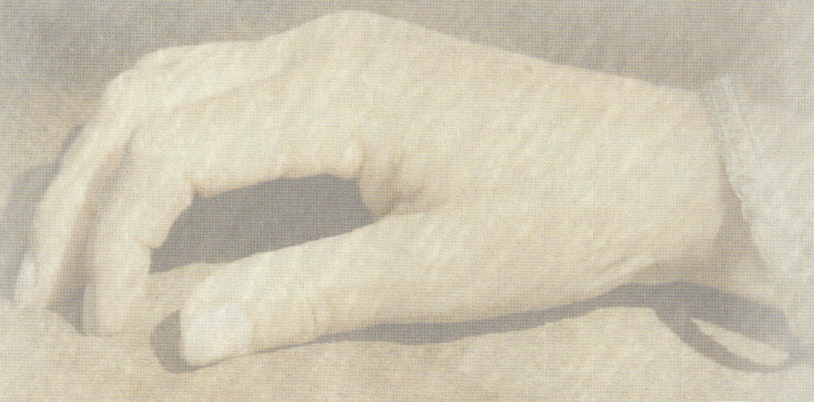

Linda und der Berberhengst Essnabi – Gabrieles Herzenspferd.

TTO

UCH

ROBYN HOOD

Meine jüngste Schwester – meine beste Schülerin

Meine Schwester Robyn ist nicht nur ein wichtiger Mensch für mich, sondern sie ist einer der Eckpfeiler der TTouch-Organisation. Ich durfte ihr bei ihrer Taufe ihren Namen geben: Robyn. Denn die Heldenfigur »Robin Hood« fand ich schon immer ganz toll.

Als sie geboren wurde, war ich bereits 14 Jahre alt und total mit Pferden beschäftigt, und schon als Baby kam sie manchmal mit meiner Mutter auf die Turniere, die ich ritt. Robyn saß selbst früh im Sattel, ich denke, schon mit zwei Jahren wollte sie unbedingt reiten. Es gibt ein altes schwarz-weißes Familienfoto, auf dem alle Hoods reitend zu sehen sind, und da ist sie die Jüngste mit knapp drei Jahren, ganz stolz auf ihrem Pony. Das Bild wurde anlässlich der »Edmonton Spring Horseshow« aufgenommen, wo wir wie viele Male zuvor den Familienwettbewerb gewonnen hatten. Der Preis ging an die Familie, die die meisten Reiter stellte und in einer Reihe im Trab und Galopp die Arena umrunden konnte. Wir, Vater, Mutter und fünf Geschwister, waren immer eine tolle Truppe. Doch Robyn wurde nicht nur in eine tierliebe und pferdevernarrte Familie hineingeboren. Sie kam auch mit viel Talent und Pferdeverständnis zur Welt, das sie ihr ganzes Leben lang lebt, vermittelt und lehrt. Bei ihrer Geburt hätte ich mir nie vorstellen können, dass unser Leben einmal so eng verflochten sein würde und wir so intensiv und erfolgreich zusammenarbeiten könnten. Dabei sind wir schon sehr unterschiedliche Charaktere. Robyn ist eine wundervolle Lehrerin, weil sie logisch und konsequent, witzig und leicht Inhalte vermitteln kann, auch wenn diese scheinbar etwas komplizierter sind. Sie ist eine der wichtigsten Säulen der TTouch-Organisation weltweit und reist jedes Jahr unermüdlich durch die ganze Welt, um Seminare zu geben. Sie war immer wieder mein Ansprechpartner, wenn ich etwas Neues ausprobieren wollte, dann konnte ich mich mit ihr beraten. Ich selbst arbeite mehr intuitiv und spontan, lasse mich vom Moment führen und verführen und überspringe schon mal einen Schritt. Nicht so Robyn. Wir hatten immer wieder harte Diskussionen, wo sie mich dazu anhielt, logischer und praktischer zu arbeiten. Sie ist konstruktiv und konsequent. Das ist manchmal nicht einfach anzunehmen, doch sie bringt mich immer wieder dazu, meine Aktionen erneut zu reflektieren. Oft sagte sie lachend: »Linda, you are the showhorse and I am the working horse.« Dabei stimmt das gar nicht, sie ist telegen, gibt die besseren Webinare und hält brillante Vorträge. Es ist unglaublich, was für eine Arbeit Robyn leistet. Seit 30 Jahren schreibt sie unseren TTouch-Newsletter voll mit wertvollen Geschichten, der vier Mal im Jahr rund um die Welt geht. In 35 Ländern erreicht er alle Menschen, die mit dem TTouch arbeiten, und informiert sie über die neuesten Entwicklungen und Erfahrungen. Sie ist der Kommunikations-Mittelpunkt vieler TT-Practitioner, die sich oft mit ihren Problemen an sie wenden. Alle haben Vertrauen zu ihr, die Tiere und die Menschen. Sie ist wie ein Fels in der Brandung.

Im Umgang mit Menschen ist sie ein wenig »kanadisch distanztiert«, doch gleichzeitig besitzt sie einen wohltuend praktischen Menschenverstand. Einzigartig sind ihre analytischen Fähigkeiten und ihr »feeling« für die Quelle von Problemen ebenso wie ihre Ansätze, diese Probleme zu lösen.

Robyns Welt sind die Pferde und auch die Hunde. Oft kommt sie von Seminaren mit einem »tierischen Härtefall« wieder nach Hause, der dann auch noch einen Platz unter ihrem Dach findet. Sie ist eben ein richtiger Robin Hood, der ein Herz für verlorene Seelen besitzt.

Linda mit ihrer Schwester Robyn und ihrer Nichte Mandy. Drei Mal Frauenpower der Hoods.

Die kleine Schwester tritt in die gleichen Fußstapfen

Als sie gerade vier Jahre alt war, ging ich nach Reno, um zu heiraten und verließ unser Elternhaus, in dem wir eng zusammen gelebt hatten. Von einem Tag auf den anderen war ihre große Schwester nicht mehr da. Das hinterließ erst einmal eine emotionale Wunde, und da wir uns auch in den nächsten Jahren kaum getroffen hatten, wurden wir uns damals fremd. Das tut mir heute noch Leid. In den Sommerferien kam sie immer wieder in unser Ausbildungszentrum, die »Pacific Coast Equestrian Research Farm«, und lernte sehr schnell, sich in allen Bereichen einzubringen. Sie hat mit mir Vollblüter und ungarische Halbblüter trainiert und ist Hindernisrennen und Jagden geritten. Es gab nichts, was wir nicht zusammen gemacht hätten. Immer war sie begierig zu lernen. Und sie war so außergewöhnlich gut, dass ich sie am liebsten zum Angewöhnen und Einreiten der jungen Pferde mitnahm und sie als Erste auf die »Frischlinge« setzte. Sie besitzt heute noch ein phänomenales Einfühlungsvermögen bei jungen Pferden. Robyn war die beste Schülerin, die ich je hatte. Manchmal kommt es mir auch so vor, als wäre sie meine Lehrerin gewesen. Wenn sie etwas nicht verstand, dann löcherte sie mich so lange, bis ich es besser erklären konnte. Doch sie brauchte mich nicht als Amme, sie ging ihren eigenen Weg und wurde eine erfolgreiche Reiterin und Sportlerin. Seite an Seite flogen wir manchmal über die Hindernisse und erlebten zusammen dieses wunderbare Gefühl von Freiheit und Freude.

Verliebt in die Wuschelpferde aus Island

Robyn begleitete mich auf den meisten Stationen meines Lebens. Sie war Reitlehrerin auf der West Wind Hungarian Farm, baute aber auch ihre eigene Existenz auf.

Sie ist bis auf den Grund ihres Herzens eine etwas spröde Kanadierin geblieben und lebt heute in der Nähe von Vernon in Britisch Columbien. Geheiratet hat sie Phil, ebenfalls ein großartiger Pferdemensch, und wurde Mutter einer Tochter, Mandy, und eines Sohns, Jessie. Doch eine ganz besondere Aufgabe, vor die ich sie im Jahr 1976 stellte, veränderte ihr Leben: Dabei verliebte sie sich in Islandpferde und ist heute eine der wichtigsten und bekanntesten Züchter in Nordamerika.
Wie kam das? Ich bat sie, mit mir die deutsche Equipe von Islandpferden und Reitern zu betreuen, die auf dem Transkontinentalen Jubiläumsritt anlässlich der 200-jährigen Gründung der USA unterwegs waren. »The Great American Horse Race«. Es ist eine längere Geschichte, wie ich dazu kam, mich dafür zu engagieren, die noch später im Buch aufgegriffen wird. Ich brachte zehn Islandpferde aus Deutschland nach Amerika, trainierte sie und ihre deutschen Reiter und organisierte den Aufenthalt und die Übernachtungsmöglichkeiten. Ich wusste, dass ich Robyn die schwierige Aufgabe anvertrauen konnte, die Pferde täglich zu betreuen und zu versorgen. Sie und ihr Mann Phil Pretty agierten als »Stablemanager«. Sie machten eine hervorragende Arbeit, und ihr Team ging als zweites über die Ziellinie. Doch die Isis bekamen auch den Preis für die Pferde, die mit der besten Kondition angekommen waren. Am Ende des großen Abenteuer-Rittes hatte Robyn sich in diese sympathische Rasse verliebt und nahm die Pferde, die sie nun ja richtig gut kannte, mit nach Kanada. Es dauerte nicht lange und sie importierte Stuten und einen Hengst, dann eine ganze Herde. Ich glaube, sie hat mit der Zeit Hunderte von Pferde nach Nordamerika importiert, ausgebildet und verkauft. Robyn begründete ihre eigene Islandpferdezucht und wird heute wie gesagt als die wichtigste Züchterin in Nordamerika gesehen. Knapp 70 Pferde leben auf ihrer Farm in der Nähe von Britisch Columbien. Für manche wäre es schon genug, sich um die Zucht und die Pferde zu kümmern, doch Robyn ist hauptsächlich als TTouch-Instructor unterwegs und arbeitet in vielen verschiedenen Ländern, gibt Workshops und hält Vorträge. Ihre Webinare sind gefragt, und sie hat auch ein Buch über die Anwendung der »Körperbandagen« bei Pferden, Hunden und Menschen geschrieben.
Zusammen mit ihrer Tochter Mandy hat sie zudem ein Buch verfasst, wie man Hunde mit Geschirren trainiert. Und sie hat maßgeblich zur Entwicklung meiner Methode beigetragen, indem sie meine Erfahrungen, Erkenntnisse und Reflektionen erprobte und mit mir diskutierte. 1978 habe ich dann das »Tellington equine awareness movement« oder TEAM gegründet. 1984 machte ich meine ersten Videos. Robyn schaute sich alles sehr genau an, studierte alles bis ins Detail, bevor sie selbst ihre Workshops darüber gab. Seit 25 Jahren arbeitet sie mit der Methode des »Connected Riding« von Peggy Cummings, die außer der Arbeit am Pferd auch Sitzschulung und Körperarbeit für den Reiter bietet. Robyn kombiniert gern die Techniken beider Methoden und nennt das Ergebnis: TTEAM Connect.

Die nächste Generation der Hoods steht bereit

Robyn und mich verbinden so viele gemeinsame Erfahrungen und trotzdem spüren wir immer wieder unsere unterschiedliche Begabungen. Doch inzwischen ist eine neue Generation hinzugekommen: Robyns Tochter Mandy hat all unsere und die Begabungen unserer Großväter geerbt. Sie saß schon mit 18 Monaten eigenständig im Sattel und ist in der Lage, alles das, was sie bei uns gesehen und gelernt hat sowie ihre eigenen Erkenntnisse umzusetzen. In dieser Kombination hat sie es zu einer genialen Lehrerin gebracht. Sie hat mittlerweile zwei Söhne, Sam und Tom, von denen der Ältere vielleicht uns alle einmal »in die Tasche stecken« wird. Er wächst zwischen Schafen, Pferden und Hunden auf und fühlt sich eng mit ihnen verbunden. Entsteht hier eine neue Dimension der Kommunikation? Es ist eine Geschenk Gottes für mich, dass meine engste Familie, meine Schwester Robyn, ihre Kinder und Enkelkinder und mein Mann Roland, alle so tief mit dem TTouch verbunden sind und helfen, die Botschaft des TTouches in aller Welt zu verbreiten.

Danke Dir, Robyn, für viele heiße Diskussionen und dafür, dass Du Deine Fähigkeiten immer wieder einsetzt, um mir zu helfen, den TTouch immer weiter zu verbessern und zu intensivieren.

GUARDIAN ANGELS
OF THE ANIMALS

Fairies care for Nature
Yes!
But how about animals
Must I guess?
Or need I only ask
Are animals also
A fairy task?

The answer comes back
Loud and clear
The angles care
For animals dear

The animal spirits
Gather round
Their loving protection
Does abound

Each species has
An Angel guide
Close to protect them
At their side

If you open your heart
You'll see them there
Soften your eyes
You cannot stare
Their loving presence
Fills the air

As you reach out
and caress an animal
friend, you also will
be touched by the presence
of angelic gentleness and
filled with the spirit of Light

Protected closely
In the night
The feathered softness
Of etheric wings
Brings sweet melody
When an Angel sings

So open your ears
To celebrate songs
You may even hear
Chanting
And sacred gongs

As you still your breath
Feel the Angles there
When you sit
With your horse
Or your dog
Or your hare.
Always remember
The Angels
are there!

LINDA TELLINGTON-JONES

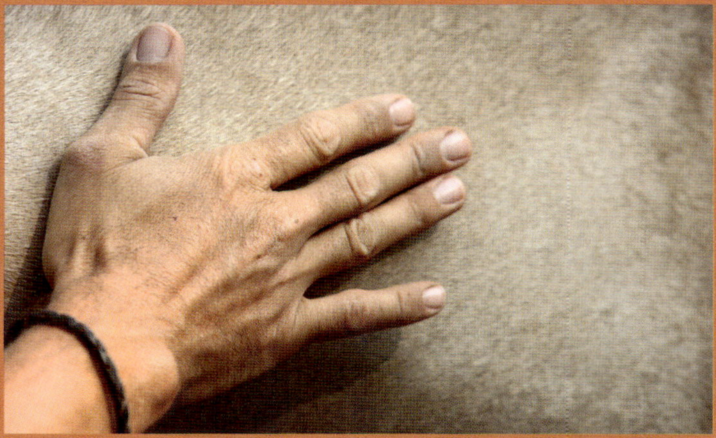

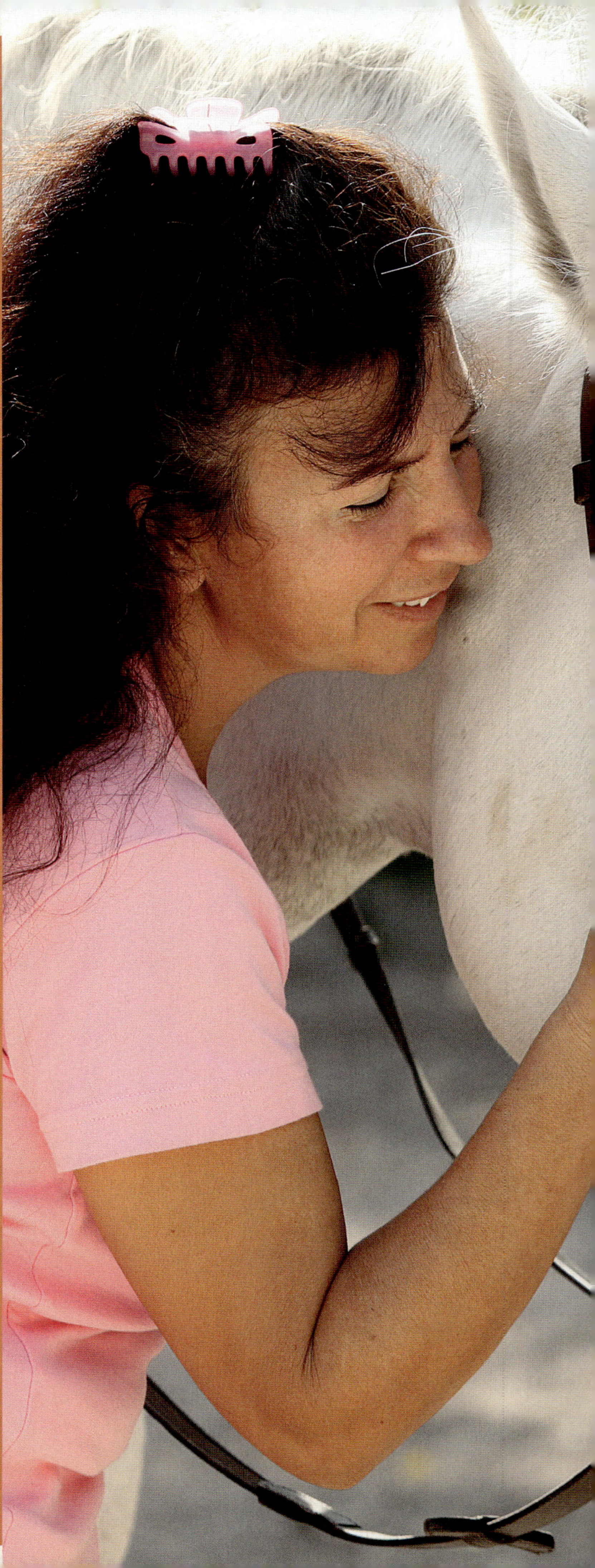

FRÉDÉRIC, MAGALI & LINDA

EIN **HERZ** & EINE **SEELE**

mit Magali Delgado und Frédéric Pignon

Auf der weltgrößten Pferdemesse EQUITANA in Essen sah ich Frédéric zum ersten Mal und wusste sofort, dass ich ihn ansprechen musste. Er zeigte während der »Hop Top Show« eine Freiheitsdressur der besonderen Art. So etwas hatte ich noch nie gesehen: Die geballte Energie von vier Schimmelhengsten explodierte förmlich in der Showarena. Sie rasten durcheinander, sprangen in die Luft und spielten miteinander, um dann ganz friedlich zu Frédéric zurückzukommen, ihren Kopf auf seine Schulter zu legen und sich auf die gemeinsame Arbeit einzulassen. Niemals zuvor habe ich Hengste gesehen, die sich so frei fühlten und trotzdem so mit ihrem Menschen arbeiten wollten! Meistens werden die Tiere mit Ausbindern geknebelt und müssen sogar einen Maulkorb tragen, damit sie andere Hengste nicht beißen.

Doch bei Frédéric ist alles anders, die Hengste genießen jede Minute ihrer Vorstellung. Es geht ein Strahlen von dem Mann aus, das nicht nur die Pferde erfasst, sondern jeden einzelnen Menschen im Publikum. Seine Freude und seine magische Verbindung zu den Pferden sind greifbar, als wären sie eins. Auch seine Frau Magali Delgado spiegelt dieses besondere Gefühl des »Ganz-mit-dem-Pferd-Seins« wider. Sie präsentierte ihren Hengst Dao ohne Sattel, nur mit einem Band um den Hals, leicht wie eine Feder in den schwierigsten Dressurlektionen, die sie am Vortag mit Zaumzeug und Sattel im Grand Prix gezeigt und gewonnen hatte. Ihr Ritt war von Leichtigkeit und Freude erfüllt, so wie man es in der Literatur über die klassische Dressur gerne liest, doch wie es fast nie gezeigt wird. Ich war gefesselt vom Anblick der Beiden, konnte meine Augen nicht abwenden, und mein Herz begann, freudig zu »summen«. Als ich Fred und Magali dann zwischen den Vorstellungen aufsuchte, hatte ich keine Ahnung, ob die Beiden an meiner Tellington-TTouch-Methode interessiert sein würden. Doch ich wusste, dass sie damit ihren Pferden helfen könnten, Stress abzubauen, der doch bei Reisen und in fremden Stallungen immer wieder auftritt. Wie es der »Zufall« wollte, waren sie sofort begeistert mich und den TTouch kennen zu lernen. Diese erste Begegnung war der Anfang einer tiefen Freundschaft, die immer wieder gestärkt wurde durch den Austausch neuer Ideen und gegenseitige Inspiration. Als ich während der US-Tournee der Pferdeshow »Cavalia« Frédéric anbot, seinen Hengst Fasto zu behandeln, war er sofort einverstanden, und wir gingen zusammen zu seiner Box. Auch heute noch lachen wir über Freds damalige Reaktion, als ich ihn bat, dem Hengst ein Halfter aufzuziehen, damit ich an seinen Ohren arbeiten könne. Fred dachte: »Das geht nicht gut! Fasto mag es überhaupt nicht, wenn man an seine Ohren kommt, und ganz bestimmt lässt er sich nicht von einer kleinen Frau, die er nicht kennt, da berühren.«

Aber es passierte das, was in der Regel passiert, wenn ich mit einem Pferd arbeite: Innerhalb einiger Minuten stand der Falbe ganz still, senkte seinen Kopf und erlaubte mir, eine Hand auf seine Nase zu legen und mit der anderen Hand seine Ohren von der Wurzel bis zur Ohrenspitze auszustreichen. Dies ist die beste Art und Weise, ein Pferd in kürzester Zeit zu entspannen, wieder zum Fressen zu animieren oder auch für eine gute Show vorzubereiten.

Wenn mein Mann Roland und ich es irgendwie einrichten können und etwas ausspannen müssen oder einfach etwas Energie und Inspiration brauchen, dann besuchen wir Fred und Mag in Südfrankreich. Manchmal treffen wir uns auch auf einer Pferdeshow und freuen uns einfach, uns zu sehen.

Frédéric und Linda beim Karotten-Geschmackstest für die Pferde.

Linda lernt die Lusitanostuten der Familie Delgado-Pignon kennen. Ihre Fohlen werden später zu den Showstars in der Manege zusammen mit Fred und Magali.

Magali mit ihrem Dressurstar Dao und dem kleinen Sohn Noah sowie einem wilden Raben, der sie überallhin begleitete.

Zur richtigen Zeit am richtigen Ort

Fred sagt immer, ich sei wie eine »Feenmutter« für ihn, denn ich würde jedes Mal genau zu dem Zeitpunkt erscheinen, wenn er mich am dringendsten braucht. So trafen wir uns auch in San Francisco, als er mit Cavalia dort gastierte und eine spektakuläre Show präsentierte. Es ergab sich die Gelegenheit, den Reitern der ganzen Truppe und auch den Stallhelfern eine Demonstration des TTouches zu geben, die wiederum allen Pferden zu Gute kam. Im folgenden Jahr trafen wir uns in Dallas, Texas. Dort fing Fred an, den Maul-TTouch einzusetzen, wenn er seine Hengste beruhigen wollte. Sein junger Friesenhengst Paulus fühlte sich etwas eingeschüchtert von dem älteren Friesenhengst Phebus. Fred behielt Phebus im Rampenlicht bei sich und ließ ihn Paulus beobachten, weil dieser aus Angst sonst angefangen hätte, den anderen zu beißen.

Fred hat auf mich und den TTouch gewartet

Ich habe den Maul-TTouch über viele Jahre hinweg immer wieder unglaublich vielen Leuten gezeigt, aber ich bezweifle, dass irgendjemand anderes so schnell wie Fred begriffen hat, was diese Berührung bei den Pferden bewirken kann. Mit dem TTouch um das Maul herum aktiviert man das emotionale Zentrum im Gehirn – das Limbische System. Der Drang zu beißen wird durch Ängstlichkeit und Stress hervorgerufen. Wenn man durch diese sanften Bewegungen der Nüstern und Unterlippe eine entspannte Aufmerksamkeit erzeugt, kann man Stress reduzieren. Ich habe Fred gezeigt, wie man mit den Fingern rund um die Muskulatur des Mauls einige einfache Kreise macht. Fred entdeckte sofort, dass er das Pferd ins Rampenlicht bringen und dort ein paar Sekunden einige kleine Kreise am Maul ausführen muss. Damit konnte er das Beißen zum anderen Hengst hin verhindern. Seit dieser Zeit ist der Maul-TTouch ein fester Bestandteil seiner Trainingsmethode. Er hat diesen Touch so perfektioniert und ihm solche Nuancen hinzugefügt, dass ich ihn seitdem den »Fred-TTouch« nenne.

Magali mit ihrem Liebling Dao.

In einem Interview auf der EQUITANA in Essen im März 2013 hat Magali erzählt, wie sie den TTouch dazu benutzt, die Hengste vor der Aufführung hinter dem Vorhang ruhig zu halten. Als sie den TTouch noch nicht benutzte, war es immer aufregend gewesen, denn die Hengste wussten, dass sie als nächstes im vollen Galopp in das Scheinwerferlicht donnern würden. Sie entdeckte, wie einfach es war, die Hengste mit dem TTouch ruhig zu halten, und sie musste sogar vorsichtig sein, dass sie nicht so entspannt waren, dass sie ihren Auftritt vergaßen … Mein erster Besuch bei Fred und Magali in Avignon wurde wiederrum von Gabriele vorbereitet und wir fuhren zusammen hin. Damals hatte ich die Freude, zum ersten Mal mit Grazil zu arbeiten. Als wir durch die Stallungen schlenderten und allen Pferden vorgestellt wurden, bekam ich ganz besondere Botschaften von einem jungen Hengst, der gerade erst angekommen war und sich noch fremd fühlte. Ich fragte Fred, ob ich ein wenig mehr Zeit mit dem Pferd verbringen könne, er interessierte mich. Da wusste ich noch nicht, dass Fred bisher sehr wenig mit ihm getan hatte, ihn auch nicht zu Veranstaltungen mitgenommen hatte, weil dem Hengst das Vertrauen zu den Menschen fehlte. Ich betrat den Stall ganz still, bis Grazil sich langsam zu mir umdrehte. Ohne ihm auch nur ein Halfter aufzuziehen, begann ich mit ganz sanften TTouches – erst auf seiner Schulter, dann auf seinem Rücken und seine Hinterbeine abwärts. Er stand absolut still und schien zu lauschen. Dann erst berührte ich seinen Kopf. Und als ich fertig war, konnte ich jeden Zentimeter seines Gesichtes berühren. Dies nennen wir TTouches des Vertrauens; zum Schluss konnte ich sogar seinen ganzen Kopf kraulen und dabei meinen Arm hinter seine Ohren legen. In diesem Moment kam Gabriele leise mit ihrer »magic camera« in den Stall und hielt einen der wundervollsten und intensivsten Momente fest, die ich mit einem Pferd erlebt habe. Bei einem anderen Besuch feierten wir alle zusammen die Publikation des ersten Buches von Fred und Magali »Gallop to Freedom«, das gerade auf Englisch erschienen war. In unserer kleinen Gruppe mit Roland und Gabriele, den Hunden und Mandarin, der friedlich graste, als die Sektkorken knallten, hatten wir Spaß und freuten uns.

Fred mit dem Lusitanohengst Nacarando.

Ein magischer Moment –
Linda mit dem Lusitanohengst Grazil.

Bei dieser Gelegenheit konnte ich eine Episode beobachten, die mich sehr beeindruckt hat: Fred veränderte durch seine mentale Energie und Körpersprache die Reaktion eines aufgebrachten Hengstes. Jeden Tag grasen die Hengste auf ihren Paddocks, die nur durch einen kleinen Elektrozaun voneinander getrennt sind. Als wir gerade um den großen Tisch im Garten saßen und auf den Erfolg des Buches anstießen, hörten wir einen Hengst schrill wiehern, der offensichtlich seinen Nachbarn herausforderte: Magalis Hengst Mandarin. Beide Hengste galoppierten aggressiv an der dünnen Elektrolitze entlang, und es war nur ein Frage von Sekunden, bis einer der Beiden sie zertrampelt hätte. Wir konnten gar nicht so schnell schauen, da war Fred schon aufgesprungen und sprang zwischen die Hengste. Er blockierte für Mandarin den Durchlass und schützte den jüngeren Hengst. Doch was da zwischen Pferd und Mensch passierte, lässt sich kaum beschreiben. Es schien, als wäre die Elektrizität des Zauns in Fred gefahren. Ich wünschte, ich hätte Worte, um es besser zu beschreiben: er schnitt einfach jede Bewegung des Hengstes ab, hielt ihn im Blick und fing seine Energie mit seinem Körper ab, aber ohne ihn zu berühren. Innerhalb weniger Sekunden war Mandarin total auf Fred konzentriert, zitterte zwar noch vor Aufregung und Testosteronstößen, doch Fred konnte zu ihm hingehen und ihm einen Strick umlegen. Ohne seine Stimme zu heben, lobte er das Pferd, das ohne zu steigen oder zu toben neben ihm herging, total unter Freds emotionaler Kontrolle. Es war die beeindruckendste Demonstration einer non-verbalen Kommunikation und tiefer energetischer Verbindung, die ich jemals erlebt habe.

Ein aufschlussreicher Zwischenfall

Schon etliche Male hatten wir darüber gesprochen, ein gemeinsames Seminar zu geben und die Tellington-Methode mit der Pignon-Delgado-Magie zu kombinieren. Im Jahr 2012 war es so weit. Für zwei Tage hatten rund 100 Pferdeleute aus fünf verschiedenen Ländern die Möglichkeit, uns alle drei zusammen zu erleben. Zwei Mal am Tag gab Frédéric acht Reitern Unterricht, die mit seinen Hengsten arbeiten durften. Dabei ging es um den Spanischen Schritt, Versammlung vom Boden aus etc. Magali gab zeitgleich Reitstunden auf dem Reitplatz. Ich hatte vier Pferde angenommen, mit denen ich so arbeitete, dass die Zuschauer leicht begreifen konnten, wie man die TTouches anwendet. So konnte jeder etwas an Erfahrung für sein eigenes Pferd mit nach Hause nehmen. Frédéric hat mit einer unglaublichen Ruhe und Klarheit gearbeitet, er ist wirklich einzigartig. Ich habe ihn nicht darum gebeten, zu beschreiben, was er tut, aber ich glaubte, es zu ahnen. Er stellt sich vor, wie es aussehen wird, wenn das Pferd ihn versteht und anfängt, das zu tun, was es aus seinen Fähigkeiten heraus tun kann. Vor seinem inneren Auge ist jedes Pferd perfekt, und Frédéric sieht dies kristallklar vor sich. Seine Arbeit basiert auf Respekt, aus dem Herzen geboren. Die Pferde spüren seine unbedingte Liebe und geben ihm ihr Vertrauen.

Normalerweise versuche ich, das Wort Liebe im Zusammenhang mit der Ausbildung von Pferden zu vermeiden, weil es leider zu oft missverstanden wird. Da jedoch Fred am Ende des Seminars seinen Zuhörern auch erklärte, dass eine erfolgreiche Arbeit mit Pferden nur durch das Gefühl der Liebe möglich wird, kann ich mich hier nur anschließen. Wenn Sie ein Problem mit dem Wort Liebe haben, dann ersetzen Sie es einfach durch »Wertschätzung«. Dieses Wort trägt den gleichen emotionalen Effekt auf der Ebene der Herzkohärenz in sich. Wenn Sie sich auf diesem Energie- und Emotionsniveau befinden, dann fühlen sich die Pferde auf ganz natürliche Weise von Ihnen angezogen. Im Moment, in dem ich diesen Satz schreibe, muss ich unwillkürlich lächeln, denn ich muss daran denken, dass Magali eben dieses Gefühl auch an ihre Pferde und an ihre Studenten weitergibt. Immer wenn ich an Magali und Frédéric denke, kommt das Lächeln zurück und mit ihm das Wort »Liebe«. Die Liebe, die sie zueinander empfinden, zu ihrem wundervollen Sohn Noah, zu ihrer Familie, zu den Pferden, ihren Freunden, zum Leben und zu allen Menschen und Lebewesen, denen sie begegnen. Sie sind wundervoll im Umgang mit ihren Pferden, doch was sie noch mehr auszeichnet sind ihr großes offenes Herz und die tiefe Dankbarkeit für das Leben. Sie haben beide schon dem Tod ins Angesicht geblickt und sich dafür entschieden, das Leben noch mehr zu lieben und diese Liebe mit den Menschen und Tieren zu teilen. Das ist ein großes Geschenk an alle und für alle, die mit ihnen in Resonanz gehen.

Fred und seine Lusitanohengste, Freiheitsdressur bei der EQUI-Show.

With love for Linda ...

Als wir Linda zum allerersten Mal trafen, war es uns sofort sonnenklar, dass wir uns auf der gleichen Seelenebene bewegten. Es schien uns, als würden wir uns schon sehr lange kennen. Während wir mit der Pferdeoper »Cavalia« in den Vereinigten Staaten unterwegs waren, kam es immer wieder vor, dass sie überraschend, wie aus dem Nichts, auftauchte. Und dies war fast immer gerade dann der Fall, wenn wir sie dringend brauchten und mit unseren Pferden nicht weiter wussten. Immer wieder hat sie uns geholfen, unsere Fragen beantwortet und uns die Augen geöffnet. Und dann, so überraschend, wie sie gekommen war, verschwand sie wieder. Seit dieser Zeit nennen wir sie unseren Schutzengel oder unsere gute Fee.

Manchmal, wenn man so wie wir auf intensiver und auf sehr individueller Basis mit einem Pferd arbeitet, fühlt man sich von den »Fachleuten« aus der professionellen Pferdewelt nicht ernst genommen und ausgegrenzt. Als Linda in unser Leben trat, kam sie nicht mit fertigen Antworten, aber mit ihrer Fähigkeit zu verstehen. Ihr gelingt es, durch ihre intuitive Intelligenz, Lösungen zu finden, die genau am richtigen Punkt ansetzen. Sie vermag sich, mit einer unglaublich positiven Energie in die Beziehung Pferd – Mensch hineinzufühlen und kann sofort den Fluss der Energie dieser Beziehung empfinden, als würde sie die Musik zwischen zwei Engelwesen hören. Eines Tages, als wir sie still bei ihrer Arbeit und den TTouches beobachteten, haben wir verstanden, dass die Energie, mit der sie arbeitet, pure Liebe ist. Absolute und bedingungslose Liebe, die uns befähigt, zu verstehen, ohne zu urteilen, die uns befreit von der Angst, vom Hass und der Arroganz. Und alle, die die Fähigkeit haben, dies zu erkennen, sehen, wie sie von einer blassen Aura umgeben ist: sichtbar gewordene Liebe.

Es war uns sofort klar, dass der TTouch eine praktische Anwendung ist, dessen Effektivität von der Liebe und Energie abhängt, mit der er eingesetzt wird. Sie hat uns gelehrt, dass nicht Technik und Wissen ausschlaggebend sind, sondern die emotionale Einstellung des Menschen. Das ist extrem wichtig in der Verbindung mit solch sensiblen Seelenwesen wie unseren Showpferden.

Als wir mit »Cavalia« in ganz Nordamerika und Europa auf Tournee waren, hatten wir das unglaubliche Glück, immer wieder wundervolle Menschen zu treffen, die uns, jeder auf seine Art und Weise, geholfen haben, unsere Pferde besser zu verstehen. Doch Linda wurde unser Leitstern. Wir fühlen, dass sie jeden Tag bei uns ist, wenn wir mit den Pferden trainieren. Die TTouches sind zu einem immanenten Teil unserer täglichen Arbeit geworden, den wir gar nicht mehr wegdenken könnten.

Kleine Gesten, ein Wort, Hinweise, die sie uns gegeben hat, ihre Gedanken und Überlegungen begleiten und inspirieren uns. Sie ist zu einem wichtigen Teil unserer zwei- und vierbeinigen Familie geworden und im Herzen immer bei uns.

Es gab einen Moment in unserer Freundschaft, der Magali und mich zutiefst berührt hat. Linda kam nach einer Reihe von Seminaren total erschöpft und deprimiert zu uns nach Kalifornien. Es fällt ihr immer wieder schwer zu akzeptieren, dass einige sehr wichtige Leute in der Pferdewelt alte Denkweisen und Einstellungen nicht loslassen, ihre Ignoranz nicht überwinden und nicht erkennen können, wie heilbringend der TTouch ist. Da stand sie nun, müde und erschöpft, am Rande der Manege und schaute uns und unseren Pferden zu, wie wir im Zirkuszelt unter den bunten Lichtern unsere Vorstellung gaben. Danach kam sie ganz aufgeregt auf uns zugelaufen, umarmte und dankte uns.

Wir waren sehr überrascht. Sie strahlte und sagte: »Ich habe diese Wärme gesehen wie einen goldenen Schein, der Euch und die Pferde umhüllt hat. Es war so viel Harmonie zu spüren, so viel Freude und Glück, das hat mir wieder Kraft und Zuversicht gegeben.« Sie fühlte sich inspiriert und war von Herzen froh. Da begriffen Magali und ich, dass ihre Arbeit, der TTouch, auch ihre Mission darstellt, die sie mit Demut erfüllt, ihr ganzes Leben lang. Und Linda hat an diesem Abend noch etwas unglaublich Wichtiges für uns getan: Sie hat uns die Augen geöffnet, wie sehr unsere Show die Beziehung der Menschenseelen zu den Pferdeseelen sichtbar macht. Nicht nur Linda, sondern auch Tausende von Zuschauern sind jeden Abend immer wieder bewegt, viele haben Tränen in den Augen. Und wenn sie nach Hause gehen, tragen sie ein Bild in ihren Herzen, eine Vision von der Harmonie zwischen Mensch und Tier. Vielleicht tragen wir mit unseren Pferden ein kleines Bisschen dazu bei, die Menschen ein Stück glücklicher zu machen.

An diesem Abend drehte sich Linda zu uns um und fragte uns: »Was ist Euer Ziel? Was wollt Ihr erreichen mit Eurer Arbeit, in Eurem Leben? Wie weit gebt Ihr Euch hin?« Erst später haben wir erkannt, dass sie mit diesen einfachen Fragen unser Selbstverständnis und unsere eigene Wertschätzung vollkommen verändert hatte. Plötzlich haben wir sehr viel mehr verstanden, begriffen und erkannt, welchen Wert unser Leben und unsere Pferde wirklich haben – für uns und für andere.

Linda ist nicht nur als Lehrerin und Vorbild großartig, sondern auch als Mensch. Magali und ich hatten einen Autounfall, bei dem Magali schwer verletzt wurde. Sie lag auf der Intensivstation im Krankenhaus. Obwohl Linda gerade erst von einer langen Europareise in ihr Zuhause auf Hawaii zurückgekehrt war, bestieg sie, als sie die Schreckensnachricht gehört hatte, das nächste Flugzeug, flog 24 Stunden zurück nach Paris und fuhr mit dem Zug weiter nach Avignon. Sie kam direkt ins Krankenhaus und setzte sich zu Magali ans Krankenbett, ganz selbstverständlich. Sie ließ ihre Herzensenergie fließen, behandelte Magali sowohl mit den TTouches als auch mit Hearthugs. Ich kann gar nicht sagen, wie dankbar ich ihr dafür bin, denn sie hat uns so sehr geholfen.

Doch da ist noch die andere Seite von Linda. Immer wenn wir sie an irgendeinem Ort auf dieser Welt wiedersehen, überrascht sie uns mit neuen Erkenntnissen aus der Forschung rund um den TTouch. Inzwischen findet man mehr und mehr heraus, warum der TTouch so erfolgreich ist und warum er mit den Forschungen aus der Quantenphysik zusammenhängt – es ist unglaublich spannend.

Ihr Enthusiasmus und ihre Art, nur positiv zu denken, sind ein Geschenk. Auch ihr Lächeln und ihr trockener Humor zeichnen sie aus. Es ist faszinierend zu hören, wie sie erzählt, wie sie die Welt sieht und interpretiert.

Jeder Mensch, jedes Tier, jedes Wesen hat einen einzigartigen Wert für sie. Linda glaubt, dass alles miteinander zusammenhängt und wir alle eins sind. Und sie wird immer ihr Bestes geben, um diese Welt ein wenig besser zu machen. Wir fühlen uns geehrt, dass wir ihr so nahe sind und von ihr lernen können.

Dieses Buch bietet eine wundervolle Gelegenheit, um ihr zu sagen: »... Linda, wir lieben Dich für alles, was Du tust, und für alles, was Du getan hast. Und wir lieben Dich dafür, was Du bist ...«

Magali Delgado & Frédéric Pignon

A MESSAGE
FROM THE SPIRIT OF THE HORSE

You seeth not what stands before the eyes.

It is time that you spoke for us. We need your voices.

We take heart that many are awakening to our needs.

We are united as One with you.

We sing the songs of the spheres.

We ground your beings into the earth and through us we connect you to the stars.

You wonder why you feel good when you touch us lean into us. It is because we connect you to the stars.

See us – we sacrifice ourselves to your blindness and never give up hope that you will awaken and we will be released from our suffering.

Our ancestors had more hope.

Some of you see the sunrise when you ride us – feel the trees. But how many of you feel the stream of light that flows between us when we carry you on our backs?

Our connections breathe life into your lifeless bodies.

See us once again as brothers.

We are here to serve as mirrors so that you – Mankind – can find your way back to the stars.

To that Source that serves for us all.

Our molecular structure is One.

Know your power, Mankind.

When you see us as One with you then you will know your strength.

We love you all.

We are One with you as you are One with all beings.

We are a vehicle for that knowingness of Oneness.

Hear ye the cries of the Rooster. Mankind must awaken. It can no longer sleep.

LINDA TELLINGTON-JONES

LEICHTIGKEIT & ELEGANZ

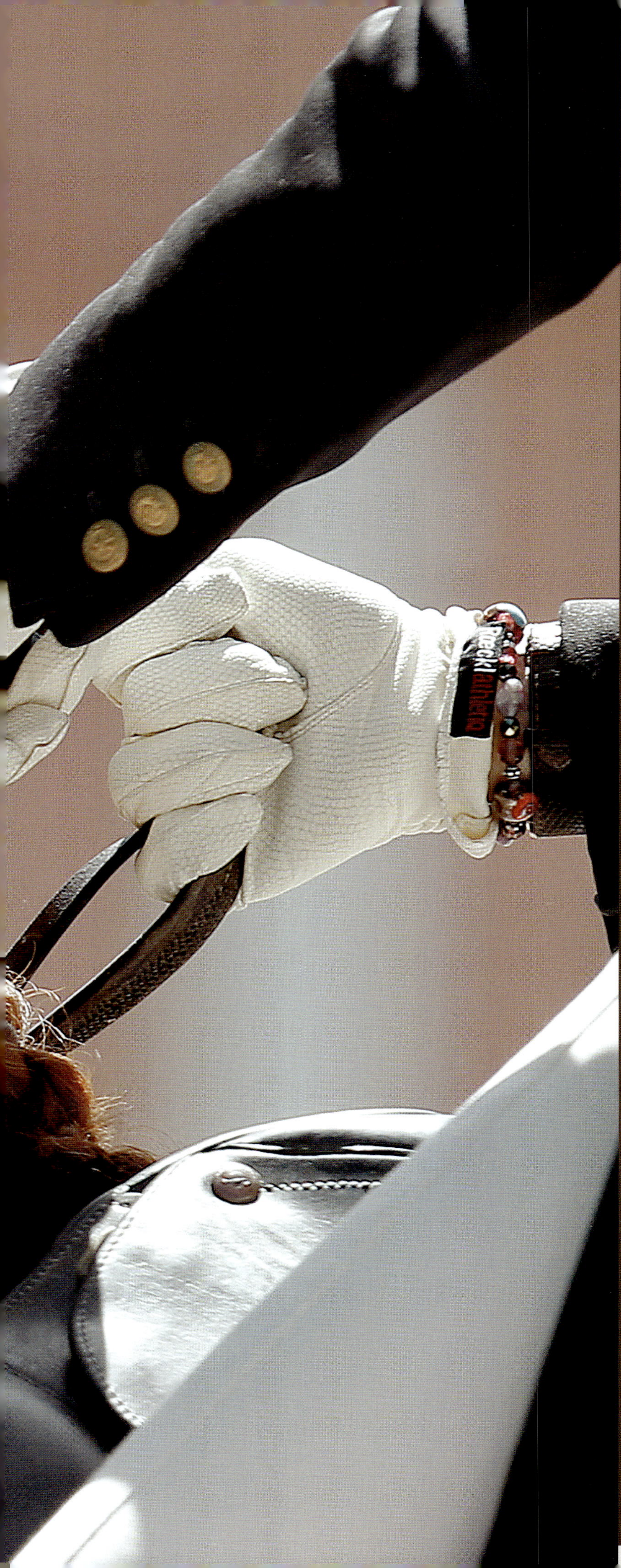

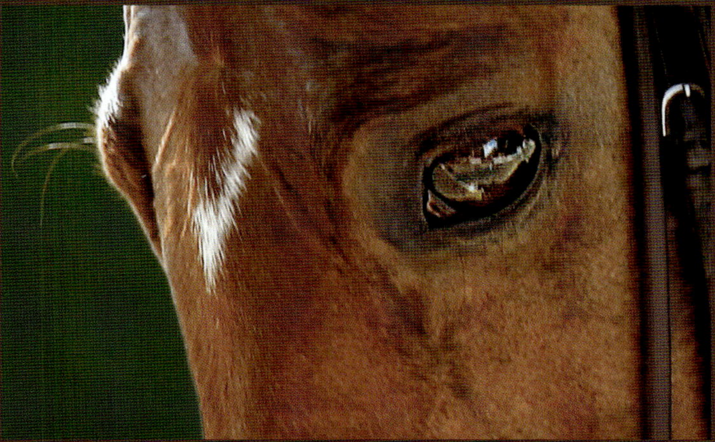

IN DER WELT DER **DRESSURPFERDE**

Amerika & Deutschland

Deutschland war schon immer berühmt für seine Dressurreiter und seine hervorragende Zucht von Dressurpferden. Es hat geniale Reitmeister und viele Olympiasieger und Weltmeister hervorgebracht.
Das Prinzip von Harmonie und Einheit bestimmt die Verbindung eines Reiters mit seinem Pferd. Der Grad der Durchlässigkeit und Kommunikation entscheidet über den Erfolg des Teams. Es geht um feine Abstimmung, um Verstehen und Sensibilität. Mehr und mehr erkannten die Pferdetrainer in den 80er- und 90er-Jahren des letzten Jahrhunderts, dass man dies nicht nur vom Sattel aus erreichen konnte. Und es sprach sich herum, dass gestressten Dressurpferden mit dem TTouch geholfen werden konnte. Zunächst standen einige der Offiziellen bei der FN in Warendorf mir skeptisch gegenüber. Glaubte man, dass ich als Amerikanerin ein reines Cowgirl sei und nichts von der klassischen Dressur verstünde? Dabei hatten mein Mann Wentworth Tellington und ich im »Pacific Coast Research Ausbildungszentrum« in Kalifornien großen Wert auf die intensive Gymnastizierung unserer Pferde gelegt. Dressur ist die Grundlage für die Kommunikation des Reiters mit dem Pferd, sie ist die Basis der Verständigung für alle Aktivitäten, die man mit Pferden im Sinn hat. Das geht hin bis zu den Fahrpferden. Doch diese Verständigung funktioniert auch dann, wenn man die Trense und das Gebiss weglässt und die Aufgaben ohne Zaumzeug reitet. Das haben wir oft genug mit unseren Schülern geübt und dafür nur einen Halsring benutzt. Diese Erfahrungen hatte ich ja 1975 auf der EQUITANA demonstriert und damit sehr viel Staub aufgewirbelt, wie ich bereits erzählt habe. Schön, dass das Halsringreiten heute fast zur Normalität geworden ist.

Ich bin über viele Jahre Vielseitigkeitsturniere geritten, und auch dort macht die Dressurprüfung 33 % der Bewertung aus. Da war es ganz selbstverständlich, den Dressurzylinder aus dem Hutkoffer zu nehmen und mich und mein Pferd harmonisch und elegant auf dem Dressurviereck zu präsentieren. Es machte Spaß, immer wieder den Kontrast zu erleben: Beim Geländeritt startete man sportlich mit Helm und Startnummer, da ging es nur um Zeit und Punkte, bei der Dressur um Eleganz und Harmonie. In den USA gab es in den 1960er-Jahren nur drei international anspruchsvolle Turniere, unter anderem in Pebble Beach in Kalifornien, an denen ich viele Jahre erfolgreich teilgenommen habe. Viele meiner Schüler waren dann auch sehr erfolgreich in dieser Disziplin. Wenn ich noch weiter in meiner Vergangenheit grabe, dann fällt mir ein, dass ich im Jahre 1973 zu den Gründungsmitgliedern der »US Dressage Federation« gehört habe. Dies ist eine von vielen offiziellen Tätigkeiten, bei denen ich als Richter fungierte. Besonderen Spaß machte es mir immer, die Juniorenreiter des US Pony Clubs aus ganz Amerika zu bewerten und zu coachen. Hierbei geht es nicht, wie der Name vermuten lässt, nur um Ponys, sondern um alle möglichen Pferde, die bis hin zum olympischen Niveau ausgebildet sind. Jugendliche zu fördern, das war schon von jeher meine besondere Motivation. Immer wieder hatte ich die Gelegenheit, in schwierigen Situationen helfen zu können und meine Erfahrung weiterzugeben – zunächst aus der Sicht des Ausbilders und Reiters, und später noch wirkungsvoller mit dem TTouch.

Linda hat viele Dressurprüfungen selbst geritten und war auch im Militarysport erfolgreich. Sie hat Pferde dressurmäßig ausgebildet und internationale Olympia- und Weltklassereiter betreut. Sie weiß, dass der TTouch den großen Unterschied machen kann zwischen erfolgreich sein und gewinnen.

DRESSURREITER-IKONE
DR. REINER KLIMKE

Als ich dann ab dem Jahre 1975 mehr Zeit in Deutschland verbrachte und meine Kurse gab, lernte ich viele der führenden Dressurställe kennen. Das schönste Erlebnis und auch eine unheimliche Genugtuung anerkannt und akzeptiert zu werden, verdanke ich einem ganz besonderen Menschen: Dr. Reiner Klimke. Der viermalige deutsche Olympiasieger war nicht nur ein außergewöhnlicher Reiter, sondern auch ein begnadeter Ausbilder und Lehrer. Er konnte genau »spüren«, was die Stärken eines Reiters und seines Pferdes waren. Er erkannte auch die Mängel und das Talent. Und er war offen für alles, was helfen konnte, diese Verbindung zu stärken oder die Blockaden des Energieflusses aufzulösen.

Keine Ahnung, wann und wo er von mir gehört hatte – kurz vor der Einladung hatte ich bei der FN in Warendorf eine Demo gegeben. Man hatte für mich ein überaus schwieriges Pferd ausgesucht, das aber zur Überraschung aller anwesenden Skeptiker hervorragend auf den TTouch reagierte. Wahrscheinlich hatte man ihm davon berichtet. Reiner Klimke lud mich zu sich nach Hause ein: Wohl, um mir auf den Zahn zu fühlen und mich zu testen, aber auch, um Neues zu erfahren. Er war unheimlich offen und neugierig. Vom ersten Augenblick an mochte ich seine intelligente und dynamische Art, auf Menschen zuzugehen.

Natürlich wollte er meine Einschätzung über eines seiner schwierigen Pferde wissen, und ich zeigte ihm meine Methode. Er begriff sofort, um was es ging und erkannte das Veränderungspotenzial, das darin steckte. Wir verstanden uns großartig, dachten und fühlten ähnlich mit den Pferden und für sie. Als ich zum Abendessen am großen Esstisch saß, behandelte man mich, als gehörte ich zur Familie. Wir redeten und redeten die halbe Nacht, wobei auch seine kluge Frau Ruth zur Gesprächsrunde gehörte.

Als ich Reiner fragte, wie es war, als man ihm 1964 in Tokio seine erste Goldmedaille umlegte, da lächelte er. Ich konnte auf seinem Gesicht ein Leuchten sehen und wusste, dass er sich an diesen Moment noch genau und sehr intensiv erinnerte. Ich bekam eine Gänsehaut. So viele Jahre der Arbeit und der Ausrichtung auf ein einziges Ziel, dann die Erfüllung seines Traums, das zu erleben! Das war 1984 in Los Angeles mit seinem legendären großrahmigen braunen Wallach Ahlerich.

Dann ging Reiner quer durch den Raum an eine Glasvitrine, in der ein Teil seiner vielen Pokale stand, und nahm die fünf olympischen Goldmedaillen heraus. Er legte sie mir schmunzelnd alle zusammen um den Hals. Dann fragte er mich: »Und wie fühlt sich das an?« Erst mal waren sie ganz schön schwer. Doch sie hatten gleichzeitig wirklich eine eigene Energie und fühlten sich lebendig an. Ich war unheimlich berührt. Die Herzlichkeit und Wärme, die auch von seiner Frau Ruth und ganz besonders von seiner Tochter Ingrid ausgingen, haben mir mal wieder gezeigt, dass tatsächliche Größe und Erfolge nur von Menschen erreicht werden können, die auch mit ihrem Herzen das leben, was sie sich erarbeiten. Damals schon war mir ganz klar, dass die talentierte Ingrid und auch ihr Bruder ihrem erfolgreichen Vater in der Pferdewelt nachfolgen würden. Ich hatte keine Ahnung, wie eng ich später mit Ingrid zusammenarbeiten würde. Es macht mich froh, sie schon so lange zu kennen und ihre Erfolge sowohl im Dressursport als auch in der Vielseitigkeit zu verfolgen. Ich unterstütze sie, wo immer es auch geht; manchmal bekomme ich auch einen Telefonanruf mit einer kurzen Frage, die ich gerne beantworte. Doch nach diesem ersten Treffen hatten Reiner und ich 10 Jahre lang keinen Kontakt mehr, und ich verfolgte die Aktivitäten der Familie Klimke nur aus der Ferne.

Gemeinsamer Workshop für Dressurpferde in Los Angeles, Kalifornien.

Mit Reiner in Hollywood

Eine gute Freundin von Reiner und mir, Pat Doening, »erfand« die Idee, dass Reiner auch in Amerika ein Dressursymposium geben sollte, so wie er es in Europa tat. Sie fragte mich, was ich davon halte, und ich konnte sie nur unterstützen. »Es wäre toll, wenn Reiner auch in den USA den Reitern seine immense Erfahrung zugutekommen lassen könnte«, sagte ich ihr am Telefon. Mit der ihr eigenen Dynamik setzte sie das Projekt um.

Ich war überrascht, als sie mich anrief und fragte, ob ich auch kommen würde; Reiner hatte gesagt, er würde das Seminar nur in Kooperation mit mir halten. Natürlich sagte ich spontan zu, wimmelte andere Termine ab und fühlte mich wirklich geehrt. Er musste aus der Ferne beobachtet haben, wie ich den TTouch weiterentwickelt hatte und mich scheinbar nie aus den Augen verloren.

Zehn Jahre nach meinem Besuch in Münster traf ich Reiner im Juli 1994 in Los Angeles wieder. Es fühlte sich an, als sei unsere letzte Begegnung erst gestern gewesen. Der Griffith Park, in dem das Reitzentrum und der Veranstaltungsort lagen, gehört schon zu den Ausläufern der Paramount Studios. Das überdimensionierte Hollywood-Schild mit den großen einzelnen Buchstaben auf dem Berg darüber war bei der Anfahrt weithin sichtbar, dahinter der makellose blaue Himmel Kaliforniens.

Mehr als 2000 Leute hatten sich für dieses 5-tägige Symposium als Zuschauer angemeldet – ein gigantischer Zuspruch. Ich machte mir keine großen Gedanken über den Part, den ich spielen sollte. Meine Vorstellung war es, mit meinem Team von »Practitioners«, die ich extra gebeten hatte zu kommen, im Stall und hinter den Kulissen zu arbeiten und zu helfen.

Das Team der TTouch-Practitioner mit Linda beim Klimke-Seminar in Hollywood.

Was war das Konzept des Events?

Reiner mit seiner großen Expertise sollte Pferde auf ganz unterschiedlichem Ausbildungsniveau analysieren und Ratschläge geben, wie man sie weiter fördern könnte. Es ging natürlich auch darum, Fehler oder Mängel aufzudecken, die Verbindung zum Reiter zu bewerten usw. Eine anspruchsvolle Aufgabe, die Reiner aber sehr viel Freude machte. Sein Englisch war perfekt, seine Stimmung blendend, die Erwartungen hoch. Aktiv nahmen 12 Pferde und ihre Reiter teil, von Tieren mit einem guten Standard-Dressurlevel bis zu internationalen Sportcrackes, die teilweise zum amerikanischen Kader gehörten.

Als die erste Gruppe der Reiter bereit war, in die überdachte Arena einzureiten, nahm Dr. Klimke sein Mikrofon in die Hand und sagte: »Wo ist denn Linda, bitte komm zu mir.« Ich eilte in die Arena und freute mich, dass er mich offiziell vorstellen würde. Das tat er auch – aber mit welchen Worten! So ganz genau kann ich seine Formulierungen nicht wiedergeben, aber er sagte etwas wie: »Es ist mir eine Freude, mit Linda hier zusammen dieses Symposium zu machen, ich schätze sie und ihren TTouch und denke, dass alle Anwesenden von unserer Kooperation profitieren werden.« So hatte ich das bisher nicht gesehen, und von Arbeiten hinter den Kulissen war nicht mehr die Rede. Er wollte mich die ganze Zeit an seiner Seite haben. Bei jedem Pferd, über das er sprach, reichte er mir das Mikrofon weiter, bat um meine Beurteilung und fragte mich immer wieder: »Was würdest Du mit dem Pferd machen?« Am zweiten Tag bat er mich um eine Analyse, was sich bei dem Pferd verändert hatte, und um eine Beschreibung dessen, was wir im Stall getan hatten.

Es kann sich niemand wirklich vorstellen, was für eine beglückende Erfahrung es war, in dieser Form mit ihm zu arbeiten. Es war die Anerkennung eines der besten Dressurreiter der Welt, der den TTouch als ergänzende und notwendige Arbeit zur Ausbildung und zum Erfolg eines Dressurpferdes manifestierte. Dieses Event stellte sozusagen einen Ritterschlag für mich und den TTouch dar.

Und es kommt ganz anders ...

Es waren mehr als die 2000 Zuschauer gekommen, die sich vorangemeldet hatten. Mit 15 erfahrenen Practitionern vor Ort, geführt von meiner Schwester Robyn, waren wir ein schlagkräftiges Team, das sich bewusst war, vor eine große Aufgabe gestellt zu werden. Doch zunächst stellte uns die Reithalle vor ein größeres Problem: Die Halle hatte keine festen Seitenwände. Wozu auch im sonnigen Kalifornien. Doch an diesem Wochenende machten uns heftige Windböen zu schaffen. Die großen Plastikplanen, die eigentlich als Sonnenschutz gedacht waren, schlugen knatternd hin und her. Scheuende Pferde und verängstigte Reiter waren die logische Folge. Doch Reiner sah es eher als Herausforderung, und wir waren alle damit beschäftigt, den Pferden in dieser kritischen Situation Vertrauen zu vermitteln.

Hier erwiesen sich meine »bunten Körperbandagen« als sehr hilfreich. Damit wickelten wir die Pferde von vorne über den Rücken nach hinten in Form einer Acht ein. Da das Material extrem elastisch ist, geht das ganz gut. Durch die leichte Reibung auf dem Fell erzeugen die Bandagen Wärme und geben den Pferden eine Art von äußerer Begrenzung. Der Effekt ist dann, dass sie sich sicherer fühlen.

Es waren viele Skeptiker dort, die die »verbandagierten« Pferde erst mit Misstrauen beäugten, aber dann sehr bald die Effizienz der Anwendung erlebten.
Ungemein ungewöhnlich und motivierend war, dass Reiner die Zuschauer ermutigte, in die Ställe zu gehen und zu beobachten, was wir dort mit dem TTouch taten und wie wir es taten. Am nächsten Tag musste ich ihm berichten, was wir mit den Pferden gemacht hatten, welche TTouches wir angewandt und welches Resultat wir erreicht hatten.

Tiefenentspannt

Bei einem sehr erfolgreichen Dressurhengst gab es eine ganz besondere Neuigkeit zu berichten. Normalerweise ließ er sich kaum anfassen und scheute oft. Wenn seine Genitalien abgewaschen werden sollten, musste er leicht sediert werden, sonst entzog er sich der Prozedur durch Steigen. Er gewöhnte sich so sehr an unsere TTouches, besonders den Ohren-TTouch, dass er am dritten Tag sogar die Kontrolle über den Schlauch verlor und ihn gedankenverloren entspannt hängen ließ. In dem Moment kam jemand vorbei, der ihn kannte, und sagte: »Na, habt Ihr ihn doch sediert!« »Nein«, sagte meine Schwester Robyn, »das Pferd hat sich von ganz alleine entspannt.«

Am letzten Tag dann waren viele Zuschauer und alle Teilnehmer damit beschäftigt, die Pferde zu ttouchen, und überall waren Hände und Herzen dabei, eine effektive Kommunikation herzustellen. Es lag eine euphorische Atmosphäre in der Luft – alle hatten das Gefühl, viel gesehen und gelernt zu haben, viel mitzunehmen und viel weiter teilen zu wollen. Ich war absolut glücklich. Noch Jahre später kamen Menschen auf mich zu und sagten: »Damals in Hollywood, da war ich dabei bei dem Seminar mit Dir und Dr. Reiner Klimke. Es war das Beste, was ich je gesehen habe, ich habe viel gelernt.« Das erfüllt mich mit großer Dankbarkeit und auch mit Bedauern, denn wir hätten beide gerne dieses Event noch einmal durchgeführt.
Er hätte noch so gerne so viel bewegt. Dr. Reiner Klimke habe ich zum letzten Mal im Jahre 1999 am Stand der FN auf der EQUITANA getroffen. Damals planten wir zusammen Seminare in Warendorf. Er brachte einen Toast auf mich aus und sagte: »Wir müssen sicherstellen, dass jeder Jugendliche, der zum Pferdewirtschaftsmeister ausgebildet wird, auch die Methode des TTouch erlernt. Denn damit geben wir ihm ein Rüstzeug an die Hand, um den Pferden in vielen verschiedenen Situationen auf einfache Art und Weise zu helfen.« Leider ist Dr. Reiner Klimke im August 1999 über die Regenbogenbrücke galoppiert.

Gabrieles Araberhengst, Kharpada Prince, mit den Körperbandagen während einer Fotosession in Speyer für Lindas Buch.

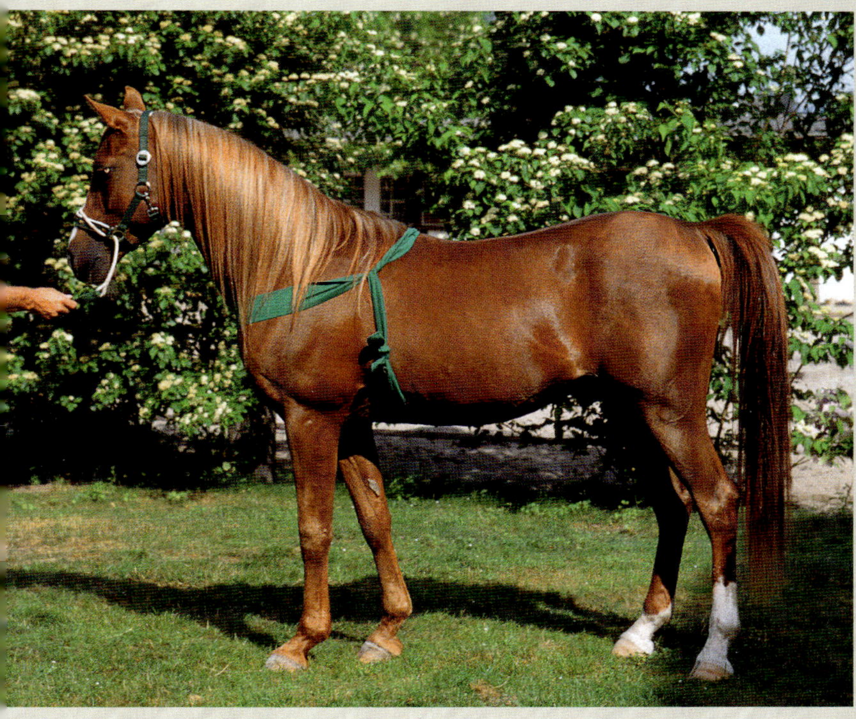

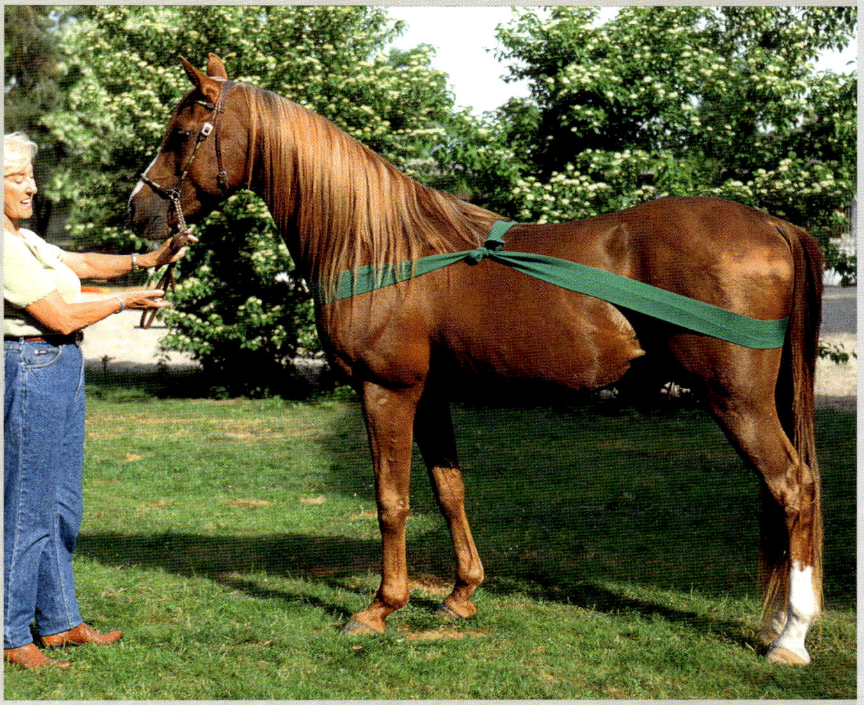

OLYMPIASIEGER **KLAUS BALKENHOL** & GOLDSTERN

Geht es auch entspannt?

Die Einladung Klaus Balkenhols, ihn zu besuchen, kam überraschend. Da ich aber schon länger neugierig war, was für ein Mensch hinter den Erfolgen steht, nahm ich sie gerne an: Ich war gespannt, ihn und sein Olympiapferd kennen zu lernen. Natürlich gingen wir gleich in den Stall zu Goldstern, der sich etwas nervös gab und sich superleicht von Kleinigkeiten ablenken ließ. Ich entspannte das wundervolle Pferd und beruhigte es mit meinem TTouch. Als dann Klaus aufstieg und reiten wollte, war er etwas entgeistert. Goldstern gab sich so tiefenentspannt und verträumt, dass sein Reiter ihn gar nicht richtig versammeln konnte und keine Spannung mehr im Pferd vorfand.
Ich musste lächeln. »War das nicht meine Aufgabe gewesen, ihn zu entspannen?«, dachte ich. Goldstern bekam eine Pause, die ihm guttat, und ich bearbeitete ihn am nächsten Morgen mit anderen TTouches. Er war wach und munter, aber trotzdem entspannt und superschön zu reiten, was Balkenhol völlig begeisterte. Das war der Anfang einer großartigen Zusammenarbeit, einer langen Freundschaft und Verbundenheit. Ich glaube, Klaus hat vieles von meiner Philosophie und meiner Perspektive auf Pferde übernommen. Als Trainer führte er die amerikanische Olympia-Equipe über Jahre hinweg zu glänzenden Siegen. Dabei ist er immer der gradlinige Polizeireiter aus Düsseldorf geblieben, dem es zuerst um das Wohl seiner Pferde geht. Zuhause in seinen Stallungen habe ich oft erlebt, wie geduldig und einfühlsam er mit den Pferden umging. Er hat wirklich eine große Sensibilität für die Pferde und auch für Menschen. Das hat mich sehr berührt, und es macht mir immer wieder eine große Freude, mit ihm zu arbeiten. Im Hintergrund wirkt seine Frau Judith, die Klaus mit ihrem Verständnis unterstützt. Auch ihre Tochter Belly war oft bei meinen Sessions dabei und hat viel aufgenommen und für ihre eigene Karriere nutzen können. Ich habe viele Jahre mit ihr gearbeitet, und sie erkannte die wertvolle Wirkung des Balance-Zügels beim Reiten von Übergängen und die Wirkung des TTouch an ihrem eigenen Körper. Heute ist sie mit der Hilfe ihres Vaters zu einer großartigen Dressurreiterin geworden.

Abschnüren und Zuschnüren

Eine Episode am Rande möchte ich gerne hier erzählen. Als Klaus sich auf Goldstern setzte, legte ich zwei Finger zwischen Sattelgurt und Pferdebauch und stellte fest, dass der Gurt richtig »zugeknallt« war. Ich runzelte die Stirn und traute mich nicht wirklich zu sagen, was ich dachte. »Raus mit der Sprache, Linda, was ist«, ermutigte Klaus mich. Ich schaute zu ihm auf und sagte: »Dein Pferd fühlt sich eingeengt, der kann sich gar nicht locker bewegen. Wie würdest Du Dich fühlen, wenn Dich Dein Gürtel schnüren würde?« Wir lockerten den Gurt etwas und machten auch den Nasenriemen auf, der ebenfalls dem Pferd in die Haut schnitt. Man spürte sofort, wie erleichtert Goldstern war. Klaus schaute mich an und sagte: »Du hast vollkommen recht, das ist gar nicht notwendig und stresst das Pferd nur. Warum bin ich da nicht selbst drauf gekommen?« Es ist mit einer Studie bewiesen worden, dass beim vermehrten Druck des Sattelgurtes der Puls eines Pferdes von normal 40 auf bis zu 100 Schläge hochschnellt – was für eine Belastung!
Ab diesem Zeitpunkt kontrollierte Klaus selbst immer den Sitz des Sattelgurtes vor dem Aufsitzen, und ich glaube, diesen Hinweis hat er an alle seine Schüler weitergegeben.

1996 errangen Klaus Balkenhol und Goldstern zusammen mit der Deutschen Equipe die Goldmedaille bei den Olympischen Spielen in Atlanta.

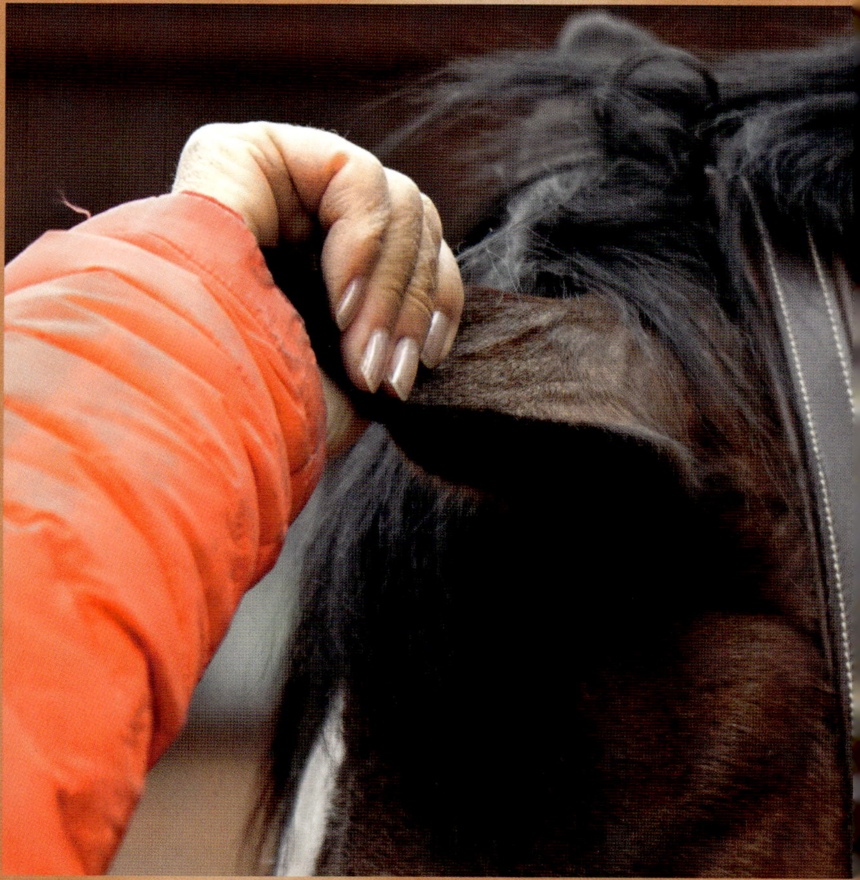

Klaus Balkenhol mit seiner Tochter Anabel beim Training.

Gemeinsam mehr erreichen

Als ich mein erstes Lehrvideo für Kosmos aufnehmen sollte, suchte ich einen Stall und Pferde, mit denen ich mich identifizieren konnte. Natürlich habe ich mich zunächst an Klaus gewandt und gefragt, ob er mit mir zusammenarbeiten wolle. Er stimmte sofort begeistert zu, und ich freute mich sehr darüber. Die Firma pferdia, inzwischen ganz liebe Freunde, hatte den Auftrag, mich zu filmen, und Balkenhols hatten die passende hochkarätigen Pferde dafür, die aber auch ihre Eigenheiten aufwiesen.

Besonders das Weltklasse-Nachwuchspferd Grazioso machte einige Probleme. »Er ist das Pferd mit der besten Piaffe, das ich je besessen habe.«, kommentierte Klaus, »aber irgendwann in der Prüfung fängt er an, vorwärts zu schießen, und ich brauche immer ein paar Meter, um ihn wieder einzufangen. Das ist natürlich eine Katastrophe und katapultiert uns immer wieder aus den Wertungen heraus. Er ist unberechenbar und steigt auch.«

Klaus hatte es mit Zuneigung versucht und sich über Monate hinweg immer wieder mit Grazioso »unterhalten«, viel Zeit mit ihm verbracht, sich zu ihm in den Stall gesetzt und so weiter. Doch aus meiner Erfahrung heraus wusste ich, dass manche Probleme nicht nur mit Zuhören und Streicheln gelöst werden können, sondern dass man »Hand anlegen« sollte.

Man muss die Pferde auf einer physisch spürbaren Ebene berühren. Wo man anfangen kann? Dazu gehören Erfahrung und auch wieder ein gutes Quantum an Intuition.

Kann ein Sattel ein Folterinstrument sein?

Als ich das junge Pferd beobachtete, spürte ich den inneren Widerstand gegen den Sattel – wahrscheinlich war der zu hart, oder der erste Reiter hatte nicht auf den richtigen Sattel geachtet, oder, … oder.
Ein Sattel wird von vielen Pferden mit Schmerz gleichgesetzt und sie verspannen sich schon vorab. Das Pferd hat Angst, bevor überhaupt irgendetwas passiert ist. Das führt dazu, dass bei den Angstzuständen in den Zellen Laktat aufgebaut wird, also eine Übersäuerung stattfindet. Die ganz einfache Lösung besteht darin, mit kleinen TTouches, also kleinen sanften kreisförmigen Bewegungen an der Schulter anzufangen und weiter über den Körper zu gehen, um die Zellen wieder zu entspannen. Das war mein Plan. Als ich aber Grazioso aus seinem Stall führte und keine zwanzig Meter gegangen war, erstarrte er plötzlich, und ich habe selten so viel Angst in einem Pferd gesehen. Mit etwas Futter konnte ich ihn aus seiner Starre wieder herausholen. Am nächsten Tag führte ich ihn in die Reithalle, wo einige Zuschauer auf den Rängen saßen, und auch dort flippte er total aus, buckelte und war kaum zu halten. Man hatte mich gewarnt.
Mit etwas Grünfutter, das er hektisch schnappte, konnte ich ihn wieder ablenken. Zwei Tage lang behandelten wir zu zweit Grazioso, bis wir einigermaßen das Gefühl hatten, diese Panik aus seinen Zellen herausgezogen zu haben. Er warf nicht mehr den Kopf hektisch in die Luft, sondern ließ ihn sinken und genoss die Behandlung und folgte uns. Am Wochenende darauf ritt ihn Klaus in einer Prüfung, ohne dass er buckelte. Die Siegerschleife konnte den Beiden keiner mehr nehmen. Grazioso wurde ein Weltklasse-Dressurpferd, mit dem später Nadine Kapellmann an den Olympischen Spielen in Los Angeles teilnahm.
Der Film, den Klaus und ich gemeinsam mit der Videoproduktionsfirma pferdia aus Langwedel produzierten, *TTouch für Dressurreiter*, wurde zu einem Klassiker, und ich glaube, damit vielen Reitern auf jeglichem Level geholfen zu haben und noch immer zu helfen. Klaus Balkenhol, der ja eine anerkannte Autorität in der Dressurwelt ist, empfahl mich auch weiter, als es um das Pferd Weltall

ging. So machte ich die Bekanntschaft von dessen Besitzerin Dodo Lauge. Ich arbeite immer wieder gerne im Stall der Mengeles, doch das ist eine andere Geschichte.

Verschiedene Methoden, verschiedene Erfolge – ein Ziel

Die Dressurszene ist eine Welt für sich, ebenso sind die Trainingsmethoden für Sportpferde mehr oder minder umstritten. Alles, was ich dazu sagen möchte, ist: Wenn man den TTouch anwendet, dann kann man in allen Situationen die Bedingungen für die Pferde verbessern. In der Zwischenzeit gibt es ein Buch von mir speziell für die Anwendung meiner Methode bei Dressurpferden. Das Buch heißt: »Mind, Body and Soul« und bezieht sich darauf, dass sich nur dann ein wirklicher Erfolg einstellen kann, wenn die Einheit zwischen diesen drei Teilen in Harmonie hergestellt ist.

Das Titelbild des Buches zeigt mich auf dem Hengst Grazioso. Es war ein wundervolles Gefühl, dieses Pferd, eines der weltbesten, zu reiten und seine Durchlässigkeit, seinen Schwung und seine Lebensfreude zu spüren. Das Buch zeigt viele Bilder von Balkenhols Pferden und gibt ganz wichtige Hinweise für die Ausbildung junger Pferde.

Der TTouch wurde in der Reitszene zu einem Geheimtipp

Viele tolle Pferde und Menschen kreuzten meinen Weg: Ich habe mit weiteren Dressurreitern gearbeitet, mit Gwen Stockabrand 1980 auf der alternativen Olympiade in England, als die Olympischen Spiele in Moskau boykottiert wurden. Sie hat damals die Silbermedaille gewonnen.
An Christine Stückelberger mit Aquamarin erinnere ich mich gerne. Ein gewaltiger dominanter Hengst, der schon körperlich eine Herausforderung für diese zierliche Frau war. Ich kümmerte mich in Aachen eine Woche um beide, und zum ersten Mal entspannte er sich so, dass Christine ihn treiben konnte und ihre Prüfung gewann.
Die finnische Dressurreiterin Kyra Kyrklund ist auch ein ganz besonders feiner Mensch, und ihr Pferd Matador liebte sie abgöttisch.
Ganz besonders hat mich 1989 die Einladung von Arthur Kottas-Heldenberg nach Wien gefreut. Der Chefbereiter der Spanischen Hofreitschule hatte mich gebeten, nach Österreich zu kommen und einen Kurs zu geben. Zwei Tage lang genoss ich die Präsenz der Lipizzanerpferde und das Können und Wissen eines besonderen Menschen.
Natürlich wurde ich auch von Springreitern um Rat gefragt. 1985 habe ich mit Robert Dover gearbeitet und seinem Pferd Federlite, das spanischer Abstammung war. Robert Dover wurde später zum Coach des amerikanischen Olympiateams.
Ich habe in allen Sportarten Pferde gettoucht und auch die amerikanische Nationalmannschaft der Distanzreiter während der Weltreiterspiele in Den Haag betreut.
Was der TTouch bewirken kann, kommt allen Pferden, ob im Sport oder in der Freizeit zugute … und natürlich allen Tieren und Menschen.

Linda in Moskau.

Meine Reisen hinter dem Eisernen Vorhang

Es war mir schon immer eine Herzensangelegenheit, den TTouch in die Welt zu tragen und Menschen miteinander zu verbinden. So war ich auch – obwohl ich Amerikanerin bin – zur Zeit des Kalten Krieges ab 1985 zehn Mal in Russland, um den TTouch zu lehren. Ich hatte wundervolle Schüler. Eine Episode ist mir ganz besonders in Erinnerung geblieben: Ein junger russischer Dressurreiter konnte seinen Hengst nicht davon abhalten, im Aufwärmring andere Pferde aggressiv anzugreifen. Der junge Mann war total deprimiert, gerade weil der Hengst so viel Ausstrahlung, Kraft und Talent hatte, aber gar nicht bis in die Arena gelangte, weil er schon vorher disqualifiziert wurde. In nur einer Woche gelang es mir, ihn wirklich zu besänftigen und auf seine Aufgabe und seinen Reiter zu konzentrieren. Die beiden gewannen dann auch die russische Meisterschaft. Schade, dass ich mich nicht an seinen Namen erinnern kann.
So viele Erinnerungen, so viele grandiose Pferde und besondere Menschen, so viele Jahre, so viel Erfahrung und die Gewissheit, dass mit dem TTouch sich ein Band entwickelt, das alle Menschen verknüpft, die Tieren und Menschen helfen wollen.

REISEN & TRÄUMEN

WAS FÜR EIN **ABENTEUER**

Unterwegs mit Linda

Wer jemals mit Linda unterwegs war, der weiß, dass man sich mit ihr auf die unmöglichsten Situationen einzustellen hat. Denn Linda ist spontan, unkonventionell, euphorisch und gleichzeitig unglaublich pragmatisch. Sie erreicht Dinge, von denen kein Anderer auch nur zu träumen gewagt hätte und lässt sich von keinem »Nein« abhalten. Sofort findet sie neue Möglichkeiten. Linda kann aber auch ganz spontan Situationen so annehmen, wie sie sind, und diese genießen. Verspätungen auf einem Bahnhof oder einen verpassten Flug, macht sie zu einem Happening in der »waiting lounge« und lernt dann dort spontan die interessantesten Leute kennen, die man sich vorstellen kann. Nach einem Gespräch mit Linda geht jeder beschwingt seiner Wege – und ein Tag, der vielleicht für jemanden nicht ganz so positiv angefangen hat, wird durch Linda sonnig und wunderschön. Man könnte fast meinen, sie kann zaubern.

Probleme sind da, um seine Perspektive zu ändern

Zwar habe ich Linda auch schon so manches Mal müde und erschöpft erlebt, aber niemals verzagt oder deprimiert. Wenn die Dinge einmal nicht ganz so laufen, wie sie sich das gedacht oder geplant hatte, dann ist das für Linda keine Tragödie, sondern ein Geschenk des Universums, wodurch etwas Anderes, ganz Neues passieren kann. Jeder Moment ist wichtig und richtig, so wie er gerade ist. Nein, sie schreitet nicht auf rosa Wolken daher und schwebt auch nicht über der Erde. Linda hat nicht ihre Bodenhaftung verloren, sie kennt sehr genau die Realitäten und sieht die Einschränkungen. Sie nimmt diese einfach nicht ganz so wichtig. Alles, was sie niederdrücken oder deprimieren könnte, wird transformiert in etwas Positives – und sie kann diese positive Haltung auch auf andere Menschen und auf Tiere übertragen.

Jeder Mensch, jedes Tier kann Lindas Energie spüren

Wenn Linda den Stall eines Pferdes betritt, ganz ohne etwas Spezielles zu tun, spitzt das Pferd schon die Ohren und wendet sich ihr neugierig zu: Da betritt jemand die Welt des Pferdes mit einer unglaublich positiven Ausstrahlung, ganz ohne eine Erwartungshaltung. Allein dieses positive Dasein und Präsentsein erweckt die Neugier des Pferdes und verändert seine Einstellung. Ich muss nicht extra betonen, dass dies mit Menschen auch so ist. Linda besitzt eine so starke Lebensenergie, dass sie allein dadurch ihr Umfeld verändert. Aber natürlich ist sie kein Übermensch. Manchmal macht sie bei ihren vielen Reisen auch einen Zwischenstopp in Frankfurt oder wohnt ein paar Tage bei mir in Speyer. Da passiert es dann schon so manches Mal, dass sie zur Tür hereinkommt und zehn Minuten später flach auf der Couch liegt und tief und fest schläft. 12 Stunden später steht sie dann putzmunter und voller Tatendrang wieder auf. Sie hat eine Dynamik und körperliche Fitness, die für ihr Alter unglaublich sind. Ich fühle mich manchmal auf unseren gemeinsamen Reisen fast beschämt, wenn sie nach 16 Stunden auf den Beinen immer noch vor Energie sprüht und entsprechend agiert und ich dagegen völlig in den Seilen hänge.

Linda ohne Sattel in der Levade mit dem Lipizzanerhengst »Rex« von der Chicago-Lipizzaner-Show.

Nicht wundern, nur staunen

Es ist schon einige Male vorgekommen, dass wir zu einem wundervollen Essen eingeladen waren, bei dem es meist sehr spät wurde. Aber anstatt danach ins Hotel und zu Bett zu gehen – sind wir wo gelandet? Natürlich im Stall, wo Linda noch einmal »kurz« demonstriert, wie das mit einem Problempferd funktioniert. Wir hatten ja während des Essens darüber gesprochen, und das musste dann doch schnell nochmal veranschaulicht werden. Also standen wir dann um ein Uhr morgens im Stall, und alle waren wach und vollkommen konzentriert. Wer aber dann sofort in einen tiefen Schlaf fiel, als wir anschließend im Auto saßen, war natürlich Linda. Sie kann wirklich überall und immer abtauchen und sich erholen.

Linda und Lilly – das Fohlen, das nicht Leben wollte und nur durch den TTouch überzeugt werden konnte, es zu versuchen.

Die Leichtigkeit des Seins

Reisen ist für Linda kein »Muss« und keine mühsame Angelegenheit, es ist eigentlich ihre innere Struktur. Wenn Linda in Bewegung sein kann, ist sie lebendig, ihre Texte schreibt sie am liebsten im Flugzeug oder in der Bahn. Wenn sie bei mir zuhause zu Gast ist, wandert sie immer mit ihrem iPhone in der Hand durch die Räume und diktiert ihre Texte – immer in der Bewegung. Linda festzuhalten ist eigentlich unmöglich, ebenso könnte man versuchen, fließendes Wasser festhalten zu wollen. Nein, sie ist nicht generell ruhelos oder ungeduldig, nur bei in ihren Augen unnötigen Beschäftigungen. Sie kann endlos geduldig sein, wenn es darum geht, zuzuhören und zu helfen, ganz gleich ob bei Tieren oder Menschen. Wie facettenreich und immer wieder überraschend Linda ist, merkt man natürlich besonders, wenn man miteinander reist. Daher möchte ich gerne von einigen unserer gemeinsamen Reisen erzählen – und natürlich von dem Moment, als Linda zum ersten Mal in mein Leben trat.

Linda stürmt in mein Leben

Als ich im Jahr 1989 auf der Hansepferd in Hamburg meine Fotos und Kalender ausstellte, kam Linda wie ein Wirbelwind auf den Messestand gestürmt. Sie reagierte so intensiv und begeistert auf meine Bilder und zeigte mir Details im Ausdruck der Pferde, die ich bis dahin noch nie entdeckt hatte! Und was noch erstaunlicher war: Es kam mir vor, als würde ich Linda schon seit Langem kennen, als bestünde eine tiefe Verbindung zwischen uns. Später erzählte sie mir, dass es ihr ebenso ergangen war. Wir waren erstaunt über die Leichtigkeit unserer Kommunikation und die gemeinsame Seelenebene, ebenso wie über unsere sehr ähnliche, intuitive Annäherung an Tiere. Da kam bei uns beiden ganz leise das Gefühl auf, dass wir uns schon aus anderen Leben kannten; denn wir glauben beide an die Reinkarnation der Seele.

Linda erstürmte sozusagen nicht nur meinen Stand, sondern mich gleich mit. So direkt, wie sie nun mal ist, kam auch sie gleich, nachdem sie sich überzeugt hatte, dass wir auf der gleichen Wellenlänge sind, mit ihrem Anliegen auf mich zu. Sie sagte: »Ich habe das Gefühl, dass ich ganz schnell in den Vorderen Orient reisen muss, um dort den TTouch zu lehren, doch ich habe überhaupt keine Verbindungen dorthin. Du bist in diesen Ländern doch schon häufig gereist und hast auf Gestüten fotografiert, hat man mir gesagt. Kannst Du etwas für mich arrangieren?«

Das war der Anstoß für unsere allererste gemeinsame Reise, eine ereignisreiche und denkwürdige Zeit, doch darüber soll Linda in ihren eigenen Worten berichten.

Kleine Teepause in einem Straßengeschäft in Damaskus. Linda, Krystyna Jurzykowski und Gabriele Boiselle.

Felsenstadt von Petra: Die Aufnahme entstand während eines Fotoshootings mit Gabriele für das königliche Gestüt der Prinzessin Alia von Jordanien.

KÖNIGLICHES JORDANIEN

EINE **SCHICKSALHAFTE** BEGEGNUNG …

Mit Gabriele zu Besuch bei Prinzessin Alia von Jordanien

Ich glaube, dass wir immer zum rechten Zeitpunkt am rechten Ort sind und genau das passieren muss, was vorgesehen ist. Dabei kann es sich um Schicksalsschläge handeln oder um glückliche Fügungen; dafür gibt es keine Werteskala, weil wir nicht ermessen können, wohin uns das Schicksal führt. Doch es hat einen Plan für uns bereit, den wir oft genug nicht annehmen wollen. Das musste ich nicht erst lernen, denn ich war schon von früher Jugend an davon überzeugt – wahrscheinlich, weil meine Eltern dies mit so großer Selbstverständlichkeit gelebt haben. Meine einzige Sorge war, dass ich den Fingerzeig des Schicksals nicht sehen oder falsch verstehen würde. Vertraue Deiner Intuition! Dies ist nicht nur der Untertitel dieses Buches, sondern auch meine grundlegende Einstellung zum Leben. Denn Gott gibt uns dieses Gefühl für richtig und falsch – für das, was wir tun, und das, was wir lassen sollen. Ganz egal, welche Konsequenzen daraus erwachsen können. Philosophen haben es so formuliert:
Intuition ist die Manifestation des göttlichen Bewusstseins in uns … wenn Du darauf hörst und es verstehst, wird es Dein Leben ändern und Dir helfen, Deine wahre Bestimmung zu finden.

Das Universum schickt mir den richtigen Menschen

Schon bei meiner ersten Begegnung mit Gabriele Boiselle hatte ich keine Zweifel daran, dass unser Schicksal miteinander verbunden war. Meine Intuition sagte mir, ich hätte die richtige Person gefunden, die mir helfen würde, einen Schritt zu machen, den ich alleine nicht tun konnte. Doch zurück zur Vorgeschichte:

Der TTouch verbindet nicht nur Menschen, sondern überschreitet Grenzen

Ich war im Frühjahr 1989 gerade aus Israel zurückgekommen, wo ich im ganzen Land Workshops zur Tellington-Trainings-Methode gegeben hatte. Der Zuspruch und die ehrliche Begeisterung für die Anwendungsmöglichkeiten des TTouch hatten mich überaus gefreut. Besonders an der Veterinärmedizinische Fakultät von Tel Aviv erkannte man die Kapazitäten des TTouch, um mit Tieren auf Zellebene zu kommunizieren. Der TTouch überzeugte. Auf dem Rückflug nach Europa fiel ich vor Erschöpfung in einen tiefen Schlaf, und ich hatte einen sehr intensiven Traum, in dem ich mich immer noch mit meinen Erfahrungen in Israel beschäftigte. Darin sah ich, dass der TTouch nicht nur für das Individuum, ob Mensch oder Tier, positive Erfahrung bringen könnte, sondern dass er auch über Grenzen hinweg verbinden und mehr Verständnis aussäen könnte: Pferde könnten Botschafter für Frieden und Verständnis sein, die Anwendung des TTouch der Faden, der alles zusammenbringt.
Wenn man gerade in Israel war, ist das Bewusstsein für den Konflikt mit den Nachbarstaaten sehr groß. Daher erstaunte es mich nicht so sehr, dass mein Traum mir eine weitere Botschaft gab: Gehe nach Jordanien und arbeite mit der königlichen Familie Al-Hussein zusammen, die sich auch um den Frieden sorgt. Wie sollte das möglich sein? Doch mein Traum ließ mich nicht mehr los.

Gabriele öffnet die Türen nach Jordanien

In Hamburg angekommen, gab ich auf der »Hansepferd« meine Demos, und da sagte mir jemand, ich müsse mir

Ihre königliche Hoheit Prinzessin Alia Al-Hussein von Jordanien und Linda beim Pferdetalk im Beduinenzelt.

unbedingt die außergewöhnlichen Pferdefotografien von Gabriele Boiselle anschauen, mit denen sie wunderschöne Kalender gestaltet hatte. Also ging ich in einer Pause zu ihrem Stand und war berührt und erstaunt von der Intensität der Bilder, die dort an der Wand hingen. Doch als ich die Bildunterschrift las, war ich noch mehr überrascht: Bilder vom Gestüt der Prinzessin Alia von Jordanien. Das Universum hatte mal wieder die Fäden verknüpft. Doch würde Gabriele Boiselle mein Anliegen verstehen und mich nicht für verrückt erklären? Darüber brauchte ich mir wirklich keine Sorgen zu machen. Vom ersten Moment an fühlten wir beide eine innere Verbindung, als würden wir uns schon lange kennen, als hätten wir schon viel miteinander erlebt. Und so spontan, direkt und hilfsbereit wie Gabriele ist, versuchte sie meinen Wunsch, nach Jordanien zu gelangen, um meine Mission zu erfüllen, zu verwirklichen. Sie rief abends die Prinzessin an, fragte sie, ob sie mehr über den TTouch erfahren wolle und ob wir vorbeikommen könnten. Erst hatte ich meine Zweifel, ob das so einfach gehen würde. Doch als ich später Ihre Königliche Hoheit Prinzessin Alia Al-Hussein, die älteste Tochter von König Hussein, kennen lernte, verstand ich, warum Gabriele nicht zögerte, sie anzurufen. Sie ist nicht nur durch ihre Familie von königlichem Geblüt, sondern sie ist auch in ihrem Herzen königlich und voller Güte. Außerdem ist sie ungemein offen und neugierig und immer um das Wohl ihrer Pferde und der vielen anderen Tiere bemüht, um die sie sich kümmert. Leider jedoch waren sämtliche Flüge nach Amman ausgebucht. Hier war die dezente Hilfe aus dem königlichen Sekretariat hilfreich, so dass wir noch Plätze bekamen. In Amman wurden wir mit offenen Armen aufgenommen, und ich konnte Prinzessin Alia den TTouch an ihren Pferden zeigen.

Ich fühlte, wie es in ihrem Innern arbeitete und sie sich überlegte, wie man ihn wirklich verbreiten und einsetzen könne. Später kam sie mit einigen erstaunlichen Vorschlägen auf mich zu.

Die Pferde der Prinzessin Alia Al-Hussein

Und als sie gesehen und begriffen hatte, was der TTouch alles bewirken kann, stellte sie mich vor eine schwierige Aufgabe: Sie hatte eine ältere Stute, welche die letzte aus einer ganz alten Blutlinie war und mit der sie unbedingt ein Fohlen ziehen wollte, damit sie die traditionelle Zucht ihres Großvaters weiterführen konnte. Die Haschemiten, aus dem das Königshaus hervorgegangen ist, waren ursprünglich auf der Arabischen Halbinsel zuhause und hatten arabische Pferde, die auf einen ganz langen Stammbaum zurückblicken konnten. Daher lag ihr sehr viel an dieser letzten Stute. Doch die biss und schlug und ließ weder einen Menschen noch einen Hengst an sich heran, auch wenn sie in der Rosse war. Als die Stute dann von zwei Männern herausgeführt wurde, die sich in respektvollem Abstand von ihr hielten, sah ich sofort, dass sie ihre Füße sehr unsicher aufsetzte, als würde sie tasten, wohin sie ging. Da fiel es mir wie Schuppen von den Augen: Die Stute war blind! Ich knuffte Gabriele in die Rippen, weil ich so aufgeregt war und plötzlich verstand, dass sich die Stute aus Unsicherheit und Angst so gebärdete. Doch wie sollte ich an sie herankommen? Ich brach einen langen dünnen Zweig vom nächsten Baum ab, entfernte die Blätter und Seitentriebe und hatte ein dünnes langes Stöckchen. Damit berührte ich die Stute, die erzitterte, und strich ihr in langen leichten Bögen über den Rücken und die Flanken. Sie stand da, hörte in sich hinein und versuchte zu begreifen. Allmählich entspannte sie sich und schien diese sanfte Berührung zu genießen. Sie drehte ihren Kopf in meine Richtung, doch die Augen waren gegen den Himmel gerichtet. Dann schickte ich den einen Mann weg und bat die sympathische Tierärztin, sie zu halten. Auch durch den Wechsel des in ihrer Nähe stehenden Menschen, der keine Angst vor ihr hatte, entspannte sie sich. Ich konnte dann über ihre Beine streichen und auch über ihren Hals. Diesen ließ sie allmählich sinken und atmete ruhiger. Sie schaute sich nach mir um und nahm meine Energie bewusst wahr. Wir konnten uns zum ersten Mal berühren.

Eine blinde Stute

Prinzessin Alia beobachtete alles, was passierte und konnte es kaum fassen, als ich meine Hand ganz ruhig auf die Stirn und das dritte Auge der Stute legte. Die Stute war einfach dankbar, so könnte man es ausdrücken. Man musste mit Gewalt versucht haben, sie zu decken oder sie zu bewegen, was zu ihrer totalen Verweigerung geführt hatte. Ich arbeitete weiter, denn jetzt durfte ich nicht aufhören und sie jemand anderem überlassen. Mit meinen kleinen sanften TTouches konnte ich ihren Körper aus einer Art von Starre erwecken. Eine halbe Stunde später hat Gabriele ein Foto gemacht, wie die Stute ihren Kopf auf meine Schulter legte und sich bei mir ausruhte. Mir liefen die Tränen über die Wangen, denn wie so oft beruhte der Kampf Mensch gegen Pferd einfach nur auf Missverständnissen. Die private Tierärztin der Prinzessin wurde zu meiner Schülerin; ich sagte ihr, was sie weiterhin mit der Stute machen sollte,

Linda ttoucht die blinde Stute.

Linda mit zwei Hengsten aus der königlichen Zucht und dem Gestütsmeister. Die Pferde sind ausgestattet mit arabischem Zaumzeug und Sattel.

und sie hat sich daran gehalten. Es stellte sich auch bei einer gezielten Augen-Untersuchung heraus, dass die Stute wirklich blind war und keiner es gemerkt hatte, weil sie ihre Umgebung so gut kannte und sich orientieren konnte.

Im königlichen Zelt – ein Kindheitstraum wird wahr

Es folgten viele Gespräche mit Prinzessin Alia und eine wunderschöne Einladung, bei der sie uns ihre Pferde vorstellen wollte. Doch das passierte nicht auf einem Reitplatz – uns wurde eine besondere Ehre zuteil: Wir wurden in ein Zelt eingeladen. Zunächst gab es etwas zu essen. Und mit »etwas« meine ich etwas Großes: Zwei Männer trugen gewaltige Platten mit einem herrlich duftenden Lammgericht herein. Obenauf lag ein Schafskopf. Das katapultierte mich innerlich in meine Kindheit zurück. Mein Gott, dachte ich, das darf nicht wahr sein: Davon hatte mein Onkel, der im diplomatischen Dienst war, erzählt, als er meine Eltern besuchte. Er beschrieb die Einladung ins Beduinenzelt und sprach davon, wie er als Ehrengast die Schaafsaugen angeboten bekam und sie essen musste. Das hatte mich damals schockiert und gleichzeitig fasziniert, ich wollte auch einmal im Beduinenzelt sitzen, aber zu welchen Preis? Ich konnte es mir als Kind nicht vorstellen, und jetzt stand ich vor der angstvollen Frage, ob es mir hier auch passieren würde? Mir wurde schon von der Vorstellung fast übel, und Prinzessin Alia fragte mich, warum ich denn so blass sei. Ich lächelte mühsam und sah hilflos zu Gabriele hinüber, die grinste und bestimmt wusste, was in mir vorging, aber geflissentlich die Konversation weiterführte und mir verschiedene Fleischstücke zuschob, dabei aber den Schafskopf elegant zur Seite schob.

»Arabischer Vollbluthengst Hlayyil Ramadan,
Royal Stables of Jordan«

Gabriele hatte auf ihren zahlreichen Reisen in arabische Länder viel Erfahrung mit den Gebräuchen gemacht und drückte mir ein Stück Fladenbrot in die Hand. Unauffällig führte sie mir vor, wie man den Reis und die Soße geschickt damit aufwischt, das Brot etwas zusammendrückt und sich in den Mund schiebt – alles nur mit der rechten Hand, die linke, darf nicht benutzt werden. Nach dem Essen gossen uns Bedienstete Wasser über die Hände und trockneten sie ab. Dann gab es Tee, der in einem hohen Bogen in kleine Tassen eingeschenkt wurde, damit die Bitterstoffe sich verflüchtigen und er seinen besonderen Geschmack bekommt.

Die schönsten arabischen Pferde hautnah

Wir saßen auf den wunderschönen Teppichen in einem dunklen Zelt aus Kamelhaar, die Seitenwände waren hochgeklappt, ein kühler Wind kam auf. Erst dann wurden die Pferde vorgeführt. Da ich ja selbst arabische Pferde gezüchtet hatte, war mir klar, welche Juwelen da vor mir standen. Sie wurden mit den typischen bunten Wollhalftern und üppigen Quasten vorgestellt. Kleine Muscheln, die früher bei den Beduinen als Zahlungsmittel genutzt wurden, zierten das ebenfalls mit Silberschmuck herausgeputzte Halfter. Die Zucht der Prinzessin ist in den arabischen Ländern bekannt, und sie setzt sich sehr engagiert für den Erhalt der reinen ägyptischen Blutlinien ein. Immer wieder wurden im königlichen Gestüt Championate organisiert und viele Pferde aus den Emiraten und anderen Ländern eingeflogen.

Viel mehr als nur Tochter eines Königs

Man würde der Persönlichkeit von Prinzessin Alia nicht gerecht, wenn man sie auf ihre Passion als Pferdezüchterin reduzieren würde. Als älteste Tochter des mittlerweile verstorbenen Königs Hussein hat sie sehr viele soziale und gesellschaftliche Verpflichtungen. Sie engagiert sich für Kinder und Waisen, unterstützt Projekte für Witwen wie eine Teppichmanufaktur, wo Gabriele und ich prachtvolle Wollteppiche, echte Kunstwerke, erstanden. Sie ist sehr engagiert im Tierschutz tätig. Viele Wildtiere aus dem Zirkus oder aus privater Haltung wurden von ihr gerettet und manche davon, etwa einige junge Löwen, wieder in Afrika ausgewildert.

Die blinde Stute zwischen Linda und der Prinzessin.

In einem Land, das so überfüllt ist mit Flüchtlingen, das über keine Ölreserven oder sonstige Bodenschätze verfügt, das sich mit seinen Nachbarn arrangieren muss, um zu überleben, da ist es schon sehr mutig, sich neben den Menschen auch noch für die Tiere einzusetzen. Inmitten des königlichen Anwesens bei Amman hat sie eine Auffangstation gebaut und betreut alle Arten von exotischen Tieren. Sie kümmert sich um die Wüstengazellen in den »Wildlife«-Reservaten und sie hat ein besonderes Auge auf die Pferde, die in den jordanischen Touristenattraktionen wie Petra gehalten werden. Ihr ist es zu verdanken, dass die Pferde dort Unterstände als Schutz vor der unerbittlichen Sonne haben und immer Wasservorräte vorhanden sind. Die Alia Foundation, die sie ins Leben gerufen hat, kümmert sich auch um die Beziehung von Kindern zu Tieren und versucht über Beispiel und Aufklärung eine offene Haltung zu schaffen. Als gläubige Muslimin und offene Weltbürgerin vertritt sie eine ganzheitliche Weltanschauung und ist Vorbild für die Menschen und besonders für die Frauen in ihrem Land. Es ist unglaublich, wo sie überall ihre Augen hat. Mit der Unterstützung ihres Bruders, des Königs, kann sie viel bewirken, und so ganz nebenbei hat sie selbst noch eine große Familie, ist schon mehrfache Großmutter.

Stuten aus dem königlichen Gestüt im Beduinenzelt geschützt vor der Hitze und dem Sand.

Ein Besuch mit weitreichenden Folgen

Es gäbe noch viel von meiner ersten Reise zusammen mit Gabriele zu berichten, und auch ein Besuch auf Einladung von Prinzessin Alia zu einem Musikfestival im Amphitheater von Amman. Überwältigend ist für jeden ein Besuch in der Felsenstadt Petra, des archäologischen Kleinods Jordaniens. Das Wichtigste für mich ist, dass es nicht bei dieser Reise geblieben ist. Inzwischen war ich einige Male in Jordanien, habe Vorträge an der Veterinärmedizinischen Fakultät der Universität von Amman gehalten und für und durch Prinzessin Alia den TTouch demonstrieren und lehren können. Es gibt eine wachsende Gruppe von Tierärzten, die ihn praktizieren, sowohl bei Pferden als auch bei Wildtieren. Inzwischen verfügt Prinzessin Alia über ein großes Areal im Norden Jordaniens, wo die Alia Foundation im Al Ma'wa Sanctuary, das sie ins Leben gerufen hat, Löwen, Tiger und Bären in größeren Gehegen artgerecht halten kann.
Leider ist es mir nicht gelungen, eine Veranstaltung zu organisieren, die sowohl Israelis als auch Araber aus Jordanien und Syrien zusammengebracht hätte. Dies war meine Vision, über die Pferde und das Gefühl der Verantwortlichkeit die Menschen zu vereinen. Mir bleibt die Hoffnung, dass es irgendwann in einer friedlicheren Zeit stattfinden kann. Darauf arbeite ich hin und werde immer wieder nach Jordanien zurückkehren.

Linda zusammen mit Prinzessin Alia, Gabriele und Lindas Ehemann Roland.

Ich hatte das Glück, Linda Tellington-Jones durch unsere liebe Freundin Gabriele Boiselle kennen zu lernen, die Pferdepersönlichkeiten in wunderbaren Fotos einfängt und sie in Büchern und Kalendern manifestiert. Sie kam 1985 nach Jordanien und fotografierte meine Pferde, daraus entstand ihr erster Araberkalender. Wir konnten beide nicht ahnen, dass daraus ein eigener Verlag und eine lebenslange Passion erwachsen würde. Doch dass sie nicht nur eine begnadete Fotografin, sondern auch ein besonderer Mensch ist, das wurde mir umso bewusster, als sie mit großem Enthusiasmus und Einsatz das erste Treffen von Linda und mir initiierte. Sie sagte: »Ihr müsst Euch einfach kennen lernen.« Es zeigte mir eine andere Seite ihres Wesens und vertiefte unser Verständnis füreinander.

Linda beeindruckte mich natürlich sehr bei unserem ersten Treffen, besonders als sie meine blinde Stute therapierte. Ihr Wirken geht über Pferde weit hinaus und hat wunderbare Effekte auf die Mensch-Tier-Beziehung. Das ist ganz offensichtlich, und wir setzen es auch in unseren Therapien für behinderte Kinder ein. Auch zu wilden Tieren hat Linda eine besondere Beziehung. Das konnte ich beobachten, als wir in unserer Auffangstation für Wildkatzen, die von Zirkussen kommen oder aus im Krieg zerstörten Zoos stammen, eine junge Leopardin besuchten. Ihre Aggression gegenüber Menschen verwandelte sich unter Lindas TTouches in Zuneigung, ihr Verhalten änderte sich drastisch und anhaltend. Linda hat mir einige grundlegende TTouches gezeigt, die ich in verschiedenen Situationen mit augenblicklichem Erfolg angewendet habe. Doch leider habe ich ihre Methode nicht tiefergehend studieren können. Aber meine Mitarbeiter und Ärzte sind angehalten, ihre TTouches anzuwenden. Linda hat auch Workshops für die Tierärzte in Amman gehalten und dadurch eine wachsende Fangemeinde. Wir hoffen alle, sie bald wieder zu sehen.

Jeder Besuch von Linda ist ein Erlebnis, sie ist so eine vielschichtige, kluge Frau, immer wieder überraschend, mit einem Sinn für Spaß und einer überschäumenden Lebensfreude. Ich hoffe, dieses Buch wird dem Leser zeigen, was für ein außergewöhnlicher Mensch sie ist: Sie verströmt so viel Licht und pulsierende Energie und ist eingebettet in eine Aura, die jeden positiv berührt.

Prinzessin Alia von Jordanien

Dieses Bild entstand in friedlichen Zeiten in der antiken Oasestadt Palmyra, die mehr als 3000 Jahre alt ist. Heute liegt alles in Trümmern, sie wurde von der fanatischen IS-Miliz gesprengt. Ein Bild, das wehmütig und traurig macht.

ANTIKES SYRIEN

WETTRENNEN MIT DEM **WÜSTENWIND**

Syrien war schon immer eine Wiege der Araberzucht.

Ich hatte einen Traum

Damals, als ich meine arabische Stute Bint Gulida für den Tevis Cup trainierte und viele Stunden mit ihr allein durch die Berge Kaliforniens ritt, da hatte ich den Traum, dass ich einmal in meinem Leben durch die Wüste reiten würde. Auf einem arabischen Vollblüter dahinzufliegen, über den Sand bis zum Horizont ... und ich schloss die Augen und spürte den Moment in mir. Irgendwann würde der Traum wahr werden. Irgendwann war die Zeit gekommen: Jetzt war ich in Jordanien, und Gabriele schlug vor, Züchter-Freunde von ihr in Damaskus zu besuchen, was nach amerikanischen Maßstäben fast um die Ecke lag – allerdings in Syrien. Dort könnten wir von einem der Gestüte aus auch einen Ausflug in die Wüste unternehmen, meinte sie. Ich war Feuer und Flamme. Doch unser Trip gestaltete sich schwieriger als gedacht. Als wir in dem angemieteten Taxi, einem riesigen alten amerikanischen Chevy, an die Grenze kamen, stellte es sich heraus, dass ich mit meinem israelischen Visum gar nicht einreisen durfte. Gabriele beschied mir und unserer Freundin Christine, die uns auf diesem Abenteuer begleitete, uns nicht aus dem Auto zu bewegen, dann ging sie zur Militärpolizei. Mit ihrer wallenden blonden Mähne verschwand sie hinter einer massiven Eisentür, und mir war nicht klar, ob wir sie so bald wiedersehen würden. Was immer sie auch gesagt und getan hatte: Der Schlagbaum hob sich für unseren Chevy und wir konnten einreisen.

Sagenumwobenes Damaskus

Damaskus empfing uns mit seinem Chaos an Esel- und Pferdekarren, Lastwagen, Bussen mit wildem Gehupe, über allem lasteten der Staub und die Abgase und die brennende Hitze. Doch Basil, Gabrieles Kontakt, entführte uns in eine alte Karawanserei mit leise plätscherndem Springbrunnen im Innenhof, das zu einem Luxushotel umgebaut war. Uns wurden süßer Tee in kleinen goldverzierten Gläschen und köstliches honiggoldenes Naschwerk gereicht.

Damaskus, Innenhof eines Palastes in der Altstadt mit antiken Leuchtern und zwei herrlichen Araberstuten.

Wir saßen auf weichen Kissen und herrlichen orientalischen Teppichen, waren eingetaucht in eine andere Welt. Die Zeit schien stehen geblieben zu sein in der Altstadt von Damaskus, das orientalische Flair bezauberte uns. Doch gleichzeitig herrschte damals noch eine weltoffene und tolerante Atmosphäre und wir flanierten bedenkenlos durch den Basar. Abends waren wir zu einem opulenten Mahl eingeladen, wo natürlich auch die Shisha, die Wasserpfeife, geraucht wurde. Wir fühlten uns danach alle Drei ein wenig high, und Gabriele tanzte im Minirock mit Stöckelschuhen auf der alten Stadtmauer im Licht des glänzenden Vollmonds. Das durchsichtige Oberkleid schlang sich um ihren Körper, und ich musste unwillkürlich an eine Tempeltänzerin denken. Diesen Moment werde ich mein Leben lang nicht vergessen. Orientalische Musik vom Tamburin, begleitet von melancholischem Gesang, drang aus einem der Kaffeehäuser herüber und verebbte in den steinernen Gassen. Passanten kamen vorbei und klatschten im Rhythmus der Musik zum Tanz. Eine Sekunde der Zeitlosigkeit, der Leichtigkeit und der Freude. Wir fanden zurück ins Sheraton und in unsere Betten, wachten aber am nächsten Morgen mit einem ziemlichen Brummschädel auf.

Mit 100 Jahren noch im Sattel

Am nächsten Tag besuchten wir einen alten Züchter bei seinen arabischen Pferden. Wie froh ich war zu sehen, dass sie alle keinen »dish«, also keine Hechtnase, hatten,

Linda im Gespräch mit dem Züchter Basil Jadaan.

sondern gerade Köpfe. Ja, erklärte mir Basil, das sei eine Erfindung der europäischen Züchter. Das will man hier gar nicht, denn die Pferde sollen weite Nüstern haben, um tief atmen zu können. Überrascht hat mich unser Gastgeber mit seinem Alter von 104 Jahren. Doch wirklich erstaunlich waren seine Geschichten. Er berichtete – uns fiel es schwer das zu glauben – dass er bei der Verfilmung von »Laurence of Arabia« mitgeritten sei, bei der Schlacht um Aqaba. Doch er zog einige alte vergilbte Schwarz-weiß-Fotos aus seiner weiten Galabia heraus, die ihn als jungen Mann auf einem Pferd mit einem Vorderlader in der Hand zeigten. Wow, was für eine Geschichte. Und bis vor drei Jahren sei er noch jeden Tag geritten, jetzt könne er mit seiner Gicht in den Fingern nicht mehr die Zügel halten. Es war uns, als hätten wir wieder einen Zeitsprung gemacht.

Wüstensand unter den Hufen

Am späten Nachmittag schien der Moment gekommen, an dem sich mein Traum verwirklichen sollte: Doch so einfach war es dann doch nicht. Man hatte uns drei Hengste in die Wüste gebracht und noch weitere Pferde, die uns begleiten sollten. Leider war die Art und Weise, wie sie auf einer offenen LKW-Pritsche transportiert wurden, nicht gerade das, was wir uns vorgestellt hatten. Aufgedreht und nervös, das waren nicht nur die Pferde, sondern auch die Syrer, die die Pferde kaum kontrollieren konnten.

Lindas Traum erfüllt sich, sie galoppiert auf dem Rücken eines arabischen Pferdes durch die Wüste, der untergehenden Sonne entgegen.

Es war ein totales Chaos. Dazu kam, dass die Gebisse viel zu scharf und zu kurz eingeschnallt waren. Man sah es den Gesichtern der Männer an, was sie dachten: Wegen diesen drei Frauen machen wir diesen ganzen Aufstand? Ich wusste, dass Gabriele und Christine ihre Pferde in den Griff bekommen würden, und kümmerte mich um den Hengst, der fast nur auf den Hinterbeinen stand.

Nur mit einem Baumwollhalfter

Als erstes entfernte ich das Gebiss und die Trense und touchte sein Maul und seine Stirn. Er beruhigte sich sofort und erlebte ganz neugierig meine Hände. Als ich dann im Sattel saß und bloß die Wollenden des Baumwollhalfters in den Händen hatte, schoss er wie eine Rakete los, und wir verschwanden erst einmal von der Bildfläche, eine dicke Sandwolke hinterlassend. »So schnell kommt uns niemand hinterher«, dachte ich beiläufig. Nach einer kurzen Strecke, auf der ich ihn einfach laufen ließ – ich wusste, wir haben ziemlich viel Wüste vor uns – fanden wir zueinander. Er atmete rhythmisch und streckte sich, wurde flach und sehr schnell. Der arme Kerl wollte sich einfach nur bewegen, und das tat er mit großer Freude und Eleganz. Ich hatte keine Angst, sondern unheimlichen Spaß, erfüllte sich doch gerade ein lebenslanger Traum. Wir schienen zu fliegen, und ich fühlte mich eins mit diesem herrlichen Pferd. Doch auch dem schnellsten Pferd der Welt geht irgendwann die Puste aus.

Linda bedankt sich bei ihrem Pferd für ein wundervolles Erlebnis, das sie nie vergessen wird.

Wir fanden zu einem langsameren Galopp, und ich ritt einen Halbkreis, um meinen Weg zurück zu finden.
Da kamen mir dann auch schon die anderen entgegen – ebenfalls im fliegenden Galopp. Gabrieles besorgtes Gesicht hellte sich auf, als sie mich sah, und wir strahlten uns an. Ja, wir waren beide glücklich und atmeten die Wüste ein, sahen die Sonne im Dunst rötlichen Staubs untergehen. Seite an Seite kehrten wir zurück. Zum Abschied nahm ich das Gesicht meines Braunen in meine Hände und bedankte mich bei ihm für ein unvergessliches Erlebnis, das für immer in meinem Herzen aufbewahrt sein würde.

Wie schön ist es, zurückzublicken auf die gemeinsamen Reisen und Abenteuer mit Gabriele. Erinnerungen an bezaubernde Orte und Menschen. Doch gleichzeitig tut mir mein Herz so weh, denn ich denke daran, dass die Säulen der antiken Stadt Palmyra, die wir auch besucht haben, von den islamischen Terroristen vernichtet wurden. Ich erinnere mich noch an unseren abendlichen Spaziergang durch die Tempel, die aus vorrömischer Zeit stammten. Die goldenen Sonnenstrahlen verzauberten die Ruinen und ließen uns Zeit und Raum vergessen.

HACIENDA BUENA SUERTE

ANDALUSIEN

WO DAS **HERZ** DEN KOPF VERLIERT

Meine zweite Heimat

Mein Herz hängt an Andalusien, den Pferden, der Sonne und den Menschen. Daher wollte ich unbedingt Linda den schönsten Ort zeigen, den ich dort kenne, die Hazienda Buena Suerte, wo ich mich bei wundervollen Menschen zuhause fühle. Das Anwesen liegt mitten im Herzen Andalusiens bei Jerez de la Frontera. Die Provinz Cadiz ist ein Kulturraum, in dem gerade die Pferde- und Stierzucht auf großen Landflächen eine wichtige Rolle spielen. Nur hier werden die alten Traditionen in den großen Adelsfamilien noch erhalten und gelebt. So sind zum Beispiel die »Ferias de Caballos« Ausdruck von tiefer Lebensfreude und Passion. Es hat mich immer wieder hierher gezogen, in ein weites Land mit blumenübersäten Wiesen, wo Pferde und Stiere zusammen aufwachsen. Hier wurde ich von den »Ganaderos«, den Züchtern, auf ihren Landgütern immer herzlich willkommen geheißen. Ich wusste, dass Linda begeistert sein würde. Sie kannte es ja schon von früheren Reisen, aber wir freuten uns beide darauf, das Land ihrem Mann Roland zu zeigen

Andalusierhengst mit traditionellem, südspanischen Kumtgeschirr, das mit den bunten »Borlajes Nationales« und Schellengeläut verziert ist. Präsentiert werden die Gespanne in der Arena von Sevilla.

EIN **SCHWEIZER** COWBOY IN ANDALUSIEN

Der Dysli-Clan

Spanien war mir nicht fremd, ich war schon vor Jahren dorthin gereist. Mit und durch Gabriele konnte ich es noch einmal auf eine besondere Weise entdecken und lernte Menschen und Orte kennen, die ich allein niemals gefunden hätte. Wir waren in der königlichen Reitschule in Jerez de la Frontera, auf dem Landgut der Dynastie Domecq, ritten am Strand durch die Gischt der Brandung und aßen bei Sonnenuntergang am Strand eine große Paella mit den Füßen im Sand. Spanien ist geballtes Leben in einer Intensität, die mich immer wieder an Kalifornien erinnert.

Die Tochter des schweizer Cowboys

Gabriele sagte zu mir: »Du musst dieses Mädchen kennen lernen, sie arbeitet so intuitiv und behutsam mit Pferden, dass es eine Freude ist, ihr zuzuschauen. Ich habe sie schon so oft fotografiert und auch ein Buch mit ihr gemacht. Ich kenne niemanden, der so authentisch ist.«
Das machte mich neugierig. Auf der EQUITANA hatte ich sie aus der Ferne gesehen, aber da war ich selbst so beschäftigt und von vielen Menschen umgeben, dass sich kein Zusammentreffen ergab. Doch das Schicksal schafft schon seltsame Verbindungen, denn ihr Vater war mir kein Fremder: Ich kannte Jean-Claude Dysli bereits sehr, sehr lange und auch ihrer Mutter Magda war ich schon begegnet. Bevor Kenzie geboren wurde, vor mehr als 20 Jahren, hatte ich bereits einmal die Hacienda besucht, aber die Geschichte reicht noch viel weiter zurück:

Meine erste Begegnung mit Kenzies Vater

Ich traf ihn zum ersten Mal in den 1960er-Jahren auf einem großen Rindertrieb in Kalifornien. Die tausendköpfige Herde mit ihrem Muhen und lauten Rufen durchquerte eines der typischen grünen Täler am Fuße der Sierra, in dem Jahrhunderte alte gewaltige Eichenbäume standen. Er saß im Sattel seines Quarters, als wäre er hineingeboren; sein nach oben gedrehter Schnurrbart und der breite kalifornische Westernhut waren seine Markenzeichen. Die sonnengegerbte Haut passte zu seiner drahtigen Gestalt genau wie sein gewitztes Lächeln und seine dunklen, flinken und klugen Augen. Wer hätte ahnen können, dass dieser Prototyp eines amerikanischen Cowboys, wie man ihn aus den Westernfilmen kennt, eigentlich ein Schweizer war, in den Alpen geboren und aufgewachsen. Und ganz sicher war er nicht zum Cowboy bestimmt gewesen. Irgendwo hatte das Schicksal den Hebel umgelegt. Eigentlich war er ein versierter Ingenieur mit abgeschlossenem Hochschulexamen, den man eher hinter einer Schreibtischarbeit vermuten würde als im Sattel. Doch schon in der Schweiz hatte er seinen Militärdienst in der kleinen, aber feinen Kavallerie des Bergstaates gemacht und eine solide Grundausbildung auf Freiberger Pferden bekommen.

Mit einem Schlag sein Leben verändern – wer macht so was?

Zunächst ging Jean-Claude Dysli als junger ehrgeiziger Mann nach Amerika, man hatte ihm einen lukrativen Job angeboten. Er wollte Karriere während des Immobilienbooms machen. Doch dann kam es ganz anders.

Kenzie Dysli in der Freiheitsdressur mit ihrem Lusitanohengst Atila, der auch einen der Stars im Kinofilm »Ostwind« verkörpert, mit seiner enormen Präsenz.

Familie Dysli: Jean-Claude und Magda, Kenzie auf Dr. Bond, nur Raphael fehlt.

Als er sein erstes großes Rodeo besuchte, packte ihn die Begeisterung: er sah die Rodeo-Reiter auf den wilden Bullen reiten, sah wie die Kühe mit dem Lasso eingefangen und verpackt wurden, sah die rauen Burschen und wollte selbst einer werden. Dass dabei Rippenbrüche und Schürfwunden an der Tagesordnung waren, lernte er bei den ersten 100 Pferden, die er zum Zureiten bekam, sehr schnell. Doch er hatte einen Traum: Seine eigene Ranch und seine eigene Quarter-Horse-Zucht. Als »Buckaroo«, so nennt man Cowboy-Anwärter, arbeitete er auf großen Ranches und lernte alles, was man als Handwerkszeug zum Rancher brauchte. Seine intensivste Zeit absolvierte er bei einem Pferdehändler, für den er alle Arten von Pferden reitbar machen musste, eine harte Schule.

Der drahtige Mann mit seiner Vision

Andere Menschen vergessen ihre Träume bei den Härten des Alltags. Jean-Claude verlor sein Ziel nie aus den Augen. Mit vielen geprellten und angeknacksten Knochen und einem Fluch zwischen den zusammengebissenen Zähnen und mit viel Ehrgeiz schaffte er es. Er hatte nach einiger Zeit in Kalifornien eine Familie, eine Ranch und Erfolg. Eine seiner Stärken war es, richtig hinzuschauen, zu analysieren und dann Dinge besser zu machen. Er war Zeit seines Lebens ein Mensch, der immer dazulernen wollte, und er perfektionierte die Alt-kalifornische Western-Reitweise. Deren Wurzeln liegen in der spanischen Vacquero-Reitweise, und die erschien ihm als erstrebenswerte Verbindung zum Pferd, denn sie basierte auf der Grundlage von Kooperation und Leichtigkeit. Jean-Claude ritt nicht nur Tausende von Pferden, er studierte sie und machte sich von jedem einzelnen Aufzeichnungen. Sehr akribisch-schweizerisch schrieb er seine Erfahrungen und Erkenntnisse auf kleine Dateikarten, die er sein ganzes Leben lang führte. Irgendwann jedoch zog es ihn nach Europa zurück, denn er wusste intuitiv, dass dort seine Zukunft lag, und so brach er in den USA seine Zelte ab. Mit einer kleinen Herde von Quarter Horses und einer Vision kehrte er in die Schweiz zurück: Er sollte zum Wegbereiter des Westernreitens in Europa werden und viele Quarter Horses aus Amerika importieren.

Eine »exotische« Reitweise macht in Deutschland Schlagzeilen

Das Jahr 1977 war ausschlaggebend für ihn: Wolf Kröber, der geniale Begründer der EQUITANA in Essen, hatte die USA bereist und wollte die amerikanische Reitweise nach Europa bringen. Auf der EQUITANA wurde die erste Präsentation der Western-Pleasure-Reitweise in Deutschland gezeigt, dazu hatte er sich den richtigen Mann an Land gezogen: Jean-Claude Dysli. Ich kannte Wolf schon von meinen Auftritten in den Jahren zuvor, und er hatte mich überzeugt, mit Dysli eine Präsentation zu machen. Ich ritt eine sechs Jahre alte Quarter-Stute mit Namen Bobrixa, die ich extra aus Kalifornien hatte einfliegen lassen.

Linda Tellington-Jones auf der Stute Bobrixa und Jean-Claude Dysli auf ihrer ersten EQUITANA bei einer Western-Pleasure-Vorführung.

Dysli ritt eines seiner herrlichen selbst gezüchteten Pferde. Wir traten in vollem Outfit auf, mit silberbeschlagenen Sätteln und Hackamore, unsere Chaps hatten Fransen, wir trugen karierte Hemden, lederne Westen und große Cowboyhüte. Ich trug wie immer meinen Tevis Cup Buckle und Jean-Claude seinen Rodeo Buckle. Die Menschen schauten kritisch auf das, was wir vorritten, und am Ende tobte die ganze Halle – wir hatten einen neuen Trend nach Europa gebracht. Wir beide verstanden das nicht so ganz, denn es war für uns alltäglich und normal. Aber in Deutschland, wo gerade die Winnetou-Filme angelaufen waren, trafen wir einen Nerv für alles Amerikanische.

Westernreiten als Ausdruck von Zeitgeist

Jean-Claude wurde zum Vorbild und zum Initiator einer ganzen Western-Kultur in Europa. Auch für mich erwies sich der Boom als eine gute Zeit, denn ich importierte containerweise Sättel und Zaumzeug, die ich im ersten Westernstore der EQUITANA verkaufte. Den Handel mit den Pferden überließ ich gerne Jean-Claude, der auch überall Workshops und Schulungen organisierte und begeistert seinen Weg ging. Mein Weg führte in eine andere Richtung. Alle zwei Jahre trafen wir uns auf der EQUITANA und stellten immer wieder erstaunt fest, was wir beide alles bewegen konnten.

Zehn Jahre später folgte ich gerne seiner Einladung, auf die neu erworbene Ranch nach Spanien zu kommen. Die Schweiz war nicht mehr sein Zuhause, das hatte er nach seiner Rückkehr festgestellt. Eigentlich sehnte er sich nach Kalifornien und war daher sozusagen ersatzweise in den Süden Spaniens ausgewandert.

Jean-Claude geht nach Spanien – mein erster Besuch

Schon damals überraschte mich, wie sehr die Sonne und die Atmosphäre Andalusiens seine alte kalifornische Heimat widerspiegelten. Mussten die spanischen Auswanderer nicht ein ähnliches Gefühl gehabt haben, als sie Kalifornien entdeckten. Als ich bei meinem ersten Besuch die Allee mit den alten Olivenbäumen zum Haupthaus hinauffuhr, hatten wir auch so einen herrlichen sonnigen Tag mit einem blauen Himmel – ein »california feeling« – dachte ich und lächelte. Jean-Claude war genau dort, wo ich ihn zum letzten Mal gesehen hatte, er saß im Sattel seines Hengstes Dr. Bond, und eine Schar von Schülern umgab ihn. Er war inzwischen zum Papst der Westernszene geworden und hatte seine Vision verwirklicht.

Hazienda Buena Suerte – Das große Glück mit Magda

Doch das Leben schenkte ihm noch etwas dazu: Seine zweite Frau Magda, eine extravagante dunkle Schönheit, die eine brennende Liebe zu den Pferden mit in die Ehe brachte. Magda faszinierte mich vom ersten Moment an mit ihren dunklen Augen, den schwarzen seidigen Haaren und ihren geschmeidigen Bewegungen. Es umgab sie etwas Geheimnisvolles. Wie ich später hörte, war sie in Kairo geboren und aufgewachsen und hatte im Schatten der Pyramiden arabische Pferde geritten. Ihre Mutter stammte aus der Schweiz und war ihrem Mann 1940 nach Ägypten gefolgt, wo sie fünf Töchter groß gezogen hatte – was für eine Herausforderung. Magda filterte das Beste aus zwei Kulturen heraus, würzte es mit ihrer temperamentvollen Individualität und erschuf eine besondere Atmosphäre. Sie hatte ein Händchen für alle Tiere und die Gabe, heilen zu können, doch das behielt sie meistens für sich. Ich spürte ihre hohe Sensibilität und die vibrierenden Schwingungen ihres Herzens. Das war ganz außergewöhnlich, doch ich hatte keine Chance, viel Zeit mit ihr zu verbringen, denn Jean-Claude nahm mich damals vollkommen in Beschlag.

Kulinarische Genüsse gewürzt mit arabischen Rezepten, der Sonne Andalusiens und einer Prise individueller Sinnlichkeit

Abends saßen wir bei Gitarrenmusik am Kaminfeuer und erzählten stundenlang von unseren Erfahrungen, Kalifornien und natürlich auch von den Pferden. Er hatte eine sehr gute Zucht aufgebaut und war begierig, mir seine Quarters zu zeigen. Ganz deutlich erinnere ich mich aber noch, ich kann es fast schmecken, an die aromatischen Gerichte, die Magda auf den Tisch brachte. Biodynamisch würde man heute sagen, alles von der Finca und dem eigenen Land. Die ganze Finca erblühte sozusagen mit ihr, und als die Kinder Raphael und später Kenzie geboren wurden, war Jean-Claudes Traum wirklich in Erfüllung gegangen.

Magda und Kenzie Dysli, wie immer mit Hunden und den großen Hüten, die Magda so liebte.

Mein zweiter Besuch auf der Finca

Dieses Bild zweier besonderer Menschen befand sich noch in meinem Herzen, als ich dann wieder 20 Jahre später mit Gabriele zurückkam. Auch sie war damals 1989 zu Jean-Claude gekommen, um ihn zu fotografieren, und hatte Magda kennen gelernt. Immer wieder fotografierte sie Magda und ihre Tochter Kenzie. Aus ihren Bildern spricht die besondere Energie der Verbindung, die zwischen den beiden bestand, die tiefe gemeinsame Liebe zu Tieren und ihre Spiritualität. Es hatte sich zwischen allen eine herzliche Freundschaft entwickelt, die ein ganzes Leben lang halten sollte. Aber sie hatte dann eine besondere Beziehung zu Magda entwickelt, erzählte sie mir: »Wir waren wie Schwestern aus einem anderen Leben«, meinte sie einmal lächelnd.

Mit Frauenpower verändert sich alles

Leider war mir bei diesem letzten Besuch nicht mehr vergönnt, Jean-Claude wiederzusehen. Er war im Jahr zuvor verstorben und Magda führte mit ihren Kinder die Finca weiter, die zu einem Eldorado für Westernreiter geworden war. Da Magda auf ihre sanfte Art und Weise mit einfühlsamem Horsemanship arbeitete, gab sie den Menschen, die zur Finca kamen, neue Inspiration im Umgang mit Pferden. Besonders Kenzie, Jean-Claudes Tochter, die 1991 geboren wurde, war beschenkt mit den besten Anlagen, Pferde zu verstehen und entwickelte sich auf eine ganz besondere Art und Weise. Sie nutzt die Talente ihrer Eltern als Basis, um die feine Art der Kommunikation mit den Pferden auf ein neues Niveau zu erheben.

Kenzie ist in vielen Sätteln zuhause:
Sie beherrscht die spanische Reitweise, die Doma Vaquera, die Western-Pleasure und die klassische Dressur. Doch am liebsten lässt sie alles weg und reitet ihre Pferde frei.

Linda mit Magda und Duque, ihrem Cremello-Hengst.

Gabriele kam immer wieder auf die Finca und begleitete Kenzie auf ihrem Weg, fotografierte sie und ermutigte sie. In ihrem Buch über Kenzie, das 2013 publiziert wurde, konnte Gabriele in Fotos und Texten das Porträt einer außergewöhnlichen jungen Frau schaffen, die ihre Begabung mit Leidenschaft lebt.

Magda Dysli, ein außergewöhnlicher Mensch

Als wir die staubige Piste durch die Allee aus Olivenbäumen zum Haupthaus hinauffuhren und die weiß gekalkten Mauern der Hacienda vor uns auftauchten, die rosa Blüten des Oleanders davor und darüber der azurblaue Himmel, da konnte ich mich gut an meinen ersten Besuch erinnern. Ich war sehr gespannt, wie es sich anfühlen würde, wieder auf die Hacienda zu kommen. Magda schien sich kaum verändert zu haben, als sie mich herzlich umarmte, auch sie war gerührt und strahlte uns an. Besonders erfüllend war für mich, dass mein Ehemann Roland Kleger mich begleitete und wir gemeinsam diese schönen Tage genießen konnten. Mit Magda ritt ich über die Berge der Hazienda, ich saß auf Duque, einem ihrer herrlichen Cremello-Lusitano-Hengste, und wir hatten alle Zeit der Welt, um uns zu unterhalten. Dieser Nachmittag bleibt eine wohl behütete Erinnerung in meinem Herzen. Magda war eine tief spirituelle Seele, die Zugang besaß zu universellem Wissen und es auf ihre Art nutzte, um eine Kommunikation zwischen Mensch und Pferd herzustellen.

Sie erlaubte mir, ihr nahe zu sein und einen Teil ihrer Seele zu erfahren. Daher glaube ich auch die vielen Geschichten über spektakuläre Rettungsaktionen von Pferde, die man über sie erzählt. Leider ist Magda 2016 über die Regenbogenbrücke geschritten, nachdem sie den jahrelangen Kampf gegen den Krebs aufgab. In jedem Fall hat sie diese Welt als einen besseren Ort hinterlassen und ihre Liebe auf der Finca und in ihren Kindern manifestiert. Sie hat ihrer Tochter alles gegeben, damit sie ihre Fähigkeiten weiterentwickeln kann. Heute führt ihr Sohn Raphael die Finca mit viel Enthusiasmus. Mit großer Passion gibt er sein Wissen über die altkalifornische Westernreitweise an seine Gäste weiter, wie es bereits sein Vater getan hat. Die Hacienda Buena Suerte ist ein starker, energetischer Ort, an dem alle Besucher Körper, Geist und Seele auftanken können. Egal, ob sie dort Westernreiten oder Horsemanship praktizieren, die spanische Reitweise erlernen oder einfach am Pool liegen und im Schatten der Palmen in den blauen Himmel blicken, niemand möchte hier je wieder weg.

Die Tochter zweier außergewöhnlicher Menschen: Kenzie Joana Dysli

Gabriele hatte mir schon viel über Kenzie erzählt, aber wie sagt man so schön im Englischen: »She was blowing my mind«, als ich sie dann kennen lernte. Zierlich und mit einer Grazie, die natürlich und einnehmend ist, begegnet sie Menschen und Tieren. Bescheiden, fast schüchtern ist ihr Auftreten, solange sie auf ihren zwei Beinen steht. Doch wenn sie sich leichten Fußes auf den Rücken ihres Pferdes schwingt, das weder Sattel noch Zaumzeug trägt, dann wird sie zur Zentaurin. Sie scheint mit dem Körper des Pferdes zu verschmelzen, bewegt sich in Harmonie und offensichtlich mit einer so großen Freude, dass sie ein dauerhaftes Strahlen umgibt. Dieses Gefühl überträgt sich auch auf ihr Pferd, das größer und schöner wird mit ihr, und sich in ihrer Präsenz zu sonnen scheint. Ich wurde ganz still, als ich sie so zum ersten Mal sah. Ist es nicht diese Harmonie mit dem Pferd, die alle Pferdeleute immer zu erreichen versuchen? Eigentlich erlangt man sie ganz einfach, ganz selbstverständlich, wenn man

Kenzie und Linda verstehen sich auf Anhieb. Die Jüngere ist begierig, von Linda zu erfahren, wie sie das Pferd einschätzt und mit seinen Problemen umgehen würde.

Harmonie ohne Ehrgeiz und Druck erfühlt und sein Können als Gabe versteht.
Kenzie wollte nie »unterwiesen« werden, sie war schon immer ein Trotzkopf und Freigeist. Sie brachte sich die meisten Dinge selbst bei, war immer zwischen den Pferden in der Herde, bei den Fohlen und Stuten. Sie lehrten sie Kausalitäten und Reaktionen. Kenzie hatte in dem Quarter-Horse-Hengst ihres Vaters, Dr. Bond, ein geniales »Kindermädchen«, dem sie blind vertraute. Wie schon ihr Vater konnte sie ganz genau hinsehen. Sie war besessen, zu lernen; Dinge ausprobieren wollte sie dann ganz alleine.

James und Atila werden zu »Ostwind«

Dann trat James in ihr Leben, ein junger Rapp-Hengst, den Magda beim Kauf einer Stute mit erworben hatte. Man hatte ihn an einem Laternenpfahl angebunden und Kenzie verliebte sich in ihn, als sie ihn sah. Er wurde ihr Begleiter und Ausbilder, mit dem sie ihre ersten Shows bestritt, und später, zusammen mit Kenzies zweitem Pferd, Atila, zum Showstar im Kinofilm »Ostwind« avancierte.
Kenzie zeigte mir einen jungen, kopfscheuen Lusitano, mit dem sie gerade angefangen hatte zu trainieren. Mit einigen Ohren-TTouches konnte ich ihr weiterhelfen. Gleichzeitig fand ich heraus, dass sie intuitiv viel von den Dingen, die ich beim TTouch lehre, schon selbst nutzte. Sie war dankbar von mir zu erfahren, WARUM die Dinge so funktionierten. Ich habe selten jemanden mit dieser Auffassungsgabe und dem Gefühl für Pferde kennen gelernt. Kurz und gut, es war eine große Freude für mich, mit Kenzie zu arbeiten. Sie ist noch so jung und gleichzeitig so alt, eine große Seele, die auf eine leichte und überzeugende Art und Weise Menschen und Pferden viel beibringen kann. Good luck, my dear, for your life!

Linda genießt ihren flotten Ritt mit Duque und die Zeit auf der Finca zusammen mit ihrem Mann Roland. Sie findet sofort einen Hund, den sie retten kann und der sie seine Dankbarkeit spüren lässt.

Auf 2000 Metern Höhe in der Nähe des Yellowstone-Nationalparks liegt ein Paradies mit einer großen Araberherde sowie Morgans und Quarter Horses. Hier betreibt die Familie Fox eine Ranch für Reiter, die aus der ganzen Welt hierherkommen.

BITTERROOT RANCH

DIE HEIMAT
DES ALTEN COWBOYS
in Wyoming

Zunächst sieht man eine graue Staubwolke über der Ebene auftauchen, dahinter steht wie eine gemalte Kulisse im Theater, als wäre sie künstlich überhöht, eine imposante Felswand, auf deren Spitzen noch Schnee liegt. Dann hört man das dumpfe Trappeln der Hufe auf der trockenen Erde näherkommen, und plötzlich erscheinen die ersten Pferdeohren über dem Kamm des nächst gelegenen Hügels. Ein Schimmel galoppiert voraus mit wehender Mähne und in der Sonne leuchtendem Schweif. Plötzlich bleibt er wie angewurzelt stehen. Vor dem blauen Himmel im Gegenlicht sieht er aus, als wäre er einem Gemälde entsprungen. Er lässt seinen Blick über die im Tal liegende Ranch wandern, dreht sich abrupt auf der Hinterhand um und sprengt davon. Man hört jetzt auch Pfiffe und Rufe der Cowboys, das Wiehern der Pferde und man spürt die Erde vibrieren. Gleich darauf tauchen die Pferde in einer breiten Phalanx am Horizont auf und ergießen sich über den steinigen Hang. Dicht aneinandergedrängte Pferdeleiber in unterschiedlichen Farben, Mähnen, die sich im Wind verweben, wie eine Vision aus Staub und Licht. Dann strömt die Herde über den engen Hohlweg in einer geschwungenen S-Form hinunter ins Tal. Am Ende kommen die älteren Stuten vorbei, deren Fohlen schon vorne mit den Jährlingen mitgelaufen sind. Und dann tauchen zwei Cowboys an ihrer Seite auf, die bunten Taschentücher, sogenannte Banans, vor den Mund gebunden haben, damit sie nicht den ganzen Staub schlucken müssen. Der Jüngere streift sein Tuch nach unten und schenkt uns ein strahlendes Lächeln, dabei blitzen seine Augen und sprühen vor Sympathie und Freude.

Wiedersehen mit Bayard Fox

Beim Näherkommen erkennt man, dass der andere Mann wesentlich älter ist. Seine Haut ist von der Sonne gegerbt, Falten überziehen sein Gesicht wie kleine Canyons. Er ist groß und schlank und sitzt etwas gebeugt im Sattel. Es scheint so, als hätte er sein ganzes Leben darin verbracht. Seine Chaps sind für ihn wie eine zweite Haut, sein tief ins Gesicht gezogener Cowboyhut ist verbeult und speckig und wird von einem wunderschönen aus Pferdehaar geflochtenen Hutband und einer Quaste geziert. Seine Hände, die auf dem Sattelhorn ruhen und die feinen Lederzügel halten, sind feingliedrig, allerdings nicht mehr so beweglich und etwas verknöchert. Seine Stimme ist tief und rauchig als er sagt: »Damed good to see you here, girls!« Dabei öffnet sich sein Gesicht und ein charmantes Grinsen breitet sich darauf aus. Eigentlich fehlt nur noch die Marlboro-Zigarette, um das Klischee eines durch Wind und Wetter gegerbten Cowboys komplett zu erfüllen. Doch Bayard Fox hasst Zigarettenrauch und lacht über seine eigene lebenslange Abstinenz.

Wenn Freunde sich in die Augen schauen

Bei seinen Worten strahlt Linda und man spürt sofort, dass hier ein starkes Band an Zuneigung und Vertrauen besteht. Fast bekommt man den Eindruck, sie wären zwei Kinder, die gemeinsam viele Streiche ausheckt hätten. Dann bin ich dran mit der Begrüßung und bekomme eine ebenso herzliche Umarmung wie Linda. Inzwischen ist Richard, sein Sohn, vom Pferd gestiegen und kommt auf mich zu. Er sieht verdammt gut aus, der junge Mann, und ich erinnere mich gerne, dass er schon als kleiner Junge immer höflich, smart und freundlich war. Tja, wir kennen uns alle schon ziemlich lange, seit Linda mich in den 1980er-Jahren mit den Worten hierhergeschickt hatte: »You need to meet them.« Ja, mein Leben wäre deutlich ärmer, wenn ich die Fox-Familie nicht kennengelernt hätte.

Die Zügel immer noch in den Händen.

Bayard Fox steigt langsam von seinem Pferd und gesellt sich zu uns. Die Herde ist längst im Coral angekommen, wo sie die Nacht verbringen wird, geschützt vor den Bären und Wölfen draußen im Shoshone National Reservation Territory.

Ein langes, wildes Leben und viele Geschichten

Bayard Fox ist weit über 80 Jahre alt und reitet, jagt und fischt immer noch auf seiner Ranch, die auf gut 2.500 Metern Höhe so traumhaft und isoliert in den Rocky Mountains bei Dubois in Wyoming liegt. Der Wildbach, eher ein Fluss, »Windriver«, der unterhalb der Holzhäuser und Gästehütten vorbeifließt, ist selbst im Hochsommer eiskalt, voller Forellen und versorgt die Ranch mit bestem Trinkwasser. Bayard Fox war schon immer ein Draufgänger, ein Abenteurer, und – was er nie bestätigte – er soll CIA-Agent gewesen sein. Er war überall dort unterwegs, wo es wild und gefährlich war: im Iran, in Afrika, in Australien, auf den Weltmeeren und im Dschungel. Doch zuhause ist er hier auf der Bitterroot Ranch. Dieser Ort ist einer von mehreren wundervollen »Magic Places«, die ich kenne auf dieser Welt, und zu dem ich immer wieder gerne zurückkehre. Natürlich gibt es noch viel über ihn hinzuzufügen. Nun soll aber erst einmal Linda ihre Geschichte erzählen, wie sie hierherkam.

Die Fox-Familie

Haddley und Richard

Bayard und sein Labrador.

UNSERE GEMEINSAME **LEIDENSCHAFT**

Arabische Vollblüter

Eine besonders sensible Stute

Diese Begegnung entstand durch die Kolumnen, die Wentworth Tellington und ich im Western-Horseman-Magazin veröffentlicht hatten. In einem der Artikel schrieb ich darüber, wie man junge Pferde an den Sattel gewöhnen sollte, ohne die brutalen alten Cowboymethoden anzuwenden. Das hatte Mel Fox gelesen, Bayards Ehefrau. Sie suchte nach einer Möglichkeit, ihre feinfühligen arabischen Stuten, die sie hoch oben auf der Ranch züchtete und die sich prächtig der rauen Umgebung anpassten, einreiten zu lassen. Beim letzten Versuch war es einem Cowboy fast gelungen, sich selbst und das Pferd umzubringen. Mel ist eine sehr entschlossene Frau. Sie rief mich damals an und fragte mich, ob ich zu ihr kommen könnte. Am Telefon klang sie sehr sympathisch, und da es um arabische Pferde ging, musste sie mich nicht lange bitten. Kurz und gut, als wir uns trafen, war es vom ersten Moment an klar, dass wir viele Gemeinsamkeiten hatten. Die große Liebe zu den arabischen Vollblutpferden verband uns aus ganzem Herzen. Zunächst ging es aber nur um diese eine besondere Stute, die sich nicht an den Sattel gewöhnen lassen wollte. Sie war misstrauisch, aggressiv und jeglichen weiteren Maßnahmen des Reiters gegenüber abgeneigt. Die klugen arabischen Pferde vergessen nichts so schnell. Nach ihren Erfahrungen mit dem Cowboy war sie äußerst wachsam und argwöhnte immer das Schlimmste. Ehrlich gesagt war sich Mel nicht klar, ob man sie überhaupt noch einmal würde motivieren können, dem Menschen zu vertrauen. Ich hatte ein gutes Gefühl und konnte nach verhältnismäßig kurzer Zeit ihr Vertrauen zurückgewinnen, ohne dass sie in Panik geriet. Mel war fasziniert, und von diesem Moment an durfte kein anderer ihre jungen Pferde mehr anreiten.

Seit 25 Jahren ist mein jährlicher Besuch immer wieder ein besonderes Erlebnis, das ich nicht missen möchte. Ich bringe immer eine Gruppe von TTouch-Practitionern mit, damit wir die jungen arabischen Pferde gut arbeiten können. Meine Schwester Robyn ist immer dabei, die ein besonderes Händchen für junge Pferde hat. Es ist jedes Mal eine lehrreiche Zeit. Ach ja, diese erste Stute lebt noch heute und ist »Kindermädchen« und absolutes Verlasspferd für alle Reitanfänger. Was für ein schönes Happy End.

Familienbande sind Bluts- oder Herzensbande

Mit dem Fox-Clan am großen Kamin vor dem prasselnden Feuer in ihrem Blockhaus zu sitzen, mitten in den Rockys, das ist das schönste Gefühl von zu Hause zu sein unter Freunden. Man blickt hinaus auf die monumentalen Felswände des Nationalparks, die Sonne überflutet diese großartige Natur mit goldenem Abendlicht, und das Violett der Abenddämmerung ist berauschend. Wenn dann die Sterne sichtbar werden, glaubt man, einen endlosen Teppich zu sehen, der sich über die ganze Welt erstreckt. Ein Gefühl für eine mögliche vierte Dimension eröffnet sich einem. Meist sind Robyn und deren Tochter Mandy dabei, die beide die TTouch-Trainingseinheiten leiten. Dann liegen noch Mels großer schottischer Deerhound bei uns und Bayards Labradore. Ergänzt wird die Runde durch Richard, den Sohn von Mel und Bayard, und seine bezaubernde Frau Haddley. Es herrscht eine so vertraute Atmosphäre, als würden alle wissen, wie wertvoll und außergewöhnlich solch eine Ansammlung von derart einzigartigen Menschen ist. Ich fühle mich auf eine wunderbare Weise eingebunden und spüre, dass es den anderen auch so geht.

Mels Araberfohlen werden daußen in den Bergen geboren und lernen, sich vom ersten Tag den rauen Verhältnissen anzupassen.

Aus einer Passion wurde ein Unternehmen

Die Familie Fox ist einfach besonders. Obwohl Bayard wie der Prototyp eines Cowboys aussieht, stammt er eigentlich von der Ostküste und hat in Yale Geschichte studiert. Er spricht Französisch, Deutsch und Spanisch, hatte eine Langusten-Farm in Neukaledonien, war als Großwildjäger zuzeiten des Schahs im Iran unterwegs und hatte auch sonst alle möglichen Abenteuer hinter sich gebracht. Durch etliche Stürze vom Pferd und mehrere Flugzeugabstürze musste sein Körper immer wieder zusammenflickt werden. Bayard war und ist ein Abenteurer. Was lag da näher, als eine Firma für Reiterreisen zu gründen?

Es entstand die Firma Equitours. Heute ist Equitours das größte und erfolgreichste Unternehmen seiner Art in Amerika und bietet weltweit Touren an, die Bayard fast alle selbst getestet hat. Seine besondere Liebe gilt allerdings Afrika.

Mel hat Afrika in ihrem Herzen

Ich habe die Familie schon mehrmals nach Afrika begleitet und dabei vor allem Mel Fox sehr gut kennen gelernt. Sie ist in Tansania aufgewachsen, und ich würde sie als weiße Afrikanerin beschreiben. Mel spricht Suaheli, und mit ihr in einem Dorf unterwegs zu sein oder Massai zu treffen, das ist etwas Einzigartiges.

Bayard, Linda und Mel Fox mit dem zu diesem Zeitpunkt noch sehr jungen Richard Fox.

Es gibt kaum einen feineren, höflicheren und achtsameren Menschen als Mel. Sie hat genau wie Linda, und das verbindet die Beiden auch, eine eigene Art, mit Tieren zu kommunizieren. Besonders berührt mich ihre Verbindung zu den Elefanten. Mit ihrem ersten Mann hatte sie mitten unter ihnen gelebt, weil er eine Studie über sie machte, und die Tiere hatten sie als Teil ihres Lebens angenommen. Mel trägt Afrika in ihrem Herzen. Mit ihr durch die Savanne zu reiten gehört zu einem meiner schönsten Erlebnisse. Sie hört und spürt die Tiere auf eine andere Art und Weise, ihre Intuition bringt sie immer im richtigen Moment an den richtigen Ort. Doch wir waren auch in der Türkei und in Indien zusammen unterwegs, unvergessliche Eindrücke von 1985 bis heute. Dabei habe ich Richard beim Erwachsenwerden zugesehen, ein überdurchschnittlich intelligenter junger Mann, dem an allen möglichen Universitäten mit Stipendien alle Türen offen gestanden sind. Er und seine Frau haben sich für die Ranch entschieden, für die Natur und die Pferde – was für gescheite junge Leute. In ihren Händen wird die Bitterroot Ranch gut bewahrt sein.

MEINE **LEBENSREISE**

Viele Menschen bedauern mich aufrichtig dafür, dass ich dauernd in der Welt unterwegs bin. Da muss ich immer hellauf lachen. Denn Reisen ist für mich ein Lebenselexier. Am liebsten schreibe ich im Zug, wenn die Landschaft an mir vorbeifliegt und das Licht sich von Minute zu Minute verändert.

Ich freue mich auf Interkontinentalflüge, wenn ich nachts in meinem gemütlichen Sessel in der Maschine sitze und im gedimmten Licht so ganz für mich arbeiten kann. Zu fliegen und die Kraft des Flugzeuges zu spüren, inspiriert mich. Ich schreibe viel, an Büchern oder Newslettern oder Briefen, und ich analysiere meine Seminare und Workshops.

Doch das Reisen ist nur so lange schön, wie man auch ankommen kann. Und das tue ich immer wieder: Bei meinen Freunden, meinen Practitionern und den Teilnehmern der Workshops, die für mich organisiert werden. Da erwarten mich Menschen, die offen und bereit sind, meinen Erfahrungsschatz zu teilen, und die begierig sind, mit dem TTouch Anderen zu helfen. Und auf diese Einstellung kommt es an. Mit diesen Menschen, die es auf der ganzen Welt gibt, spinne ich ein Netz an Energie und Kraft, leuchtende Fäden, die sich mit mir und über mich hinaus mannigfaltig verbinden. Das ist eine unglaubliche Zufriedenheit, die ich in mir fühle. Wenn ich dann zurückdenke an mein computergeneriertes 5-$-Horoskop, dann kann ich nur sagen: Es hat sich erfüllt. Ich habe eine neue Art der Kommunikation aufgebaut, die sich über die ganze Erde erstreckt. Ja, ich habe es getan.

Dafür bin ich seit mehr als 60 Jahren unterwegs und werde es auch weiterhin sein – so lange mich die Mission und die Kraft weiter vorantreiben. Meine Zeiten auf Hawaii geben mir dabei immer wieder die innere Ruhe und füllen das Reservoir auf, auch dank meines geliebten Mannes, der mich auf Händen trägt. Was für ein Glück mir in diesem Leben widerfahren ist, dafür bin ich von ganzem Herzen dankbar.

Reisen bedeutet, mein Leben bis zur Fülle zu leben.
Reisen bedeutet für mich Alltag.
Reisen bedeutet Außergewöhnliches.
Reisen bedeutet für mich keine Anstrengung.
Reisen bedeutet immer einen Aufbruch zu Neuem.
Reisen bedeutet Menschen zu treffen und zu lieben.
Reisen bedeutet den TTouch zu lehren.
Reisen bedeutet meine Mission zu erfüllen.
Und den Namen des großen Geistes
in alle Teile der Erde zu tragen.

Reisen gibt mir Energie.
Reisen gibt mir Leichtigkeit.
Reisen gibt mir Hoffnung.
Reisen gibt mir Freude.
Reisen gibt mir alles, was ich brauche,
um das Gefühl zu haben, intensiv zu leben.

ROLAND

& LINDA

ROLAND

Meine große Liebe

Ich glaube fest daran, dass Menschen füreinander bestimmt sind, aber nur zu einem bestimmten Zeitpunkt in ihrem Leben. Die Liebesgeschichte zwischen Roland und mir ist ein wunderbares Beispiel dafür, dass es manchmal eine halbe Ewigkeit braucht – in unserem Fall waren es 40 Jahre –, um Wirklichkeit zu werden. Es ist mir eine besondere Freude, unsere Geschichte sehr ausführlich zu erzählen, auch da unsere Hochzeit für mich das schönste Erlebnis in meinem Leben war – mit so vielen unerwarteten kleinen Wundern erfüllt. Die Energie und die Liebe, die sich für mich im Zusammensein mit Roland entfaltet haben und bis heute anhalten, sind das schönste Geschenk des Himmels, das ich mir vorstellen kann.

Wer mich näher kennt, weiß, wie emotional ich sein kann. In diesem Buch geht es mir wirklich darum, allen Lesern zu sagen: »Verliert nie den Glauben an die wahre Liebe und folgt Eurer Intuition und Eurem Herzen.«

Die mexikanische Seherin

Im Jahr 1995 geschah etwas, das mein Leben verändern sollte: Ich war gerade in Mexiko, in San Miguel de Allende, auf einem Workshop. Zusammen mit meiner Schwester Robyn und einer ganzen Gruppe von TTouch-Lehrern und Schülern genoss ich einen freien Tag und frönte dem Nichtstun. Irgendjemand erzählte uns, dass er von einer Frau gehört habe, die sehr gut Tarotkarten legen könne, sie sei berühmt für ihre verblüffenden Vorhersagen. Natürlich waren wir neugierig geworden, und so versuchten wir, ihre Adresse ausfindig zu machen, was uns auch gelang. Wir empfanden das Ganze mehr als einen Zeitvertreib oder ein Spiel und jeder von uns gab vor, es nicht wirklich ernst zu nehmen. Die Kartenlegerin dagegen nahm es sehr ernst und erstaunte einige der Frauen mit ihrer Direktheit und Treffsicherheit. Als ich dann an der Reihe war, sagte sie mir, dass ich bald den Mann meines Lebens treffen würde. Hahaha, das ist ein Standardsatz jeder Zigeunerin auf einem Jahrmarkt, so dass ich dafür nur ein mitleidiges Lächeln übrig hatte. Dann aber fügte sie hinzu: »Du wirst heute Nacht von ihm träumen«. Na ja, das war ja nun nicht ganz einfach nachprüfbar und eher unwahrscheinlich, da ich meine Träume sehr schnell vergesse. Aber irgendwie hatte sie einen wunden Punkt getroffen, denn ich fühlte mich wirklich allein. Wenn man mich gefragt hätte, ob ich glücklich sei, hätte ich wohl »ja« gesagt. Ich war von meiner Arbeit, der Entwicklung und dem Lehren der TTouch-Methode ausgefüllt und auch ziemlich glücklich. Doch tief in meinem Herzen spürte ich, dass mir ein Partner fehlte, ein Lebensgefährte, der mich in den Arm nehmen und mit dem ich meine Gedanken und Gefühle teilen könnte.

In dieser Nacht ging ich extra früh schlafen und war sehr neugierig auf meine Träume, was mich natürlich schlecht einschlafen ließ. Aber ich wollte dem Schicksal die Chance geben, wirklich zu mir zu sprechen. Meine einzige Angst dabei war, dass ich meinen Traum vergessen würde. Doch darum hätte ich mir gar keine Sorgen machen müssen, denn der Traum war klar und deutlich. Ich war völlig überrascht und fast geschockt davon, welcher Mann darin vorkam: Roland Kleger!

Mein unerreichbarer Traummann

Ja, ich kannte ihn, sehr gut sogar, und mein Herz begann, wild zu klopfen. Roland war eigentlich »nur« ein Freund, aber ein Freund, wie man ihn sich nur wünschen kann.

In den letzten 16 Jahren, als ich in keiner festen Beziehung lebte und die Entwicklung der TTouch-Methode meinen ganzen Lebensinhalt darstellte, war es immer wieder Roland gewesen, der mich anrief und fragte: »Hallo, Linda, wie geht's dir, und was macht die Liebe?« Meine Antwort war immer die gleiche: »Ich werde niemals mehr heiraten, wenn ich nicht einen Mann finde, der die wunderbaren Qualitäten meines Vaters hat.«
Und es gab in meinem ganzen Leben nur zwei Menschen, die dafür in Frage gekommen wären. Der eine war mein bester Freund, aber leider homosexuell – was mein Vater nicht war; ansonsten ähnelten sich die beiden sehr. Ja, und der zweite Mann, mit dem ich gerne zusammen gewesen wäre, war leider immer verheiratet, wenn ich frei war, und das war Roland Kleger. Daher elektrisierte mich die Prophezeiung der mexikanischen Seherin natürlich sehr, auch wenn mein Kopf sagte, »Linda vergiss es, er ist doch verheiratet.«
Zu diesem Zeitpunkt hatte ich keine Ahnung, wo Roland gerade lebte und was er machte, denn unser Kontakt war leider vor ein paar Jahren abgebrochen. Daher bat ich meinen Bruder John, der sich damals schon richtig gut mit dem noch recht neuen Internet auskannte, nach Roland zu suchen. Das tat er dann auch und berichtete mir, dass Roland seine Ranch im kanadischen Outback aufgegeben habe und nach Hawaii gezogen sei.

Linda und Roland auf der Hacienda Buena Suerte mit der, von der Straße geretteten, Galgo-Hündin »Gina«.

Mein Reitschüler Roland Kleger

Doch bevor ich erzähle, wie es weiterging, möchte ich auf den Beginn unserer gemeinsamen Geschichte eingehen. Denn Roland und ich haben uns schon viele Jahre zuvor, genauer gesagt 1957, kennengelernt. Zum damaligen Zeitpunkt war ich 20 Jahre alt und mit Wentworth Tellington, meinem 20 Jahre älteren ersten Mann, verheiratet. Wir beide waren als Lehrer an der Chadwick Preparatory High School angestellt, wo auch Roland zur Schule ging. Nach einem Sportunfall beim Rugby wollte er bei mir das Reiten lernen. Er sah richtig gut aus und war einfach sehr sympathisch. Sein Umgang mit Pferden zeichnete sich durch Feinfühligkeit aus; er behandelte sie mit Achtung und Respekt, was mir natürlich gut gefiel. Schon damals dachte ich immer wieder: »So würde das auch mein Vater machen.« Wir verstanden uns vom ersten Moment an, als würden wir uns schon lange kennen. Doch ich war drei Jahre älter als er und, wie gesagt, verheiratet. Außerdem war Went sehr eifersüchtig. Also verhielt ich mich stets äußerst korrekt und versuchte, einen gewissen Abstand zu Roland zu wahren, was mir oft nicht leicht fiel. Denn schon damals übte Roland eine magische Anziehung auf mich aus, besonders, weil er zurückhaltend und höflich war. Die Luft knisterte förmlich, wenn wir uns begegneten. Meist kehrte ich dann schnell wieder die strenge Lehrerin heraus und ließ ihn manchmal »zur besseren Balance« ohne Sattel reiten, was auf dem unebenen Gelände sehr schwierig war. Die Stute, die er ritt, hatte die Angewohnheit, plötzlich zu stoppen, und dann rutschte Roland über ihren Hals und Kopf ab und plumpste zu Boden. Sie rannte geradewegs zurück in den Stall, aber Roland wurde niemals wütend, sondern einfach immer geschickter. Sein Durchhaltevermögen war enorm und beeindruckte mich ebenso wie seine Fähigkeit, schnell und intuitiv zu lernen. Beeindruckt war ich auch, dass Roland scheinbar diesen besonderen Draht zu Pferden hatte, der vielen Reitern fehlt. Roland war geduldig und konnte schon immer gut zuhören, das galt für Pferde und für Menschen.

Roland besuchte uns später auch auf der »Hemet Thoroughbred Farm«, die Went und ich zusammen mit einem Partner führten. Dort lernte er meinen Großvater Will Caywood kennen, der damals bereits über 80 Jahre alt war, ein ehemaliger Jockey und Trainer. Roland wusste schon immer, was wesentlich war, und so nahm er sich die Zeit, dem alten Mann zuzuhören. Es ist mir heute im Rückblick so wichtig, dass er meinen Großvater kennengelernt hat und genau weiß, wo so viele meiner Erkenntnisse herkommen, die dann zum TTouch geführt haben. Irgendwie ist Roland wie ein roter Faden in mein Leben verwoben – und das schon seit 60 Jahren.

Roland wollte immer eine eigene Ranch führen und verwirklichte diesen Traum im Norden Kanadas. Vieles von dem, was er von Went und mir und meinem Großvater gelernt hatte, konnte er dabei gut verwenden.

Went schätzte an Roland seine Gradlinigkeit und Ehrlichkeit, und wir blieben schon deshalb über die Jahre hinweg befreundet und sahen uns immer wieder. Als Roland heiratete, wählte mein Mann ein ganz besonderes Hochzeitsgeschenk für das Ehepaar Kleger aus. Er wusste, dass Roland sich sein eigenes Holzhaus bauen wollte, und schickte ihm die beste Axt, die es zu kaufen gab. Ein wirklich praktisches und nützliches Geschenk, das natürlich auch zum Einsatz kam.

Roland mit Frau und Kindern zu Besuch

Um Roland eine Freude zu machen, organisierten wir zehn Jahre später eine Geburtstagsparty für ihn und luden viele seiner Freunde ein, die inzwischen angesehene Geschäftsleute oder Filmbosse in Hollywood geworden waren. Die Feier fand auf der »Pacific Coast Equestrian Research Farm« (PCERF) statt. Went hatte wie immer seine verborgenen Absichten mit dieser Feier. Er wollte diese Gelegenheit nutzen und Roland für ein Projekt zum Bau von Wochenendhäusern auf dem Farmgelände interessieren und dabei gleichzeitig seine einflussreichen Freunde aus Los Angeles integrieren. Nach der Veranstaltung besuchte uns Roland mit seiner Frau Judy und seinen Kindern Nathan und Terry Lou zu Hause, und Went offenbarte Roland, was er vorhatte: Er wollte ihn und seine Familie gerne in einem Musterhaus unterbringen, um Interessenten einen Eindruck der Anlage zu vermitteln. Roland willigte ein und war damit quasi wieder zurück in mein Leben gekommen.

Ich war Patentante seiner Kinder, so steckten wir oft zusammen, denn ich mochte auch seine Frau Judy sehr. Das Projekt jedoch wurde nicht realisiert, und Roland ging wieder seine eigenen Wege.
Als ich mich dann von Wentworth Tellington trennte, war Roland sofort wieder zur Stelle und unterstützte mich. Weil er die Ranch verwaltete, konnte ich mein Leben wieder umorganisieren und mit einigen Pferden dann nach Los Altos Hills in Kalifornien umziehen. Dann verschwand er wieder aus meinem täglichen Leben und ging mit seiner Familie zurück nach Kanada. Ich arbeitete mit und für die Gräfin Margit Bessenyey und trainierte ihre ungarischen Pferde.
In den folgenden Jahren kam Roland regelmäßig zusammen mit seiner Familie in Kalifornien vorbei, um mich zu besuchen. Dann war ich häufig im Ausland, vor allem in Deutschland, unterwegs, und wir verloren wir uns wieder aus den Augen. Das letzte Mal begegneten wir uns zufällig auf den Olympischen Spielen in Los Angeles im Jahr 1984 und hatten inmitten der vielen Menschen kaum Zeit gefunden, ein paar Sätze miteinander zu reden.

Roland zum zweiten Mal verheiratet

Als Roland dann 1995 in Mexiko in meinem Traum auftauchte, hatte ich ihn elf Jahre lang nicht gesehen. Mein Bruder John recherchierte damals für mich und fand seine aktuelle Telefonnummer heraus. Zu diesem Zeitpunkt, also nach meinem Traum, war ich mir selbst, mit meinen Gedanken und Gefühlen schon so weit vorausgeeilt, dass ich mich bereits mit ihm verheiratet wähnte. Ich nahm den Telefonhörer in die Hand um ihn anzurufen und glaubte fest daran, dass wir bald zusammenleben würden. Doch was bekam ich zu hören? Die Realität sah leider ganz anders aus: Roland war nach Hawaii gezogen, um die Pflege seines Vater zu übernehmen, der an Alzheimer erkrankt war – und er hatte wieder geheiratet. Meine Enttäuschung war grenzenlos, und ich musste mich erst einmal von diesem Schlag erholen. Daher gestaltete sich unser Gespräch auch etwas einsilbig. Doch es musste ja irgendeinen Grund dafür geben, dass ich ihn wiedergefunden hatte, dachte ich bei mir, das Universum hat immer einen Plan. Vielleicht sollte ich ihn mit meinem TTouch bekannt machen, bei der Pflege seines Vaters helfen. Ich gab ihm ein paar Hinweise, was er tun könnte, und er dankte mir dafür. Als Leiter einer Organisation, die Pflegepersonal für Alzheimer-Patienten organisierte, konnte der TTouch ein hilfreiches Instrument sein. Danach hielten wir lose Kontakt zueinander, denn ich wollte den wieder aufgenommenen Faden des Schicksals nicht mehr abreißen lassen.

Erfolgreich, aber alleine

Zwei Jahre später, im Jahre 1997, war ich auf einer Konferenz der Gorbachev Foundation in San Francisco und traf dort auf etliche vielversprechende und souveräne Männer mit viel Charisma. Ich schöpfte Hoffnung, dass vielleicht einer darunter sein könnte, der eine so selbstbewusste Geschäftsfrau wie mich verkraften könnte. Damals sagte man ganz flapsig: Für eine Frau über vierzig sehen die Chancen, einen Mann zu finden, fast so gut aus, wie von einem Truck überfahren zu werden. Das waren ja ermutigende Aussichten – vor allem, weil ich ja schon sechzig war, also geradezu aussortiert. Aber ich war wild entschlossen, die wahre Liebe meines Lebens zu finden. Dies waren meine Gedanken, als ich auf dem Weg von der Konferenz den Hoteleingang des Luxushotels passierte, in dem sie stattfand. Ich kann mich noch ganz genau an diesen Moment erinnern, denn ich fühlte mich gewissermaßen auf dem Weg zu meinem Glück. Mein nächster Gedanke war: Wie stelle ich es an?
Als ich wieder nach Hause kam, fiel mir ein Prospekt über einen Workshop auf der Insel Hawaii in die Hand. Bei dem Wort »Hawaii« bekam ich eine leichte Gänsehaut: Etwas wurde da angestoßen in meinem Inneren. Doch ich wollte gar nicht wirklich hinschauen. Der besagte Workshop wurde von einer guten Freundin von mir, Joan Ocean, veranstaltet und hatte das Thema »Seine Seele wiedererwecken« – ein sehr gutes Thema für eine Singlefrau wie mich! Ich meldete mich sofort an und es war noch genau ein Platz frei – was für ein »Zufall«. Als nächstes musste ich Roland anrufen, es war mir ein Bedürfnis, seine Stimme zu hören. Ich wollte ihm sagen, dass ich gerne ihn und seine Familie besuchen würde, und wissen wollte, wie es seinem Vater ging. Als Roland den

Linda mit ihrer Araberstute und Roland mit Rayne während ihrer ersten Zeit auf Hawaii.

Hörer in die Hand nahm und mir antwortete, da war, glaube ich, unser Schicksal besiegelt. Zunächst wurde es still auf der anderen Seite der Leitung, als ob er nicht wüsste, wer dran war. Dann hörte ich ihn mit einem Räuspern in der Stimme sprechen, und jedes seiner Worte wird mir für immer im Gedächtnis bleiben. Er sagte: »Mein Vater ist gestorben, und ich lebe seit einem Jahr hier allein in dem Haus auf Hawaii. Möchtest Du mich vielleicht nach dem Workshop besuchen kommen?« Mein Herz machte einen Luftsprung. Wir würden uns endlich wiedersehen, und zwar alleine! Endlich, nach vierzig Jahren! Ich konnte vor Aufregung nicht schlafen, und die Gewissheit, dass er mich am Flughafen abholen würde, ließ mir den Flug unheimlich lange erscheinen.

Der dritte Anlauf

Dann endlich kam der Moment des Wiedersehens, und ich konnte meinen Augen kaum trauen, als dieser Mann auf mich zukam: Er sah sagenhaft gut aus – sportlich, gebräunt, lässig, lächelnd, strahlend in einem legeren T-Shirt und Shorts; souverän und locker stand er vor mir und nahm mir meine Tasche ab.

Seine Arbeit als Rancher und dann als Taucher hatte seinen Körper gestählt. Er war 57 Jahre alt und in Topform, mit seinen dunklen, dichten Haaren und den tiefgründigen Augen, die voller Wärme strahlten. Ich war sofort verloren, eigentlich schon vorher, aber dieser Mann eroberte mich sozusagen vom Fleck weg noch einmal neu. Ich musste ganz schön an mich halten, um ihm nicht gleich um den Hals zu fallen und ihn zu küssen. Doch das, so sagte ich mir eindringlich, habe noch etwas zu warten.

Roland holte mich jeden Abend nach dem Workshop ab und wir schlenderten – nein, nicht Hand in Hand, aber Seite an Seite – über den schwarzen Lavasand von Kealakekua Bay. In mir war das untrügliche Gefühl, dass wir füreinander bestimmt waren – schon lange. Vielleicht mussten wir beide erst so viele verschiedene Leben leben, um uns wirklich erkennen zu können. Doch ich hatte keine Ahnung, was Roland tatsächlich empfand, und er spricht auch heute kaum über seine Gefühle.

Über uns schien der Mond, und aus dem silbernen Wasser sprangen spielende Delfine. Ich war unsicher und innerlich aufgewühlt, für meine Verhältnisse direkt schüchtern, denn ich wollte auf keinen Fall die Magie zerstören. Wir redeten miteinander, gingen spazieren und füllten die Wissenslücken über das Leben des jeweils Anderen. Dann nahm ich mir ein Herz und nahm seine Hand in meine – das tun doch auch Freunde, dachte ich mir. Diese Berührung elektrisierte uns beide, aber wir sagten keinen Ton und lauschten nur der Sprache unserer Herzen, die heftig klopften. Dann fragte mich Roland, ob ich nicht nach dem Workshop noch ein paar Tage bei ihm bleiben wollte. Mein Herz klopfte wie wild und ich wusste genau: Dieses Mal ist es für immer. Nach drei Tagen fühlten wir beide, dass wir uns noch nicht trennen konnten, und ich buchte meine Flüge um. Roland war neugierig geworden auf meine Arbeit, und ich zeigte ihm den TTouch und seine mannigfaltigen Anwendungen. Es war faszinierend, wie schnell er die Wertigkeit des Systems begriff und vielleicht damals schon klar erkannte, wie einflussreich es noch werden könnte. Ich hatte nicht nur einen Mann gefunden, den ich zutiefst lieben konnte und der mich liebte, sondern auch einen Freund wiedergefunden und darüber hinaus einen Partner, der mich später mit seiner ganzen Person in meiner Mission, den TTouch zu verbreiten, unterstützen sollte.

Der erste Schritt in ein gemeinsames Leben

Welch ein Glück! Diese Ereignisse lösten eine grundlegende Veränderung in meinem Leben aus. Ich erinnere mich noch gut an die Überraschung, die mein Anruf in der ersten Januarwoche des Jahres 1998 in meinem Büro in Santa Fé auslöste. Als ich sagte: »Leute, ich komme nicht mehr nach New Mexiko zurück, sondern werde nach Hawaii ziehen«, waren alle fassungslos …
Gesagt, getan, und so zog ich also nach Hawaii und somit in unser neues, gemeinsames Leben. Natürlich mussten wir erst einmal auf intimer Ebene sowie auch im Alltag zusammenfinden, denn immerhin hatte jeder von uns bisher ein sehr ausgefülltes und abenteuerliches Leben gelebt. Das bringt einige Narben und Empfindlichkeiten mit sich. Roland beispielsweise braucht seine eigene Welt, in die er sich zurückziehen kann, er braucht Ruhe und das Meer, um Kraft zu schöpfen und Energie zu tanken. Ich dagegen war und bin bis heute immer noch viel auf Reisen durch die ganze Welt unterwegs und somit eher ein etwas ruheloser Geist. Doch ich hatte unglaubliches Glück, denn Roland war bereit, meine Welt mit mir zu teilen und mit mir auf Reisen zu gehen. Heute kann ich mir gar nicht mehr vorstellen, ohne ihn unterwegs zu sein oder gar ohne ihn zu leben. Wenn er die Möglichkeit hat, sich nach einer gewissen Zeit immer wieder nach Hawaii zurückzuziehen, um zur Ruhe zu kommen, ist Roland zufrieden.

Tiefgründig und sensibel

Roland strahlt eine Gelassenheit und eine Zufriedenheit aus, die Menschen und Tiere magisch anzieht. Alle haben vom ersten Moment an Vertrauen zu ihm und er spinnt sich einen feinen Draht aus Respekt und Freundlichkeit. Ich musste viel Geduld aufbringen, um mich auf Roland einzustellen; oft musste ich mich zurückhalten, um ihn nicht einfach zu überrennen. Wir haben wirklich sehr unterschiedliche Charaktere. Ich bin eher impulsiv, extrovertiert, aktiv, fast ruhelos – und manche Menschen sagen, von meiner Mission geradezu besessen. Roland dagegen ist eher introvertiert, überlegt, vollkommen ausgeglichen, ruhig, sehr fürsorglich, bedacht und macht keinen Schritt, von dem er nicht wirklich überzeugt ist. Dieses Verhalten hängt bestimmt auch mit seiner Vergangenheit als Taucher zusammen, der gefährliche Aufträge unter Wasser erfüllt hatte, wie beispielsweise die Sprengung von untergegangenen Schiffen, die Fahrrinnen blockierten. Dabei waren Bedachtsamkeit und Vorsicht überlebenswichtig.
Doch ich war bereit, alles für unsere gemeinsame Zukunft zu tun. Obwohl ich gerne mit ihm verheiratet gewesen wäre, hatte ich mich darauf eingestellt, einfach »nur« mit ihm zu leben. Ich war zu der Einsicht gelangt, dass er nach zwei Ehen einfach nicht mehr heiraten wollte, und hatte ja selbst eigentlich einen ähnlichen Vorsatz gefasst.

Meinen vorherigen Wohnsitz in Santa Fé, New Mexiko, löste ich auf und überließ das Büro mehr und mehr meinen langjährigen Mitarbeiterinnen Kirsten Henry und Carol Lang. Meinen privaten Lebensmittelpunkt verlagerte ich nach Hawaii.

Ein glückseliger Moment

Roland ist fantastisch romantisch und seine Gefühle hüllen mich auf Hawaii immer wieder ein, wie in einer der wundervoll duftenden »Leis«. Das sind die typischen Blütenkränze, die jeder Besucher als Willkommensgruß umgelegt bekommt. Sie bestehen aus Plumariablüten, Rosen und einer Vielzahl anderer Blumen, von denen jede eine bestimmte Bedeutung in der hawaiianischen Tradition hat.
Mit Roland zusammenzusein ist für mich auch heute noch jeden Tag ein Geschenk des Himmels. An seinem 59. Geburtstag unternahmen wir eine wundervolle Segeltour in der Keauhou Bay, bei der das Mondlicht silbern auf den Wellen schimmerte. Mein Geliebter schlang die Arme um mich, und ich spürte seinen Atem warm an meinem Hals, als er mich ganz leise fragte, ob ich ihn heiraten wolle. Wenn ich diese Zeilen schreibe, dann steigen mir wieder die Tränen in die Augen, die mir damals über die Wangen liefen, Tränen des Glücks und der Freude. Mein Herz wollte mir aus der Brust springen, es war einer der glücklichsten Momente meines Lebens, gerade weil ich es nicht mehr erwartet hatte, diese Worte von Roland zu hören.

Endlich vereint vor Gott und der Welt

Nach über vierzig Jahren würde mein Traum, den ich damals kaum zu träumen gewagt und der sich immer wieder verflüchtigt hatte, doch endlich wahr werden. Zu diesem Zeitpunkt waren wir schon zwei Jahre zusammen, und es fühlte sich herrlich an – doch wirklich vollkommen wurde unser Zusammenleben erst dadurch, dass wir unser Versprechen eines gemeinsamen Lebens und einer unendlichen Liebe vor aller Welt bekanntgeben wollten. Roland und ich waren ja beide schon zwei Mal verheiratet gewesen und hatten genügend Beziehungen gehabt und unsere Erfahrungen gemacht. Doch diese Vereinigung auf allen Ebenen meines Lebens zu erfahren – Herz, Seele und Körper – und darüber hinaus zu wissen, dass die Kraft des Universums uns füreinander bestimmt hat – das ist eine Energie, die so unbeschreiblich schön ist. Das Wort »Erfüllung« ist das einzige, das für mich annähernd diese Kraft beschreiben kann. Glückseligkeit und Leichtigkeit, helles Licht und eine tiefe Verbindung zu Mutter Erde und der Energie des Meeres – das verspürte ich in diesem Moment in seinen Armen, und dieses Gefühl hat uns nie verlassen.

SIE KAMEN AUS ALLER WELT

Freunde und Wegbegleiter

Ich war in meinem Leben schon auf vielen Hochzeiten: ganz edlen, ganz überzogenen, ganz reichen, ganz einfachen, mit Pferd und Lama oder auch mit Schloss und Kutsche. Doch Lindas Hochzeit war bei weitem das Herzlichste, Chaotischste und Lustigste, was ich je erlebt habe. Und das lag an der unglaublichen Mischung von Menschen, die für zwei Tage nach Santa Fé in Arizona gekommen waren, und daran, was sie mitbrachten: Alle, ausnahmslos alle, waren sie »herzgesteuert« emotional und einzigartig und sich ihrer natürlichen und übernatürlichen Fähigkeiten sehr bewusst. Die Energie, die alle zusammen erzeugten, hätte einen Zeppelin aufsteigen lassen können. Doch ganz bescheiden formte sich ein großer Lichtkreis, eine Art Sternenkuppel über der Hochzeitsgesellschaft, man konnte sie spüren, aber nicht sehen. Als alle sich an der Hand fassten und aus »Versehen« keinen Kreis, sondern ein Herz bildeten, konnte man es auch sehen. Die Geschichten zu dieser Hochzeit würden ein ganzes Buch füllen. Wunderbar war, dass Lindas Eltern, beide über 80 Jahre alt, noch da waren und endlich die beiden Menschen, die schon vor 60 Jahren füreinander bestimmt waren, jetzt wirklich vereint sahen.

UNSERE TRAUMHOCHZEIT

Die Organisation: Mehr Wunsch als Planung

Natürlich sollte unsere Hochzeit zu etwas Besonderem, zu einem unvergesslichen Erlebnis werden. Und genau so natürlich war es auch, dass dabei bestimmt Einiges schief gehen würde. Doch dies beunruhigte uns nicht, denn wir beide sind zutiefst davon überzeugt, dass immer genau das geschieht, was auch geschehen soll. Wir wählten den Sommer des Jahres 2000 für unseren Hochzeitstermin, und feiern wollten wir in meinem alten Zuhause in Santa Fé, wo ich viele Freunde hatte und es die entsprechenden Möglichkeiten für eine Riesenparty gab. Die Feierlichkeiten sollten über drei Tage gehen, und wir wollten circa 100 Leute einladen. Ich lebte damals noch zeitweise in einer Siedlung, die in der tradtitionellen Bauweise mit Lehm und Rundhölzern erbaut worden waren. Unser Garten, der von wunderschönen Blumen und vielen Naturgeistern bevölkert war, bot einen herrlichen Ausblick und war die ideale Örtlichkeit. Aber zu meiner Schande muss ich gestehen, dass ich es schon des Öfteren in meinem Leben darauf habe ankommen lassen und das Universum herausforderte. So nun auch dieses Mal: Wir hatten den 15. Juli 2000 als Hochzeitstermin angesetzt, aber ich war so beschäftigt und in Sachen TTouch in Europa unterwegs, dass wir unsere Einladungen erst im April verschickten. Viele geladene Gäste stellte diese knappe Zeitspanne schon vor einige Herausforderungen, denn sie sollten aus Australien, Europa, Südafrika und ganz Amerika anreisen. Auch sonst waren noch nicht viele Vorbereitungen getroffen. Zwar hatte ich die mündliche Zusage des Caterers, der die Verköstigung der Gäste übernehmen sollte, aber sonst hatten wir noch keinen konkreten Plan. Alles, was folgte, schien wie von langer Hand vorbereitet, aber nicht von Menschenhand.

Die schriftliche Einladung zur Hochzeit schrieb ich in Form eines Gedichtes. Wie Schauspieler in einem Stück listete ich die Freunde und Gäste von A-Z auf, jeweils mit einem Hinweis auf unsere Verbindung. Das kostete mich erheblich Zeit, machte mir aber ungeheuer viel Freude. Es war, als würde mit jedem Freund, an den ich schrieb, eine andere Episode aus meinem Leben auftauchen. Diese Seiten wurden dann von meiner lieben Freundin Kate Rodan wunderschön mit Feen und Elfen illustriert und zu einem kleinen Büchlein gebunden. Ich habe dieses Büchlein immer noch, und viele meiner Freunde haben es als kostbare Erinnerung aufbewahrt. Es hatte auch den Vorteil, dass alle Anwesenden wussten, mit wem sie es zu tun hatten, und dies schuf schon vom ersten Moment an eine besondere Verbundenheit unter den Gästen.

Können Pferde vom Himmel fallen?

Doch mein Herzenswunsch war natürlich, dass Pferde uns durch diesen herrlichen Tag tragen sollten. Ich träumte davon, mit Roland in den Sonnenuntergang zu reiten. Am Tag vor der Hochzeit bemerkte ich, dass die von mir ausgewählten Pferde ein struppiges Winterfell hatten und gar keine Ausstrahlung besaßen. Da wurde ich doch etwas hektisch und telefonierte die halbe Nacht herum, fragte bei meinen Freunden an und konnte nur noch auf ein Wunder hoffen. Am Freitag, dem ersten Festtag, auf dem Weg zur Willkommensparty im Hause von Priscilla Hoback, einer alten Freundin, Schamanin und Heilerin, deren Haus ein ganz wundersamer Ort mit besonderer Energie ist, hatte ich immer noch keine Lösung gefunden. Aber ich war mir ganz sicher, dass das Universum meine Bitte erfüllen würde und sah mich auf einem Schimmel in die Luft steigen.

Lipizzaner-Hengst Rex von der Chicago-Lipizzaner-Show. Er ist im Besitz von Judy Grant und wurde mit Blumen geschmückt angeliefert.

Pferde sind Lindas und Rolands Vergangenheit und ihre Zukunft.

Nachmittags klingelte das Telefon, und ich bekam meine Pferde sozusagen auf dem silbernen Tablett serviert: Zwei gut ausgebildete und erfahrene Showpferde, die oft bei Hollywoodfilmen mitgearbeitet hatten, standen für uns bereit. Für Roland erschien ein wunderschönes Quarter Horse mit einer dekorativen weißen Blesse und vier weißen Socken. Einige Tage zuvor hatte es noch in einem Westernfilm mitgespielt und wurde dann extra 100 Kilometer zu uns nach Casa las Barrancas transportiert. Mir wurde von Judy Grant, die ich niemals zuvor gesehen hatte, mein Märchenpferd vor die Tür gestellt – das grenzte an ein Wunder. Der blendend weiße Lipizzaner Rex, geschmückt mit Blumen und Bändern. Es fehlte ihm eigentlich nur noch das gewundene Horn auf der Stirn, um als Fabelwesen mit mir davonzufliegen. Ein Traumpferd, das die Lektionen der Hohen Schule beherrschte und mit mir ohne Sattel – und ich barfuß im Kleid – eine perfekte Levade zelebrierte, genau in dem Moment, als ich seine Zügel aufnahm. Nie zuvor in meinem Leben hatte ich eine Levade geritten und nie zuvor eine solche Grazie erlebt. Ich hatte vom ersten Augenblick an das Gefühl, mit ihm zu verschmelzen. Er war bis vor fünf Jahren Teil der berühmten Chicago-Lipizzaner-Show gewesen und seitdem nicht mehr in den klassischen Lektionen geritten worden. Sich in seiner ganzen Schönheit zeigen zu dürfen, das genoss er offensichtlich. Mit ihm kam eine ganze Menge von Pferdeengeln, die uns umgaben und mich auf eine eigene Ebene des Glücklichseins hoben, als sei ich losgelöst von der Erde, als würden so viele Pferdeseelen aus meinem Leben mich hochheben und tragen. Und wenn ich zu Roland hinüberblickte auf seinem Hengst, dann wusste ich, dass er jetzt am liebsten mit mir davongaloppiert wäre, um diesen Moment allein mit mir zu genießen.

Bis heute weiß ich nicht, ob ich mich jemals bei der Besitzerin Judy Grant bedankt habe. Ich habe sie leider nie persönlich getroffen, sie hatte nur den Wunsch, mir eine Freude zu machen, da sie meine Arbeit so schätzte. Was für ein besonderes Geschenk. Sie muss Stunden mit dem Einflechten der Bänder und der Blüten in die Mähne zugebracht haben.

Gäste aus der ganzen Welt – eine bunte Schar von ganz besonderen Menschen

Roland und ich genossen es, so viele liebe Freunde um uns versammelt zu haben, die keine Mühe gescheut hatten und von sehr weit gekommen waren, um dieses Ereignis zu zelebrieren. Es waren wirklich die schönsten und glücklichsten Tage in meinem Leben. Diese wundervolle Energie, die entstand, habe ich in meinem Herzen bewahrt, und manchmal öffne ich ein kleines Fenster dazu und erinnere mich daran. Es ist, als würde ich Wasser aus einer Quelle schöpfen. In meinem Herzen ist es ein ganzes Buch mit vielen Seiten, doch hier kann ich nur einige der intensiven und lustigsten Momente wiedergeben.

Unter einer Jahrhunderte alten Eiche versammelten sich alle weiblichen Gäste um mich herum und alle Männer gingen zu Roland. Wir erzählten uns unsere geheimsten Lebensträume und Zukunftswünsche und gaben unsere Gruppenenergie hinein, bevor wir sie alle zum Himmel schickten. Damit konnten wir die einzelnen Bänder, die zwischen uns wirkten, zu einem großen Tau zusammenflechten und die Verbindung zum Himmel herstellen.

Ein gerade zwölfjähriges Mädchen namens Claire Nollmen kam zu mir und sagte: »Du darfst die Feen und Elfen nicht vergessen.« Da war ich sprachlos, denn ich hatte dies zu ihr gesagt, als sie gerade mal zwei Jahre alt gewesen und mit mir durch einen Garten gelaufen war. Am zweiten Tag gestalteten wir den Wunschzirkel wieder für Männer und Frauen getrennt, denn so fließt eine andere Energie. Wir waren alle sehr erstaunt und innerlich bewegt, was für wundervolle Geschichten und Wünsche jeder in seinen Kreis einbrachte. Mit jeder Geschichte und bei jedem Weiterreichen des »Erzählstabes« wurde die Energie stärker und stärker. Viele der Gäste machten uns einfach nur das Geschenk ihres Mit-uns-Seins, sie kamen aus allen Ecken der Welt. Unsere Freundin, die international bekannte Opernsängerin Eugenie Chopan, war aus Johannisburg angereist, um uns ein Hochzeitslied zu präsentieren, das sie nur für uns komponiert hatte. Ihr Gesang war wie kleine gläserne Tröpfchen, die durch die Luft schwebten und uns einhüllten.

Für immer einander verbunden – für den Rest des Lebens

Am dritten Tag fand die wirkliche Hochzeit in einem Zaubergarten statt. Kirsten Henry hatte es fertiggebracht den Garten mit Girlanden, Blumendurchgängen, wehenden Stoffen und vielen schön gedeckten Tischen zu verwandeln. Überall waren Figuren aufgestellt, die Tische liebevoll mit handgebundenen Blumenkränzen bedeckt, Bunte Schleifen an allen Stühlen … einfach magisch. Doch die größte Freude war, dass ich am Arm meines Vaters den kleinen Gartenweg hinunterging, der zu dem Platz führte, an dem Roland und unsere Freunde auf uns warteten. Es war zum dritten Mal, dass er meine Hochzeit erlebte. Zum ersten Mal in Reno, Nevada, als ich 19 Jahre alt war und mich Tellington zu seiner Frau nahm. Dann führte er mich in der kleinen Kapelle meinem Bräutigam Birch Jones zu. Dieses Mal aber, wir wussten und fühlten es alle, jetzt würde ich den Mann meines Lebens heiraten, der für mich bestimmt war. Wie hatte meine Mutter gesagt, als ich ihr mitteilte, dass Roland und ich heiraten würden? Finally!

Endlich, nach über 40 Jahren, die wir uns kannten, haben wir mit 60 Jahren schließlich zusammengefunden.

Linda wurde von ihrem Vater, Harold Hood, zur Trauung geführt.

Das Leben hat seltsame Pläne, doch wahrscheinlich musste jeder erst seinen eigenen Weg gehen, bevor wir das Geschenk unserer Liebe gemeinsam genießen konnten. Mit diesen Gedanken und Gefühlen ging ich die wenigen Schritte, die mich der über achtzig jährige Hoody Hood, mein Vater, führte. Er sah so nett aus mit seinen legeren Hawaiishorts und den weißen Socken! Vor uns streute die kleine Shelby in ihrem bunten Kleidchen Blumenblüten auf den Weg, um uns herum sangen die Vögel, und als Roland strahlend auf mich zu kam, fühlte ich mich, als würde ich ihn zum ersten Mal treffen.

Unsere Freundin Lilli Townsend legte uns die Hände übereinander und erinnerte uns an die Freuden und Pflichten einer lebenslangen Partnerschaft, die vor Gott geschlossen wird. Jeder von uns legte seinen Schwur ab. Jetzt, so viele Jahre später, wenn ich diese handgeschriebenen Blätter halte, fühle ich, dass wir uns immer treu geblieben sind und alle Schwüre erfüllt haben. Was für ein tolles Gefühl! Wir küssten uns und tanzten – dabei dachte ich daran, dass Roland und ich extra Tanzstunden genommen hatten für diesen Moment unseres Hochzeitstanzes. Als ich mich im Kreis drehte und um mich herum alle meine Herzensfreunde sah, da wusste ich, was für ein glücklicher Mensch ich bin.

Dann fing das Fest an mit wundervollem Essen und Tanz und Musik, und wir feierten und lachten, und so viele meiner Freunde lernten sich das erste Mal wirklich kennen. Die Nacht brach an, Fackeln wurden angezündet, und als Roland die Hochzeitstorte angeschnitten hatte, wurde er – ohne einen Bissen nehmen zu können – von einer wilden Horde von Cowgirls entführt … doch diese lustige Geschichte ist einfach zu lang. Am nächsten Tag unternahmen wir alle eine Fahrt mit Schlauchbooten den Rio Grande hinunter, machten ein Picknick und schwammen im erfrischenden glasklaren Wasser. Als ich da so auf dem Rücken lag, federleicht in einem der natürlichsten Elemente des Lebens, da fühlte ich den Fluss des Lebens einfach durch mich hindurchströmen, war ein Teil vom Ganzen, war im Glück. So ist es geblieben, wenn ich Roland anschaue, seine Augen sehe, seine Wärme spüre. Er ist immer bei mir und beschützt mich – wir haben uns wirklich für den Rest unseres Lebens gefunden.

LINDA'S VOWS

I, Linda, choose you, Roland, in the presence of this community, to be my husband from this time forward.

To love you, to be a comfort and safe haven in your life.

To hold you close, to listen deeply when you are sad or angry.

To learn compassion with you.

To nourish you with my gentleness, to uphold you with my strength.

To love your body as it ages, the way the effects of the words I speak and of the things I do.

To never take for granted, but always give thanks for your presence.

As our lives unfold together, I promise to be faithful.

To you always and express my emotional truth and embrace you as both teacher and student as we do what life calls us to. Individually and in relationship ...

ROLAND'S VOWS

To create with you a living example of the beauty that a relationship between a man and a woman can be.

I promise always to listen to you, to labor with you, to encourage you, to believe in you and to be an inspiration for you.

In times of elation and especially in difficult moments, I promise to touch, to pause, to invoke Oneness, then to enjoy or experience with you, what life brings.

I will be one with you and with God.

ROLAND & LINDA

FÜREINANDER BESTIMMT UND FÜR IMMER VERBUNDEN

ROLAND KLEGER

Wer ist dieser Mann? Warum gerade er?

Linda hatte mich zu ihrer Hochzeit nach Santa Fé eingeladen und mich gebeten, einige Fotos von der Feier und den Gästen zu machen. Von ihrem Ehemann in spe hatte ich zwar gehört, mir aber nie wirkliche Gedanken über ihn gemacht. »Wohl ein gesetzter Mann im Rentenalter«, dachte ich mir. Obwohl ich sagen muss, ich war schon ganz schön neugierig. Aber ich war in keinster Weise darauf vorbereitet, was dann wirklich passieren würde. Der Mann, den mir Linda dann als ihren zukünftigen Mann vorstellte und der mich so offen und warmherzig begrüßte, stellte meine gesamten Erwartungen auf den Kopf: Roland Kleger sah aus, als sei er einem Werbevideo für Hawaiireisen entsprungen. Von großer Statur, braun gebrannt, muskulös, mit einem strahlenden Zahnpastalächeln und einem Schopf dunkler Haare, im bunten Hawaiihemd mit Palmen und Papageien.

Ein Sonnyboy von unbestimmbarem Alter. Doch das Intensivste an ihm waren seine dunklen braunen Augen, die ebenso freundlich wie sympathisch waren wie seine Erscheinung und sein Auftreten angenehm. Ich hatte sofort die Frage im Kopf: »Hat der noch einen jüngeren Bruder?«

Er verunsicherte mich erst einmal gewaltig, denn er sah einfach zu gut aus und war zu nett. Doch ich hatte mich selten so täuschen lassen. Heute, nachdem ich ihn schon fast 20 Jahre kenne, muss ich wirklich grinsen über meine Zweifel. In meinem Leben bin ich selten einem so introvertierten und ehrlichen Menschen begegnet, der achtsam und vorsichtig mit seinen Mitmenschen umgeht, der sich vor Vorurteilen und falschen Einschätzungen hütet und auch immer eine Entschuldigung für das Fehlverhalten oder die Gemeinheiten anderer Menschen findet. Roland ist wahrlich ein Phänomen – offen, tolerant und verzeihend.
Als ich dann an der Hochzeit beim Fotoshooting den beiden mit meiner Kamera näher kam, spürte ich diese starke Herzensenergie, die tiefe Verbindung und Liebe zwischen ihnen, die aber auch knisterte. Da fragte ich mich, ob Roland Linda würde aushalten können, die Extrovertierte, Reisende, Suchende, Explosive und Sprunghafte. Durch meine Kamera sah ich aber genauso deutlich die Stärke der beiden, und ich wusste, dass sie beide zusammensein wollten. Es würde schon gut gehen, dachte ich mir. Heute haben die beiden einen langen, manchmal schwierigen Weg gemeinsam zurückgelegt und lieben und achten sich immer noch. Wenn man mit ihnen zusammen ist, spürt man in jedem Moment, dass sie voller Liebe sind. Erst während der Arbeit an dem Buch habe ich erfahren, was für ein interessantes und herausforderndes Leben Roland gelebt hatte, bevor Linda und er geheiratet haben. Wenn man seine Geschichte kennt, dann begreift man auch, was für ein besonderes Paar die Beiden sind.

Hier also die Geschichte von Roland Kleger

Rolands Vater Hans Kleinschnittger wanderte 1929 als junger Mann aus Hagen nach Amerika aus. Bei der Eintragung durch die Einwanderungsbehörde wurden oft die Namen verändert, und so wurde aus Kleinschnittger (KLEinschnitt-GER) der mehr Englisch anmutende Name Kleger. Als Maschinenbauer hatte der junge Deutsche gute Chancen und wurde in Los Angeles bei den Flugzeugwerken angestellt. Dort lernte er seine Frau Theresa Frank kennen, die aus einer alten Winzerfamilie in Nierstein, Rheinhessen, stammte und als Privatsekretärin für eine

Roland und seine Mutter Theresa geborene Frank. Sie stammte aus Rheinhessen.

Schauspielerin in Hollywood arbeitete. Getroffen haben sich Rolands Eltern bei einem Tanzabend im Deutschen Club in Los Angeles. Die Familie kam durch die Zuverlässigkeit und Gewissenhaftigkeit von Hans Kleger, der bald beruflich aufstieg, gut durch die Zeit der Depression; gerade in der Zeit des Zweiten Weltkrieges versuchte er immer, seine deutsche Abstammung nicht bekannt werden zu lassen. So sprach er Zeit seines Lebens nie wieder Deutsch, aber sang seinen Kindern zum Einschlafen deutsche Volkslieder vor wie »Auf, auf sprach der Fuchs zum Hasen, hörst du nicht den Jäger blasen«. Roland hatte keine Ahnung, dass er deutsche Wurzeln hatte, bis er den Nachlass seines Vaters ordnete. Über 10 Jahre hinweg hatte er seinen Vater gepflegt, der an Alzheimer erkrankte; leider erwähnte dieser mit keinem Wort seine deutsche Familienbande. Erst als er einen Brief aus dem Jahre 1946 von seiner Großcousine fand, suchte Roland den Kontakt zur Familie Frank in Nierstein. Schon mit fünf Jahren, im Jahre 1942, verlor Roland seine Mutter und wurde von seiner Tante Agnes versorgt, doch er und sein kleiner Bruder fühlten sich alleingelassen. Der Vater war arbeiten, es gab wenig Spaß und Spiel in seinem Leben. Daher zog sich Roland in die Traumwelt seiner Bücher zurück.

Roland lebte in Britisch Kolumbien im Outback.

Die Natur und die Wälder sind seine Bestimmung

Als Roland neun Jahre alt war, zog die Familie aus Los Angeles weg in eine abgelegene Gebirgsregion am Arrowhead River. Das war für den Jungen eine neue aufregende Welt voller Freiheit und Abenteuer. Er blühte auf und wusste plötzlich, dass er mit der Natur verbunden war und nur in ihr leben wollte. Als sein Vater einige Jahre später mit Rolands neuer Stiefmutter und zwei weiteren jüngeren Brüdern wieder in die Stadt zog, da riss der Junge aus und verzog sich für einige Zeit mit einem Zelt und seinem Kochgeschirr in den Wald. Er wollte nicht weg und fand einen verständnisvollen Lehrer, der ihn bei sich wohnen ließ. Ab diesem Zeitpunkt zahlte sein Vater nur noch das Schulgeld, alles andere musste sich Roland dazuverdienen. Ganz selbstverständlich fühlte er sich zu den Forest Rangers hingezogen, und mit 16 Jahren ging er ganz darin auf, neben der Schule im Wald bei den Fällarbeiten mitzuhelfen und alles über Bäume und Tiere zu lernen. Spannend war es für den Jungen bei den Waldbränden eingesetzt zu werden und alle möglichen Aufgaben zu übernehmen, unter anderem über Radio den Kontakt zu den Einsatzteams zu halten.

Schulabschluss an Eliteschule

Wie es das Schicksal wollte, hatte ihn sein Vater dann für die letzten drei Jahre seiner Schulkarriere auf das Internat der profilierten Chadwick High School geschickt, wo er auf lauter Kinder von Hollywoodstars und Filmproduzenten traf. Hier fing seine lebenslange Freundschaft mit zahlreichen Regisseuren und Schauspielern an, die ihn so nebenbei mal als Clint-Eastwood-Double einsetzten.
In Chadwick traf er Linda und lernte bei ihr Reiten – über diese Episode wurde bereits an anderer Stelle berichtet.
Auf alle Fälle liebte er Pferde und war oft schon bei Sonnenaufgang vor der Schule draußen unterwegs, um dieses Gefühl der Freiheit zu genießen. Manchmal arbeitete er als Feuerwehrmann bei den Forest Rangers oder auch in der Maschinenfabrik seines Vaters. Nachdem er beschlossen hatte, nicht in den Forstdienst zu gehen, weil dies für ihn mehr Büro- als Waldarbeit bedeuten würde, wandte er sich der Landwirtschaft und der Tierhaltung zu. Er lernte alles, was man brauchte, um eine eigene Ranch aufzubauen, und dann traf er Judy, ein junges Mädchen aus einer Mormonenfamilie, und verliebte sich in ihre einfache und herzliche Art. Sie war die Richtige, um eine Familie zu gründen, und sie war auch bereit, mit ihm in die Wildnis zu gehen – ins Outback nach Britisch Kolumbien, ohne Strom, ohne fließend Wasser und ohne Nachbarn. Dort lebten sie 20 Jahre lang, und Roland lernte auch, mithilfe seines Instinkts und seiner Naturverbundenheit zu überleben und mit wilden Tieren zurechtzukommen. Sie bekamen zwei Kinder und hatten einen sehr arbeitsreichen Alltag.

Vom Ranger zum Taucher

Doch da man davon nicht sonderlich gut leben konnte, suchte Roland nach weiteren Tätigkeiten, um sein Einkommen zu verbessern. Auf ganz wundersamen Umwegen entdeckte er seine Passion fürs Tauchen. Und er wurde zum Spezialisten für gefährliche Unterwasser-Sprengarbeiten.

Man rief ihn, um Schiffswracks aus der Fahrrinne der Häfen von Los Angeles und San Diego wegzusprengen. Ein unheimlich gefährlicher Job, der nicht nur viel Erfahrung, sondern auch viel Mut, inneres Gleichgewicht und eine gewaltige Portion an Intuition verlangt, wenn es darum geht zu fühlen, wie weit man gehen kann. Roland ist auch heute noch unter Wasser zuhause, in einer anderen Welt voller Schönheit und Gelassenheit, wo man nur mit sich selbst in Einklang sein muss.

Wenn das Herz endlich nach Hause kommt

Als sein Vater an Alzheimer erkrankte, war es ganz klar, dass er ihn pflegen würde; und das tat er auch zehn Jahre lang zusammen mit seiner zweiten Frau. Er kaufte ein Haus auf Hawaii, der Insel, die mit ihrer Schönheit sein Herz erobert hatte, und wo er immer vom Meer umgeben ist.

Dort traf er auch wieder mit Linda zusammen. Da ich ja Lindas Erzählungen kannte, fragte ich ihn, wie es denn für ihn gewesen sei, sie wiederzusehen. Wie schon gesagt, Roland erzählt nicht viel von seinen Gefühlen. Als ich ihn aber bat, sich an den Moment am Flughafen zu erinnern, da fingen seine Augen an zu leuchten, sein Mund lächelte und er strahlte: »Das war, als hätte ich sie erst gestern in Chadwick verabschiedet.«

Er erzählte mir, dass er Lindas Leben und ihre Fernsehauftritte in Amerika immer verfolgt habe. Dabei sei er traurig geworden, denn so wie sie auf dem Bildschirm auftauchte, perfekt gestylt und professionell agierend, so kannte er sie gar nicht. Sie war ihm fremd. »Doch beim Wiedersehen am Flughafen von Kona, da traf ich die Linda wieder, die mich schon als junger Mann so fasziniert hat. Als wir dann am Strand zum ersten Mal die Hände ineinanderlegten und ich sie küsste, da wusste ich, dass ich sie dieses Mal nicht mehr loslassen würde ... für den Rest unseres Lebens.«

Es ist wunderbar, die beiden zusammen zu erleben, ihre Liebe ist so offenbar und gegenwärtig. Da bekommt man seinen Glauben zurück, an die Macht der Liebe.

Ja, es ist möglich, mit 60 Jahren noch ein drittes Mal zu heiraten und glücklich zu werden. Doch noch mehr Glück hat Linda, dass sich ihr Mann so voll und ganz für das einsetzt, an das sie glaubt, das sie lebt und wofür sie arbeitet.

Roland ist fast immer dabei, wenn Linda Seminare gibt, und in seiner so bescheidenen Art ist er ein großartiger leiser Botschafter für die TTouch-Methode.

Linda hat auch herausgefunden, wie stark eine bestimmte Mangetfeldtherapie-Technik, der Bemer, die TTouches verstärken kann; und so setzen sich beide für deren Verbreitung ein. Beide nutzen sie die Bemerdecke in der Version für Menschen und reisen auch damit, denn sie möchten keinen Tag auf ihre belebende und lebensverlängernde Wirkung verzichten. Roland übernimmt das Zeit- und Reisemanagement für Linda und ist in allem ihr absolut zuverlässiger »Backup« für alle möglichen Ereignisse. Linda kann sich glücklich schätzen, so getragen und unterstützt zu werden. Beide wissen, was sie aneinander haben, und immer wieder nehmen sie sich auch Auszeiten, in denen es nur um sie beide geht – das ist wichtig, und sie wissen darum.

FLOWER FAIRIES

Flower fairies
In the trees
Make me smile
To see the ease
With which they fly
And dance and flutter

It just might make
A few folks mutter
Wishing they could
Catch the breeze
Could find such joy
That would appease
The pain of staying
On the ground
Without the wings
To play around

Your kingdom holds
A key for us
To simply remember
Our ancient connections
That could guide us now
In new directions
To fill our hearts
With love to the core
And awaken the memory
Of Oneness once more

LINDA TELLINGTON-JONES

HAWAII VERZAUBERT

Die Insel der Glückseligen

Linda erwartet mich in Flipflops und einem weiten weißen wehenden Leinenkleid auf dem Flughafen von Big Island in Kona. Sie strahlt wie ein Stern, küsst mich und legt mir mit einem charmanten ALOHA eine herrlich duftende Blütenkette um den Hals. Vor Freude werden meine Augen feucht. Ich komme gerade aus dem tief verschneiten Deutschland mit minus 20 Grad Kälte angeflogen, habe eine Reise von 24 Stunden hinter mir und lande bei 28 Grad und strahlender Sonne auf einer tropischen Insel.
Irgendwie fühle ich mich wie in einem billigen amerikanischen Film aus den fünfziger Jahren, so fremd erscheint mir die Insel, so klischeehaft. Der weiche Duft, der in der Luft liegt, und diese berauschenden Farben sind zu kontrastreich zum schneebedeckten Deutschland, so dass ich mich gerne selbst in den Arm zwicken möchte, um es zu glauben, wo ich hier gelandet bin. Als wir dann gemeinsam am Strand sitzen, die Zehen in den Sand stecken und die Sonne im Meer untergehen sehen, die mich an eine

Kitschtapete über dem Sofa erinnert, muss ich mir ein Lachen verkneifen. Wie sind wir doch verbogen durch die vom Fernsehen vermittelten Kitschvorstellungen, dass wir die Realität, wenn sie sich wirklich einmal unverdorben anbietet, nicht mehr rückhaltlos erleben können! Hawaii wischt all die kopfgesteuerten Vorurteile innerhalb von 24 Stunden vom Tisch. Die natürliche Herzlichkeit der Hawaiianer und die entspannte Atmosphäre nehmen mich sofort ein. Diese Insel in der Mitte des Pazifiks bewirkt Wunder: Man lässt sich gehen, atmet tief durch und erlebt ein Paradies, kommt zu sich selbst.

Hawaiianische Cowboys

Wenn man das Glück hat, die Hawaiianer an einem ihrer Festtage zu erleben, so wie es mir Linda versprochen hatte, dann lernt man ein wenig von der uralten naturnahen Kultur der Insulaner kennen. Beim Aloha-Festival zelebrieren die Einheimischen ihre Musik, ihre Geschichte und Kultur, in der auch verschiedene Gruppen Pa´u Reiter, die hawaiianischen Cowboys, Paniolo genannt, und ihre Fertigkeiten gefeiert werden. Einen ganzen Monat dauern die verschiedenen Veranstaltungen an. Linda und ich wurden auf die Parker Ranch eingeladen und durften die Paniolos bei der täglichen Arbeit erleben. Die Parker Ranch ist eine der größten Ranches Amerikas, dort wird Rinderzucht im großen Stil betrieben.

Königliches Fest

Eine Parade ist der Höhepunkt eines jeden Festes, so wie zum Beispiel bei der Kamehameha-Parade, in der des gleichnamigen großen Königs gedacht wird. Hier stellen die berittenen Pa´u-Gruppen die Garde des Königs dar und repräsentieren die gesamten acht Inseln des Archipels. Die Reiter tragen herrliche Kostüme und große Blütenkränze, die in tagelanger Arbeit gefertigt werden. Prinzessin Leilani Re von der Insel Molokai trägt das prächtigste Gewand, und ihre Blütenkränze, Leis genannt, dürfen nur aus bestimmten Blüten einer Kokosnuss, der Kukui, gemacht werden. Sogar die Pferde werden mit diesen farbenprächtigen Girlanden geschmückt. Auch für sie dürfen nur die Blüten

bestimmter Sträucher benutzt werden, die so exotisch sind, dass ich den Pflanzennamen nicht kenne. Aus Kokosblättern entsteht in kunstvoller Handarbeit eine Rosenblüte. Es ist faszinierend, den Frauen bei der Arbeit zuzusehen, die sie mit viel Lachen, Singen und Kichern erledigen.

Linda ganz privat

Durch Roland, der schon sehr lange hier lebt, sind wir zu einem hawaiianischen Lua eingeladen. Dies ist eine Veranstaltung, in der die alten Tänze der Südsee wie der Hula gepflegt werden. Wir sitzen am Strand an einem Feuer und essen köstliches Wildschweinfleisch, das in einem Sandloch am Strand in heißer Asche stundenlang gegart wurde. Früher waren dies königliche Einladungen, und die Gäste kamen in reich geschmückten Kanus zum Fest.

Danach setzen wir uns wieder in Lindas Käfer und fahren nach Hause, genießen den Wind auf der Veranda und schwimmen im Pool. Über uns spannt sich ein gigantischer Nachthimmel mit Tausenden von Sternen. Als wir still nebeneinander im Wasser liegen, muss ich Linda einfach fragen, was es für sie bedeutet, hier zu leben.

Ich sehe sie an, die Wassertropfen glitzern auf ihrer Haut im Sternenlicht. Sie strahlt, als sie mir eine Gegenfrage stellt: »Weißt Du, warum Hawaii für unseren Planeten so wichtig ist?«

MAGIE EINER FEUERINSEL

Alte Mythen und Legenden sagen, dass auf dieser Insel das Herzchakra der Erde verankert ist. Instinktiv war mir das schon lange bewusst, und ich bin bereits in den 1980ern immer wieder für einige Zeit hierhergekommen, um mich energetisch zu regenerieren.

Durch meine Freundin Joan Ocean, eine berühmte Visionärin anderer Welten und Dimensionen, habe ich Zugang zu vielerlei Erkenntnissen bekommen. Wir waren stundenlang gemeinsam draußen im Meer und schwammen mit den Delfinen im Kealakekua Bay. Es war jedes Mal etwas Besonderes, hierherzukommen, aber ich hätte es mir niemals träumen lassen, einmal auf der Insel zu leben – über 3.500 km vom Festland entfernt. Doch Eines ist ganz sicher, Hawaii hat mein Herz heilen lassen, nach vielen Wunden, die das Leben mir beigebracht hat. Hier haben sich die Herzen von Roland und mir vereint. 1997 kam ich nach Hawaii, um Joan Ocean zu sehen, und das Schicksal brachte mich zu Roland zurück, meiner großen Liebe. Seitdem fühle ich mich nur noch auf Hawaii zuhause, auch wenn ich auf der ganzen Welt unterwegs bin. Es war eine schicksalhafte Entscheidung, Santa Fé in New Mexiko zu verlassen und das Tellington-Training-Büro Carol Lang und Kirsten Henry zu übergeben. Für meine persönliche Entwicklung war es ein wichtiger Schritt, den ich gerne und voller Vertrauen vollzogen hatte.

Was bedeutet eigentlich sterben?

Hawaii ist eine andere Welt, in der mein Mann tief verankert lebt. Als Direktor der Hawaiianischen-Alzheimer-Stiftung, die er über zehn Jahren geleitet hat, kennt er die einheimischen Familien sehr gut, und sie kennen ihn. Sie vertrauen ihm so sehr, dass sie ihn auch an den spirituellen hawaiianischen Praktiken und Ritualen teilnehmen lassen. Ich hatte zwar schon viel darüber gehört, aber einen Zugang bekommt man normalerweise dazu nicht.

Durch die liebevolle Hingabe, mit der er seinen Vater, der ja an Alzheimer erkrankt war, pflegte, hat er sich die Achtung der Menschen erworben, die hier auf der Inseln wohnen. Dank seiner einheimischen Freunde fand ich eine ganz wundervolle Lehrerin, Auntie Mahaeleni Henry, die mich viel lehrte. Ich war schon immer im Innersten davon überzeugt, bereits als Kind, dass wir eigentlich nicht wirklich sterben. Und genau diese Überzeugung fand ich in der hawaiianischen Kultur wieder. Hier sagt man über den Tod: »Man wechselt die Adresse.« Ist das nicht ein schönes Bild für den Tod? Eigentlich passt das perfekt zur Philosophie von Robert Monroe und seinem Institut, an dem ich viele Jahre zuvor studiert habe. Es passt auch zu dem, was Jean Ocean in ihren Workshops lehrt.

Nomen est omen – Ho'oponopono

Auntie Mahealani gab mir meinen hawaiianischen Namen »Aloha Nani Elele«. Er bedeutet: Abgesandte des Lichtes und der Liebe. Ich fühlte mich geehrt, als ich diesen Namen erhielt, und in der Seele erkannt und geachtet. Ich trage ihn mit Stolz und versuche, seinen Auftrag zu erfüllen.

Eine spirituelle Technik, die der hawaiianischen Kultur entspringt, ist das rituelle Gebet Ho'oponopono. Es wurde zur Grundlage meiner persönlichen Philosophie, und ich setze es auch in meinen TTouch-Seminaren für Menschen ein. Ho'oponopono ist ein traditionelles Verfahren zur Aussöhnung und Vergebung. Es ist eigentlich sehr einfach, denn man vergibt dabei sich selbst und Anderen. Dies tut man immer wieder und wieder mit ganz einfa-

chen Worten: Bitte verzeih mir. – Es tut mir leid. – Ich liebe Dich. –Danke!
Ulrich Emil Duprée hat ein kleines Büchlein mit dem Titel »Ho'oponopono – Das hawaiianische Vergebungsritual« geschrieben, in dem er diese Einstellung sehr verständlich und für jeden umsetzbar beschreibt. Es begleitet mich auf all meinen Reisen und erinnert mich immer wieder daran.

Mein indianischer Name

Von Harley Swift Deer, einem weiteren spirituellen Lehrer, bekam ich 1984 während der »Peaceful Cultures Conference« den Namen Many Wind Speaker, und meine Verpflichtung war es: »Die Worte des großen Geistes Wanka Tonga in alle Ecken der Erde zu tragen.« Die eigentliche Botschaft der Worte ist, das Konzept der Vergebung zu verbreiten. Damit schließt sich der Kreis wieder hin zu Ho'oponopono. Alles ist Eins, und wir sind alle Teile eines großen Kosmos und müssen seine Gesetze respektieren, damit die Menschheit weiter existieren wird.

Unser Bett steht sozusagen mitten im Ozean

Immer wieder werde ich gefragt, wie es sich anfühlt, so weit weg von allem zu sein. Da muss ich lächeln, denn eigentlich ist es umgekehrt: Ich bin mehr mitten drin im Sein. Diese vulkanische Insel hat alles im konzentrierten Maße, eine unglaubliche positive Energie und eine unglaubliche Schönheit: Kristallklares Wasser, eine üppige Blumenpracht, hohe Berge und die Weite des Ozeans mit seiner Vielfalt an Kreaturen, Delfinen und gigantischen Walen. Ich lebe nah am Wasser und die Wellen schäumen und reflektieren den azurblauen Himmel. Es herrscht eine Harmonie und Kraft, die kaum sonst wo auf der Erde so konzentriert vorhanden ist. Eingebettet in die Liebe, die mein Mann mir gibt, und die Bestätigung durch meine Arbeit und Freunde kann ich nur sagen, dass ich ein dankbarer und glücklicher Mensch bin. Das fühle ich immer, wenn ich morgens aufwache und die Sonne aufgehen sehe über dem 2.500 Meter hohen Vulkan Hual lai. Und auch, wenn ich den Klang des Meeresrauschens vernehme.

BIOGRAFISCHE

Geboren 30.6.1937 Linda wird als Tochter von Marion und Harold Hood in Edmonton in Kanada in eine tierliebe Familie hineingeboren.

1946 – 53 Linda lernt in der renommierten Reitschule »Briarcrest Stables« in Edmonton reiten unter Anleitung der bekannten Ausbilderin Alice Meatherall.

1949 Erste Turniererfolge auf großen Turnieren in Edmonton und Calgary.

1956 Linda heiratet Wentworth Tellington mit 18 Jahren.

1958 – 74 Teilnahme an Vielseitigkeitsprüfungen und Hundertmeilern im Distanzreiten.

1960 Der erste Tevis Cup (100-Meiler) mit Bint Gulida, Linda erreicht Platz 6 von 136 Reitern.

1960 Siegerin und Konditionspreis im Jim-Shoulders-100-Meiler in Oklahoma in einer Rekordzeit, die erst nach sieben Jahren gebrochen wird.

1963 Teilnahme und Platzierung am Tevis Cup (100-Meiler) mit fünf Jugendlichen.

1964 Linda gründet mit ihrem Mann Wentworth Tellington das internationale Zucht- und Ausbildungszentrum »Pacific Coast Equestrian Research Farm and Residential School for Riding Instructors« in Badger, Kalifornien.

1965 Gründungsmitglied der California Dressage Society.

1969 Offizielle Auszeichnung durch Gouverneur Reagan für Linda und Wentworth in Anerkennung ihrer Arbeit auf der Pacific Coast Equestrian Research Farm.

1969 Eröffnung der Linda-Tellington-Reitschule auf der Westwind Hungarian Horse Farm ihrer Freundin und Mentorin Gräfin Margit Bessenyey in Los Altos Hills, Kalifornien.

1970 Hochzeit mit Birch Jones, Scheidung 1972.

1970 – 73 Acht-Wochen-Ausbildungsprogramm für erwachsene Reiter in Abendkursen an der University of California in Santa Cruz, Kalifornien.

1972 Lindas spirituelle Reise beginnt an einem Wochenende im Esalen Institut, Big Sur, Kalifornien, bei einem Workshop mit Robert Monroe vom Monroe-Institut, überwacht von Dr. Russell Targ, Direktor des Stanford University Research Institute.

1972 Erstes Zusammentreffen mit Roger Russel im Esalen Institut. Gemeinsame Arbeit und Reisen bis 1981. Linda entscheidet sich, nach Kalifornien zurückzugehen, Roger bleibt in Deutschland und heiratet. Bis zum heutigen Tag besteht eine tiefe Freundschaft zwischen ihnen.

1974 Linda entscheidet sich, eine »Pferdepause« einzulegen, um ihre »Mission« in der Welt der Tiere fortzusetzen, zu reisen und in Europa andere Sprachen zu lernen und andere Kulturen kennen zu lernen.

1975 Mit 36 Jahren beginnt Linda ihre vierjährige Feldenkrais®-Ausbildung bei Dr. Moshé Feldenkrais im Institut für Humanistische Psychologie in San Francisco zusammen mit Roger Russel. Gleichzeitig beginnt sie mit der Entwicklung der TTEAM-Methode für Pferde.

1975 Linda leitet eine fünfwöchige Studie mit 20 Problempferden im FS-Testzentrum in Reken. Das ist die Geburt der Tellington-Jones Equine Awareness-Methode (TTEAM).

ab 1975 Demonstration der Tellington-Methode auf der weltgrößten Messe des Pferdesports, der EQUITANA, in Deutschland mit überwältigender Resonanz.

1976 Internationale Koordinatorin für das »Great American Horse Race«, ein Rennen quer durch Amerika mit 129 Pferden aus sieben Ländern anlässlich der 200 Jahr-Gründungsfeier der Vereinigten Staaten von Amerika. Linda bringt zehn Islandpferde aus Europa in die USA und dirigiert das Training der Pferde für den Distanzritt quer durch Amerika.

1980 Einladungen, die TTEAM-Methode in den Olympia-Zentren der USA, Großbritanniens, Russlands und Deutschlands vorzustellen.

1983 Linda entwickelt den Tellington TTouch – zunächst für Pferde, dann auch für Hunde und alle anderen Tiere.

1983 Erste Veröffentlichungen über TTEAM erschienen im Practical Horseman, EQUUS und Equus Magazine.

1983 Linda gründet die Stiftung »Animal Ambassadors International«, die sich zur Aufgabe macht, die Verbindung zwischen Mensch und Tier zu fördern und zu vertiefen.

1984 Linda reist zehn Mal als »Citizen Ambassador« nach Moskau und berät die Dressur-Olympia-Mannschaft der UDSSR und junge Reiter sowie Tierärzte im Bitza-Olympia-Zentrum und den Direktor des Moskauer Zoos.

MEILENSTEINE

1984 Startet ein Forschungsprojekt über die Wirkung des TTouchs auf die Gehirnwellen bei Menschen; erste Seminare zum TTouch für Menschen.

1985 10-tägiger Lehrgang für eine Gruppe von acht Tierärzten in Moskau im Bitza-Olympia-Zentrum.

1989 Produktion mehrerer Videos mit der Firma Lawlos Produktions wie »Reiten mit Bewusstsein«, »Pferde führen«, »Ihr Fohlen ohne Trauma«.

1993 Auszeichnung »Horsewoman of the Year« der »North American Horseman Association«.

1993 Linda zeigt arabischen und jüdischen Kindern den TTouch an ihren Tieren und leistet ihren Beitrag zur Überbrückung des religiösen und kulturellen Grabens.

1993 Linda wird mit dem »Master Instructor Award« der »American Riding Instructor's Association« ausgezeichnet.

1994 Von der Stiftung gesponsertes Ambassador-Programm für Tiere der Israelischen Gesellschaft SPCA in Tel Aviv.

1996 Linda und eine Gruppe von TTEAM-Practitionern begleiten zehn Tage lang die Teilnehmer an den Paralympischen Spielen in Atlanta, USA.

1997 Linda wird in dem Magazin »SPUR« als eine Frau ausgezeichnet, die man als »Rückgrat« der Pferdeszene bezeichnen kann. SPUR bringt zu diesem Thema das Sonderheft »Pferdefrauen des Jahrhunderts: 1997 Hall of Fame« heraus. Veröffentlicht von LA. Pomeroy, Spur Magazin, Dezember 1997, S. 60ff.

1997 Linda betreut die Pferde der amerikanischen Distanzreiter-Mannschaft bei den Weltmeisterschaften, ebenso in den Jahren 1987 und 2001.

1998 Vorlesung an der Universität in Berlin über den Wert der Tellington-Methode und des TTouches für die Vertiefung der Beziehungen zwischen Mensch und Tier. Der TTouch wird in den Lehrstoff aufgenommen.

2000 Heirat mit Roland Kleger in Santa Fé, Mexico.

2002 Erste Forschungsarbeit zum TTouch am Menschen an der Universität von Minnesota; jährliche TTouch-Seminare für Mediziner als Gast-Dozentin.

2002-06 Leitung viertägiger TTouch-Workshops am Zentrum für Spiritualität und Heilen der Universität von Minnesota. Das »Tellington-TTouch-Reserarch und Educations Programm« ist das erste Programm, in dem der TTouch von einer Universität erforscht wird.

2005 Präsentation des TTouch für das Deutsche Olympia-Zentrum in München und Berlin, gesponsert vom Deutschen Olympischen Komitee und Dr. Reiner Klimke.

2007 Finalistin im »Equine Industry Visions Award«, gesponsert von Pfizer Animal Health. Die Auszeichnung wird in Anerkennung von Innovation, Menschenführung und Service verliehen.

2007 Aufnahme in die »Hall of Fame«, gesponsert von der Western States Horse Exposition.

2008 Linda Tellington-Jones erhält die Ehrendoktorwürde der Wisdom Universität in Kalifornien, USA. Der Lehrstuhl »Interspecies Communication« wird eingerichtet.

2010 Linda als erstes Ehrenmitglied des National Board of Certification for Animal Acupressure & Massage (NBCAAM).

2014 »Anerkennungs-Urkunde« für Linda Tellington-Jones für außerordentliche Leistungen in der Entwicklung und Erforschung des Verhaltens von Tieren durch den DHVE, den Dachverband für Haustierverhaltensberatung in Europa e.V. (Dachverband für Tierverhaltensberater mit dem Schwerpunkt auf Hunde.)

2015 Der VFD-Bundesverband ernennt Linda Tellington-Jones für ihre besonderen Verdienste bei der Entwicklung des Freizeitreitens in Deutschland und für ihren jahrzehntelangen herausragenden Einsatz für die Ziele des VFD zum Ehrenmitglied auf Lebenszeit.

1975 – 2017 EQUITANA: Bei der größten internationalen Pferdemesse der Welt, die alle zwei Jahre in Essen stattfindet, war Linda, seit Wolfgang Kröber sie »entdeckt« hatte, in 44 Jahren nur zwei Mal aus Krankheitsgründen nicht anwesend. Bis heute ist sie ein Publikumsliebling geblieben und inspiriert seitdem Generationen von jungen Menschen mit dem TTouch.

LINDA hat in ihrem Leben alle Erdteile bereist, wo es Pferde gibt, und den TTouch in die ganze Welt hinausgetragen. Sie hat über 400.000 Bücher in Deutschland verkauft und bestimmt noch einmal so viele in der ganzen Welt. Sie ist die bekannteste und am meisten geachtete Tiertherapeutin der Welt, deren Methode auch dem Menschen zugute kommt. In ihren 80 Lebensjahren hat sie einen nicht vorstellbaren Einfluss auf die Interkommunikation zwischen Mensch und Tier genommen, und ihre Methode stellt die einfachste und umfassendste Art und Weise dar, um allen Lebewesen helfen zu können.

AT ONE WITH **NATURE**

When I see God
In the trees
the grass
the rocks
the animals
I am whole
When I see Nature
as One with me
I am in balance
which affects
the entire planet

LINDA TELLINGTON-JONES

MEINE **TIERVERLIEBTE** FAMILIE

Die ersten fünf Jahre eines Menschenlebens sind die wichtigsten, sagen die Wissenschaftler, denn sie sind wie Koordinaten für die weitere Entwicklung von Seele und Körper. Wenn so ein kleiner Mensch auf noch unsicheren Beinen zu laufen beginnt, fängt er an, seine Welt ganz unbewusst und unvoreingenommen zu entdecken, ohne analytisches, reflektierendes Denken. Und diese ersten Erfahrungen und Eindrücke werden unauslöschlich in das Unterbewusstsein implantiert: Sehen, Empfinden, Riechen, Hören und ganz besonders das Erfühlen der Welt.

Wenn ich meine Augen schließe, spüre ich noch heute, wie rau sich das Fell meines ersten Hundes mit Namen Rex angefühlt hat. Der Geruch von Spiegeleiern erinnert mich an meine Kindheit im Zelt bei Yellowknife in den Rocky Mountains und an die Katze, die fest zusammengerollt neben unserem Herd schlummerte. Sie war auch eines der Tiere, die meine Mutter vergötterten. Wie ein Hund begleitete sie uns auf den regelmäßigen Streifzügen durch die dichten Wälder im Norden Kanadas. Begierig mitzukommen, sprang sie ins Kanu hinein, wenn meine Mutter meinem Vater und Großvater eine Mahlzeit brachte, wozu sie mich vor sich auf der Sitzbank platzierte und flussabwärts paddelte. Die beiden Männer hatten einen Claim und schürften in ihrer Mine nach Gold. Sie freuten sich auf den mittäglichen Damenbesuch, um ihre Arbeit zu unterbrechen. Unsere Katze war nicht wasserscheu, mit einem eleganten Sprung landete sie im Wasser, schwamm ans Ufer und sprang an Land. Danach schüttelte sie sich so heftig, dass die Wassertropfen wie winzige glitzernde Perlen nur so um ihren Körper herumflogen; patschnass und zufrieden erwartete sie uns dann. Unverwandt blickte mich die dreifarbige Glückskatze an, beobachtete immer genau, was ich tat. Ich glaube nicht, dass ich mir das einbilde, aber ihre Gegenwart beruhigte mich. Sie war so etwas wie ein guter Geist, der über dieses kleine Menschlein wachte und somit meiner Mutter einen Dienst erwies. Da ich die Erstgeborene war, hatte ich das wundervolle Privileg, meine Mutter einige Jahre ganz für mich allein zu haben – ihre Aufmerksamkeit, ihre Fürsorge. Wir verbrachten viel Zeit miteinander. Oft sang meine Mutter beim Kochen oder Wäscheaufhängen Lieder, die ihre Mutter Dolly schon angestimmt hatte, als sie ein Kind war. Wenn wir in der sommerlichen Blumenwiese lagen, summte sie Melodien, die heute noch in meinem Herzen nachklingen. Wir waren uns sehr nah in unserer Zweisamkeit den Tag über, abends kamen dann die Männer zurück.

Die Geschichte mit der Maus

Eines kühlen Morgens bemerkte ich, dass Mutter unsere Katze schnell packte und vor das Zelt setzte, um eine kleine Feldmaus, die im warmen Zelt Unterschlupf gesucht hatte, zu retten. Übertrieben? Für mich war so etwas damals ganz normal. Ein anderes Mal war eine kleine Maus in den Topf mit ihrem frisch gekochten Latwerge aus Pflaumenmus geklettert, das zum Abkühlen auf einem wackeligen Holztisch stand. Sie zappelte nun mit ihren Beinchen verzweifelt darin herum, weil sie nicht mehr herauskam. Mutter packte sie und – nein, nicht, was man denken würde, die Katze hatte nichts davon. Sie wusch das kleine Ding, rubbelte es trocken und setzte es wieder auf die Erde, wo es vor Schreck erst einmal sitzen blieb.

1937–1955

Pure Hundeliebe

Als ich sechs Jahre alt war, siedelten wir auf die Farm meiner Großeltern über, die eine Schweinezucht betrieben. Der Hund meines Großvaters liebte mich abgöttisch, denn wir teilten uns jeden Morgen den frisch angebratenen Frühstücksspeck. Er begrüßte mich immer schwanzwedelnd und sprang an mir hoch, so dass ich jedes Mal fast mein Gleichgewicht verlor. Wir standen uns sozusagen »auf Augenhöhe« gegenüber. Mutter reagierte besorgt, wenn ich auf ihr Rufen hin nicht gleich auftauchte, denn auf der Farm liefen oft Eber frei herum, die ziemlich angriffslustig waren, und ein kleines Mädchen mit ihren Hauern leicht hätten tödlich verletzen können. An diesem Tag ließ ich mir – warum auch immer – Zeit damit, auf ihr Rufen hin zu antworten, und trödelte herum. Meine Mutter war wütend und etwas ungehalten, dass ich vorerst verschwunden blieb, und kam, als sie mich entdeckte, zu mir hingelaufen, um mich zurechtzuweisen.

Das sah »mein« Hund, rannte hinter ihr her und dachte, sie wollte mir etwas Böses. Da versuchte er sie glatt in den Hintern zu zwicken, damit sie mir nichts tat. Das Tolle war ihre Reaktion darauf: Sie drehte sich um, schaute den Hund an, lachte und liebkoste ihn hinter den Ohren. Sie hatte verstanden, dass er mich nur beschützen wollte, und liebte ihn dafür. Ohne es zu ahnen, lernte ich so, ein tiefer gehendes Verständnis und allumfassendes Mitgefühl mit allen Lebewesen zu entwickeln. Meine Mutter konnte auch spannende Tiergeschichten erzählen und beschrieb mir die Welt in bunten fesselnden Fabeln. Sie hatte die meisten dieser Erzählungen ebenfalls von ihrer Mutter Dolly Caywood erzählt bekommen. Von ihr hat sie auch gelernt, wie man ohne Worte, nur mit dem Herzen, mit Tieren spricht. »Unter anderem«, sagte sie mir, »sind auch ganz kleine Tiere wichtig, wie zum Beispiel Spinnen, deren Netze man nicht zerstören darf.«

Ich hatte in meiner Kindheit nie Angst vor Spinnen oder Schlangen, die an unserer Veranda vorbeikamen oder unter den alten Holzdielen wohnten. Viele Jahre später, als ich in Badger, Kalifornien, meine Schule führte, richtete sich eine wunderschöne Tarantel sogar auf meinem Schreibtisch ein, und wir teilten uns diesen für einige Wochen, was mich unglaublich glücklich machte. Für mich weben die Spinnen das Netz unseres Schicksals; das kann man nun metaphorisch oder anders verstehen ...

Welch ein Glück, solche Eltern zu haben

Nicht, dass es nur meine Mutter gewesen wäre, die so fürsorglich mit allen Lebewesen umging. Mein Vater war genauso achtsam und respektvoll mit Tieren und Menschen wie meine Mutter; sie waren einfach ein unglaubliches Paar, das sich liebte, und das mit viel Respekt und Spaß bis ans Ende seiner Tage. Sie wurden gemeinsam alt und tanzten auf ihrem achtzigsten Geburtstag sogar gemeinsam Tango.

Katzenkinder und Entenküken

An einem heißen Sommertag hatte mein Vater die schöne Blumenwiese am Bach gemäht und dabei um ein Haar ein Entengehege zerstört. Er wusste, die Entenmutter würde nicht zurückkommen, um die Brut weiterhin zu beschützen. Da steckte er sorgsam die vier grün-gesprenkelten Eier in die Innentasche seines Tweed-Rocks und brachte sie nach Hause. Dort hatte unsere Katze in einer gemütlichen Ecke der Küche einen Wurf flauschiger Jungen zur Welt gebracht, die eben dabei waren, ihre Äuglein aufzumachen.

Sweet
Caporal
CIGARETTES

Ich genoss es, täglich die Winzlinge zu streicheln und ihre kleinen Pfötchen zu berühren, sie waren so weich und warm. Vorsichtig schob mein Vater die vier Eier der Katzenmama unter und hoffte darauf, dass sie sie annehmen würde. Die Katze blickte ihn mit ihren grünen Augen etwas kritisch an, übernahm aber den Job. Sie »brütete« sozusagen die Eier aus und zog drei von den Vieren erfolgreich groß. Die zutraulichen Entenküken folgten ihr überall hin, immer mittendrin zwischen den tobenden Katzenkindern. Meine Mutter betrachtete diese gemischte Gesellschaft mit viel Freude und gab immer wieder Acht, dass kein Unglück passierte. Ich glaube, es war für mich auch eine einschneidende Erfahrung, dass es eine so selbstverständliche Verbindung zwischen den verschiedenen Tiergattungen gibt. Es war so normal, die Katzen-Entenfamilie zu beobachten, dass ich niemals auf die Idee gekommen wäre, es sei außergewöhnlich und nicht »natürlich«. Wahrscheinlich hat mich als kleines Kind diese Episode sehr geprägt und in mir später den Wunsch geweckt, herauszufinden, wie diese kontrastreiche Verbindung so unterschiedlicher Gattungen funktionieren kann.

Auch mein Großvater väterlicherseits musste von Natur aus eine besondere Anziehungskraft auf Tiere gehabt haben. Ein kleiner Hase, den mein Vater verwirrt und von seiner Mutter getrennt auf dem Feld gefunden und mit nach Hause genommen hatte, lebte in unserem Vorgarten. Jeden Morgen hoppelte er die Treppe zum Schlafzimmer meines Großvaters hinauf und sprang auf sein Bett. Er knuffte und zog ihn so lange an seinem Bart, bis Großvater aufwachte und aufstand, um ihm in der Küche eine kleine Möhre oder ein Stück Brot auf den Boden zu legen. Der Hase Felix ignorierte jeden anderen, man konnte ihn mit nichts locken: Er war nur auf meinen Großvater fixiert.

Eine ganz erstaunliche Frau war auch die Mutter meines Vaters, Jessie Hood. Ihr Mann und sie betrieben, wie gesagt, eine Schweinezucht. In einem Wurf waren meist auch ein paar schwächelnde Ferkel, um die sie sich besonders kümmerte. Damals machten andere Farmer mit denen kurzen Prozess. Nicht so meine Großmutter. Sie war der Ansicht, dass jedes geborene Leben Schutz beanspruchen durfte. Sie trug die Kleinen in die Küche, packte sie in warme Tücher und platzierte sie neben dem Ofen. Die quiekenden Bündel bekamen eine Extra-Portion warmen Brei und schliefen wohlig in der Wärme ein. Großmutter fütterte sie so lange, bis sie stark genug waren, um sich im Lot der anderen Ferkel unter der Muttersau zu behaupten.

Das Erbe meiner Großväter

Mein Großvater, George Caywood, der eigentlich mein Großonkel war, was ich später noch erklären werde, wird für immer einen besonderen Platz in meinem Herzen haben. Er war durch und durch ein Pferdemensch und hatte allein mit seiner ruhigen Ausstrahlung und seiner Güte einen sehr vorbildlichen Einfluss auf mich im Umgang mit den Tieren. Sie vertrauten ihm einfach, nur so, das konnte ich im Stall erleben. Wenn er sang oder pfiff, lauschten sie ihm und hörten auf zu fressen. Ein Pferdestall ist ein Ort, an dem ich mich schon seit meiner Kindheit behütet und wohl gefühlt habe. Bei uns zuhause waren alle Vierbeiner unter einem Dach untergebracht. Wenn die Pferde mit ihren feinen Köpfen und den großen Augen über die Boxenwand blickten und mich aus ihren warmen Nüstern anprusteten, fühlte ich mich geborgen. Ich liebte es, ihre weichen Lippen zu streicheln, die feinen Tasthaare zu spüren und ihnen eine Karotte oder einen Apfel zuzustecken. Sie liebten mich dafür.

Ich war gerade mal zwölf Jahre, als mich Großvater beobachtete, wie ich damit beschäftigt war, eine junge, zweijährige Vollblutstute sanft zu satteln und auf das Aufsteigen vorzubereiten. Er trat zu mir und sagte: »Liebes, berühre ein Pferd immer auf eine Art und Weise, dass es weiß, Du sorgst Dich um sein Wohlergehen und Du tust ihm kein Leid an.« Das habe ich niemals vergessen. Es war mir immer eine Freude, in der Nähe meines Großvaters zu sein, wenn er liebevoll mit den Pferden arbeitete: Seine Bewegungen waren langsam und achtsam, er fühlte sich ein, forderte das Pferd zum Mitgehen auf, und zum Schluss sah es aus, als tanzten sie miteinander: ein »Pas de deux« von Mensch und Pferd. Von ihm ging eine unwahrscheinliche Wärme und Herzlichkeit aus, die ich heute noch in mir spüren kann. Wahrscheinlich hat er mich zu dem Satz auf den beiden folgenden Seiten inspiriert:

LEGE DE
IN DEINE
UND DIE
AUF DEI

IN HERZ
HÄNDE
HÄNDE
N PFERD!

Liebe und Respekt für alle Menschen

Meine Eltern setzten sich jedoch nicht nur für die Tiere ein, sondern auch für weniger glückliche Menschen, die ihnen begegneten und vom Schicksal gezeichnet waren. Beide zitierten nicht nur den Spruch aus der Bibel, dass alle Menschen vor Gott gleich sind, sondern es war auch ein Gesetz in unserer Familie, wirklich alle gleich zu behandeln. Über meinem Bett hatte meine Mutter einen Bilderrahmen aufgehängt, in dem auf rotem Stoff mit Kreuzstichen ein Spruch aufgestickt war, der sich in mein Herz eingegraben hat: »Behandle andere so, wie Du behandelt werden möchtest.« Das habe ich mir gemerkt und so für Mensch und Tier beibehalten. Ich glaube, dass meine Eltern, Marion und Hoodie Hood, ein absoluter Glücksfall für mich und meine fünf Geschwister waren, um in dieser Welt nicht nur zu bestehen, sondern um sie auch besser zu machen. Unser Zuhause war angefüllt mit Liebe und Verständnis füreinander und für den Rest der Welt. Meine Eltern verbannten alle Art von Vorurteilen aus unserem Leben. So gab es damals Mennoniten aus der Ukraine in Alberta und auch indianische Ureinwohner. Sie wurden von uns immer als gleichwertig geachtet, ganz egal, welcher Religion sie anhingen oder welche Hautfarbe sie hatten. Wie gesagt, das war ein ehernes Grundgesetz im Hause Hood.

Besuch eines Hobos

Für meine Mutter war das Bedürfnis, anderen helfen zu wollen, absolut natürlich in ihrem Wesen verankert. Sie tat alles, was sie tat, wo immer sie half, ohne jegliche Bedenken und Vorurteile. Man könnte es »bewertend« als naiv bezeichnen, aber im Grunde war es ein unerschütterlicher Glaube, der sie trug. Eines Tages erschien ein Hobo, ein »Landstreicher«, der als blinder Passagier mit den Güterzügen durch Kanada fuhr, an der Hintertür unserer Küche. Er stand einfach so da und sagte nichts. Dünn, groß, mit schmutzigen Kleidern und einem Schlapphut mit breiter Krempe wirkte er düster und erschreckte mich, so dass ich mich hinter meiner Mutter versteckte. Es war die Zeit der Depression und der großen Arbeitslosigkeit, die viele Menschen unverschuldet ins Elend gestürzt hatte. Meine Mutter öffnete die knarrende Holztür, der Mann zog beflissen seinen Hut und murmelte etwas in seinen Bart. Mit ein paar herzlichen Worten lud ihn meine Mutter ein, sich an den Tisch zu setzen und zu essen. Doch sie bat ihn auch, etwas Holz für den Ofen zu hacken, was er sehr gerne tat, um sich dann mit freundlichem Lächeln und einem herzlichen »Thank You« zu verabschieden. Als er gegangen war, erklärte sie mir: »Es ist wichtig, dass ein Mensch seine Würde behält. Damit er sich seine warme Mahlzeit verdienen konnte und sie nicht als Almosen annehmen musste, habe ich ihn um eine Gegenleistung gebeten.« Meine kluge und mitfühlende Mutter. Erst später begriff ich auch, warum sie immer wieder schwangeren jungen Frauen für eine gewisse Zeit ein Heim gab und sie in unsere Familie aufnahm: Sie sollten die Chance haben, ihre meist ungewollte Schwangerschaft in einer Umgebung zu durchleben, die ihnen keine Vorwürfe machen würde, sondern sie mit Achtung und Respekt behandelte. Was sie für die jungen Mütter tat, das kann man kaum ermessen. Manchmal saß abends, wenn ich aus dem Reitstall nach Hause kam, ein »Gast« an unserem Tisch, den meine Mutter am Straßenrand aufgelesen hatte. Jeder sollte einmal am Tag eine warme Mahlzeit haben, war ihr Credo, das vielen Menschen nicht nur einen vollen Magen verschafft hat, sondern es ihnen auch warm ums Herz werden ließ. Wenn einem eine solche Haltung vorgelebt wird, dann übernimmt man sie unwillkürlich. Erst jetzt wird mir wirklich bewusst, wie oft ich meine Freunde überraschte, weil ich plötzlich mit einem zusätzlichen Gast aufgetaucht bin. So auch, als ich einmal beim Umsteigen auf dem Flughafen Heathrow in London eine junge, verzagte Frau getroffen habe, die nicht wusste, wo sie bleiben sollte. Sie war von ihrem Freund nicht abgeholt worden, hatte kaum noch Geld und war so dankbar, dass ich mich um sie kümmerte und sie für diese Nacht einfach zu meinen Freunden nach Hause mitnahm. Zwar löste ich damit einiges Kopfschütteln bei unserer Ankunft im Hause meiner Gastfamilie aus, doch das war mir in dem Moment egal. Es ist so einfach zu helfen, man muss es nur tun.

Die langfristige Rückzahlung

Wie in so vielem, waren sich meine Eltern auch darüber einig, dass man eine soziale Verpflichtung in der Gesellschaft hat. Beide waren im wahrsten Sinne des Wortes Wohltäter. Als mein Vater mit seiner Firma gute Einkünfte erzielte, verlieh er immer wieder Geld und half jungen Familien, sich zu etablieren. Oft bekam er es nicht zurück, aber das war in Ordnung für ihn. Im Jahre 2002, als mein Vater dreiundneunzig Jahre alt war, bekam er unerwarteten Besuch. Eines samstagnachmittags klopfte es an die Eingangstür seines Hauses in Edmonton. Draußen wartete eine attraktive Frau, etwa fünfzig Jahre alt, und wollte ihn sprechen. Es war eine Indianerin vom Stamme der Beaver Lake Cree Nation mit zwei langen, fein geflochtenen Zöpfen, die in dem Silbergürtel um ihre Taille steckten. Sie gab ihm einen Umschlag, in dem ein Stapel Geldscheine lag – genau der Betrag, den mein Vater vor dreißig Jahren ihrem Mann geborgt hatte. Was für ein Geschenk voller Achtung. Mit einem zufriedenen Lächeln ging die Frau, sie hatte ihre Schuld beglichen.

Wir sind in unserer Familie alle mit der Einstellung aufgewachsen, dass Geld zwar nützlich und hilfreich ist, aber keinen Maßstab für den Wert eines Menschen darstellt. Viel wertvoller ist Geld, wenn man damit helfen und etwas Positives schaffen kann.

Meine Familie hat immer alle Tiere beschützt, die in ihrem Leben aufgetaucht sind, und auch die wilden Tiere respektiert. Dieses Gefühl von Achtung und Respekt, das versuche ich auch heute noch meinen Schülern mitzugeben. Mit viel Bewunderung und Dankbarkeit blicke ich auf die Gilde der TTouch-Practitioner, die mit mir die Vision der Harmonie von Mensch und Tierwesen in ihren Herzen und bei ihrer täglichen Arbeit mittragen. Sie alle sind inzwischen zu meiner neuen Familie geworden und leben und lehren diese Einstellung in der ganzen Welt. Das Vermächtnis meiner biologischen Familie wird damit auf einer anderen Ebene weitergegeben.

Linda hatte ihre eigene Araberzucht mit 20 Stuten und 2 Hengsten. Zusätzlich hatte sie noch 60 Vollblutstuten und ihre Fohlen zu versorgen. Hier reitet sie ihren Araberhengst Lothar von Fadl Habab.

AUF ERFOLGSKURS

DEN FUSS IM STEIGBÜGEL

Der Beginn meiner Karriere als Reiterin

Im Jahr 1943 nahm ich die »Zügel meines Lebens« zum ersten Mal in die eigenen Hände. Man könnte es auch als den Beginn meiner Reitkarriere bezeichnen oder als schicksalhaftes Vorzeichen. Die Realität war eigentlich banal: Mit sechs Jahre wurde ich eingeschult, und meine Schule lag vier Meilen von unserer Farm entfernt, viel zu weit zum Laufen. Schulbusse hatte man noch nicht erfunden, Fahrräder gab es auch keine. Die Nachbarskinder und Verwandten bewältigten diesen Schulweg alle im Sattel, also musste auch für mich ein Pferd angeschafft werden. Mein Vater, Hoody Hood, hatte mich schon als kleines Mädchen auf dem Pferd mitgenommen und vor sich auf den Sattel gesetzt. Ich habe seine Nähe und Wärme, das Kratzen seines Tweed-Jackets an meiner Wange und den Atem des Pferdes geliebt, aber ein eigenes Pferd, das war natürlich etwas Anderes, etwas Neues. Ich war sehr aufgeregt. Die Stute, auf die seine Wahl fiel, hieß Trixi. Sie war ein Dunkelfuchs und nicht sehr groß, doch sie hatte offene, kluge Augen. Wir fanden sie in einem der recht guten Reitställe in der Nähe unserer Farm in Alberta. Als mein Vater mich zum ersten Mal auf sie draufsetzte, ignorierte sie mich vollkommen, und ich kam mir wie ein Gepäckstück auf ihrem Rücken vor. Ohne auf mein zaghaftes »An-den-Zügeln-Ziehen« zu achten, lief sie schnurstracks in den Stall zurück. Papa lachte und sagte: »Okay, die bringt Dich wenigstens immer nach Hause zurück.« Doch das sollte sie kein zweites Mal mit mir machen, das schwor ich mir heimlich in diesem Moment. Mein Vater gab mir einige Tipps für den Umgang mit Trixi, aber oben bleiben und mein Pferd lenken, das musste ich mir selbst beibringen. Ich ritt also bei jedem Wetter zur Schule, im Winter meist bei Dunkelheit und klirrender Kälte, doch das machten alle anderen Kinder, darunter meine Cousins von der Nachbarfarm, auch so. Neben dem einstöckigen Schulgebäude gab es einen festen Schuppen, in dem Trixi und die anderen »Schulpferde« geduldig warteten und genüsslich ihr Heu mümmelten, bis die Unterrichtsstunden zu Ende gingen. Dann ritt ich wieder die vier Meilen zurück, und Trixi kam auf die Weide. Keiner kümmerte sich darum, ob ich auch wirklich reiten konnte, davon ging man einfach aus. Ich hatte alle Freiheit der Welt, mit meinem Pferd in der Umgebung durch Wälder und Wiesen zu streifen. Meine gelegentlichen Abstürze beobachtete glücklicherweise niemand.

Als ich neun Jahre alt wurde, zogen wir in die Nähe von Edmonton. Ich musste nicht nur in eine neue Schule wechseln, sondern auch wieder zur Schule reiten, was ich toll fand. Da Trixi auf der Farm meines Großvaters, Jim Caywood, in Badger zurückbleiben sollte, benötigte ich ein neues Pferd, das schnell gefunden war: Beauty – ein Wallach. Wer mochte ihm wohl diesen Namen gegeben haben? Er war eine gelungene Mischung aus einem geduldigen Kaltblüter und einem ausdauernden Vollblüter.

Meine Grundausbildung bei Mrs. M.

Ich kann mich noch genau an den sonnigen Tag erinnern, als Vater die Familie in seinen schwarzen »Chevy« packte und wir zu unserem neuen Zuhause fuhren. Es war mein Geburtstag, der 30. Juni: Gerry, mein jüngerer Bruder, und ich saßen auf dem tiefen Rücksitz und platzten vor Vorfreude sowie Neugierde auf alles, was da kommen würde. Ich blickte erwartungsvoll aus dem Fenster auf die vorbeifliegende Landschaft. Ein weißer Zaun huschte ebenfalls vorbei, und wir fuhren eine ganze Strecke daran entlang, bis ich dahinter einen Reitplatz entdeckte.

Was dort gerade passierte, fesselte mich sofort: Mit über 30 Pferden wurde gerade von jugendlichen Reitern eine Quadrille eingeübt. Bewundernd schaute ich auf die Figuren, die sie ritten, wie sie sich kreuzten und wieder auffächerten. Das sah so elegant und schön aus. Die Mädchen trugen alle die gleichen Reithosen und Jacketts, das Gesamtbild und die Pferde waren beeindruckend. Ich fragte meinen Vater spontan, ob ich auch so reiten lernen dürfte. Er meinte: »Wenn Du Dir das Geld dafür erarbeitest, dann ja.« Schon am nächsten Samstag, gleich nach der Schule, brachte mich mein Vater zum Reitstall; da stand ich dann im kleinen Büro der »Briar Crest Farm« vor der Inhaberin Mrs. Alice Meatheral. Ich fragte schüchtern an, ob ich vielleicht die Boxen ausmisten dürfte und dafür Reitstunden bekommen könnte. Sie musterte mich kritisch, als würde sie ein Pferd einschätzen, und entschied sich, mir eine Chance zu geben. Schon am folgenden Nachmittag sollte ich anfangen, es war gerade eine Aushilfe krank geworden. Mit dem Ausmisten wurde es jedoch nichts. Mrs. Meatheral setzte mich an meinem ersten »Arbeitstag« auf eines ihrer Pferde, um zu sehen, ob ich überhaupt Talent zum Reiten hätte. Sie muss da etwas gesehen haben, was sie für vielversprechend hielt, denn ich habe entgegen unserer Vereinbarung niemals eine Box ausgemistet. Daher nannten mich die anderen Mädchen auch »the Queen«, aber das war eher nett und voller Bewunderung gemeint. Dagegen habe ich täglich mehrere Pferde geritten, erst die Schulpferde, die willigen und netten, später dann die jungen und die unbändigen Pferde. Der Reitstall hatte Stallungen für 60 bis 80 Pferde, die teilweise zur Ausbildung gebracht wurden oder angeritten zum Verkauf standen. Meistens jedoch trainierte ich die begabten Pferde, die auf Turnieren vorgestellt und dann für anspruchsvollere Käufer vorbereitet wurden. Mrs. Meatheral legte Wert darauf, dass alle Mädchen, die bei ihr ritten, einmal in der Woche einen intensiven Unterricht über Fütterung, Haltung und Aufzucht der Pferde bei ihr besuchten. Ich habe wirklich viel von ihr gelernt, doch wenn ich so zurückblicke, dann hat sie mich immer mehr eingespannt und auch Nutzen aus meinem Talent gezogen. Sie gab mir pro Tag nach der Schule mindestens drei bis vier Pferde zum Reiten, am Wochenende fuhr sie mich zu Turnieren, oder ich hatte den ganzen Tag lang noch mehr Pferde zu trainieren. Ganz rohe Pferde wurden am Sattelhorn eines Westernsattels an ein ruhiges älteres Pferd gebunden und lernten so zu folgen. Wer sich dann draufsetzen musste, war natürlich Linda, und es ist ein Wunder, dass ich mir bei meinen vielen Abgängen nicht die Knochen gebrochen habe. Ein Entgelt bekam ich für meinen Einsatz natürlich nicht, im besten Fall ihre etwas knappe und trockene Anerkennung. Am Anfang erhielt ich auch Einzel-Reitunterricht, aber meine wirklichen Lehrmeister waren die Pferde. Sie waren mein Ein und Alles. Ich hatte eigentlich nur drei Freundinnen: Diane Wiebe (Hemstock), Gigi Mighall und Jacquie Vieweger, die genauso vernarrt in Pferde waren wie ich und immer nur reiten wollten. Wir waren unzertrennlich. Die beiden mussten jedoch, im Gegensatz zu mir, die Stallarbeit erledigen und ausmisten, damit sie reiten durften. Ich wurde verschont, und deshalb wurde ich immer wieder aufgezogen. Wenn die verschiedenen Turniere anstanden und viele Vorbereitungen getroffen werden mussten, konnte ich mich jedoch jederzeit auf meine Freundinnen verlassen. Sie fieberten auf den Turnieren mit mir um Punkte, Fehler und Siege. Dafür gab ich ihnen dann zuhause Unterricht; das machte mir Spaß und fiel mir leicht. Und im Grunde war es der Anfang meiner Laufbahn als Lehrerin.

Reitstunden statt Tanzstunden

Ich bin nie zur Tanzstunde gegangen, nie zu Kaffeekränzchen oder zu Geburtstagseinladungen, ich habe immer nach Pferd gerochen und immer von Pferden geträumt, ich wollte immer nur reiten. Die Einheit mit dem Pferd hatte mich fasziniert, ich fühlte mich manchmal wie ein Zentaur, und meine höchste Freude war es, zu spüren, dass mir die Pferde vertrauten. Warum sie das taten, darüber machte ich mir keine Gedanken, ich hielt es für ganz natürlich, dass sie es taten. Aber ich hatte auch das Gefühl, dass ich noch viel zu lernen hatte, besonders mit den jungen Pferden. Welchen unglaublichen Weg ich vor mir hatte, das konnte ich mir damals wirklich in meinen kühnsten Träumen nicht ausmalen.

Mein Wallach Beauty trug mich einige Zeit jeden Morgen zur Schule und danach dann an meinem Zuhause vorbei mehrere Meilen in die andere Richtung zum Reitstall. Für ein Mittagessen hatte ich oft keine Zeit, das holte ich abends nach. Nicht selten kam ich erst bei Dunkelheit wieder zuhause an, aber Beauty kannte ja den Weg. Eines Morgens war Beauty nicht mehr auf der Weide, man hatte ihn in der Nacht gestohlen – das brach mir beinah das Herz. Doch Mrs. Meatheral gab mir eines ihrer Show-Ponys, um zur Schule zu reiten und um es zu trainieren, damit ich an den Pony-Club-Meisterschaften teilnehmen konnte, die ich dann auch mehrmals hintereinander gewann. Es durften nur Kinder auf ihren Pferden teilnehmen, die auch täglich zur Schule ritten. Die kleine Stute bekam den Namen »Linda's Folly« und hat mich einige Male beim Bocken und Scheuen abgesetzt, bis ich sie in den Griff bekam und wir ein unschlagbares Team wurden.

Das Geschenk des Veteranen

Mrs. Meatheral war keine große Hilfe, wenn es um das Einreiten der jungen Pferde ging. Ihre Methoden waren mir einfach zu grob, und statt Kooperation bekam ich den Widerstand der Pferde zu spüren. Als das kleine Mädchen, das ich damals war, verfügte ich über keine großen körperlichen Kräfte und musste mir einiges einfallen lassen, um die Jungpferde für mich zu gewinnen. Oft genug haben sie mich dennoch abgeworfen. Eines Tages bekam ich von unerwarteter Seite eine gravierende Hilfestellung: Wie jeden Nachmittag nach der Schule trabte ich auf Beauty am Holzzaun entlang zu den Ställen, und wie jeden Tag winkte mir der Nachbar von der nächsten Farm freundlich zu. Ich winkte zurück, das war unser tägliches Ritual. Wir hatten noch nie ein Wort miteinander gesprochen. An diesem Tag jedoch wedelte er heftig mit den Armen und hielt etwas in der Hand. Ich zügelte Beauty und ritt die Auffahrt hoch auf ihn zu. Er kam eilends herunter, dabei zog er ein Bein hinterher und hinkte schwer; das war mir vorher noch nie aufgefallen. Als wir uns trafen, hielt er mit der einen Hand mein Pferd am Zügel fest und streckte mir mit der anderen ein Buch entgegen, das schon ziemlich zerfleddert aussah. »Ich beobachte Dich jeden Tag«, sagte er, »und Du hast schon einige gefährliche Stürze mit den jungen Pferden hinter Dir. Nimm dieses Buch, es wurde von einem Kavallerieoffizier geschrieben, der seine Erfahrungen darin festgehalten hat. Es wird Dir zeigen, wie Du mit den jungen Pferden arbeiten kannst, ohne dass sie bocken und Dich abwerfen. Das Buch hat mir in meinem Leben sehr geholfen, doch jetzt sollst Du es haben. In meinem Leben werde ich nicht mehr auf ein Pferd steigen«, dabei klopfte er auf sein steifes Bein, »aber Du hast gerade erst angefangen.« Er hätte mir kein größeres Geschenk machen können. Und er behielt Recht. Die Anleitungen in dem Buch haben mir so unglaublich geholfen, dass ich mir selbst viel beibringen konnte. Besonders die Arbeit an der Hand und am langen Zügel hat meine Perspektive auf die Pferdeausbildung verändert. Es ging nicht darum, dem Pferd mit dem Sattel Gewalt anzutun, sondern darum, erst einmal eine Verbindung zu ihm aufzubauen. Ich war neugierig geworden auf diesen Mann, von dem ich dachte, dass er ein einfacher Farmer sei. Aber nach einigem Herumfragen stellte sich heraus, dass er selbst ein ehemaliger Kavallerieoffizier war, der im Spanisch-Amerikanischen Krieg gekämpft hatte. Ihm wurde sein Pferd unter dem Sattel weggeschossen, schwer verwundet überlebte er. Leider habe ich ihm nie gesagt, wie dankbar ich ihm war, dass er so viel Verständnis für mich aufbrachte. Dazu war ich damals wohl zu schüchtern. Aber jeden Tag winkten wir uns zu, solange ich bei Mrs. Meatheral ritt.

Nur Pferde im Sinn – die Catchreiterin

Meine reiterlichen Erfolge häuften sich, und ich sammelte Schleifen und Pokale, die meine Mutter zuhause stolz ausstellte. Dabei war es nicht der Erfolg, der für mich zählte, ich liebte es einfach, gut zu sein. Ich spürte, dass die Pferde gerne bei mir waren und auch fühlten, wann wir gemeinsam eine tolle Leistung vollbracht hatten. Manche Pferde wussten genau, was die Schleifen bedeuteten und stellten sich stolz für die Siegerehrung auf.
Meine Mutter war mein größter Fan. Sie kam fast immer mit auf die Turniere, saß am Rande der Arena und strahlte mich an. »Smile, my dear«, war ihr Credo, wann immer ich an ihr vorbeiritt. Und das tat ich auch, ich strahlte

aus dem Herzen heraus, weil ich das tat, was mich glücklich machte. Ich lächelte immer. Dieses Lächeln ist nie aus meinem Leben verschwunden, und später erfuhr ich das Geheimnis, das dieses Lächeln in sich birgt.

Mit der Zeit hatte ich mir einen richtig guten Ruf aufgebaut und wurde zu einer gefragten »Catchreiterin«. Das Wort ist schwer zu übersetzen, vielleicht muss ich es einfach erläutern: Reiter, die unheimlich Lampenfieber bekamen, oder Besitzer von Pferden, die keine qualifizierten Ausbilder hatten und somit ihr Pferd auf einem Turnier nicht selbst vorstellen wollten oder konnten, aber ein gutes Pferd hatten, suchten einen »Leihreiter« für diese einmalige Gelegenheit. Natürlich hofften alle, mit einem profilierten Reiter mehr Chancen auf einen Gewinn zu haben. Ein »catchrider« bekam das Pferd zum ersten Mal 10 bis 15 Minuten vor dem Start zu Gesicht. So hatte ich genau so viel Zeit, mich in das Pferd einzufühlen, bis die Startglocke läutete. Diese Aufgabe hört sich erst einmal sehr befremdlich und schwierig an, aber es ist eine großartige Übung, für die man Intuition, Vertrauen, Sensibilität und natürlich ein ziemliches Paket an Erfahrung vorweisen musste. Ich liebte diese Herausforderung – und dabei ging es keineswegs um kleine Turniere, sondern um richtig große Veranstaltungen wie beispielsweise die Edmonton Horse Show. Im Jahre 1952 fragte mich der Besitzer des Pferdes Bouncing Buster, ob ich für ihn einspringen könne; er hatte sich am Tag zuvor den Arm gebrochen, aber sein Buster war in Topform und ein Favorit für das Abschlussspringen. Es ging um Zeit und Punkte. Das Pferd gefiel mir, und ich hatte das Gefühl, dass wir gewinnen könnten. So war es dann auch. Als ich den letzten Sprung in Rekordzeit ohne Fehler überwand, sprang meine Mutter von der Zuschauerbank auf und jubelte. Einem elegant gekleideten Mann neben ihr in Tweed-Jackett, Reitbreeches und mit Nickelbrille erklärte sie stolz, dass dies ihre Tochter sei. Er beglückwünschte sie und wollte mehr über diese sehr junge und couragierte Amazone wissen. Meine Mutter sprudelte über und lobte mich über den grünen Klee. Sie lud ihn sogar zur Abschlussparty des Veranstalters ein. Und da sah ich ihn zum ersten Mal, meinen zukünftigen Ehemann Wentworth Tellington. Ehrlich gesagt, er interessierte mich nicht die Bohne, obwohl er sich sehr bemühte, mein Interesse zu erregen. Am liebsten hätte ich ihn einfach stehen gelassen, aber das wollte ich meiner Mutter nicht antun. Dann tat er etwas in meinen Augen ganz Absurdes: Er bot mir an, das Pferd Bouncing Buster für mich zu kaufen und zu finanzieren. Doch ich hatte kein Interesse, weder an ihm, diesem in meinen Augen älteren Herrn, noch an dem Pferd. Ich war sechzehn Jahre alt und wollte einfach nur in Ruhe gelassen werden und zu meinen Freunden gehen. Ich vergaß ihn sofort wieder. Er mich nicht.

Linda mit einem Teil ihrer Pokale.

Linda gewinnt das große Springen der Alberta Horse Show auf Bouncing Buster.

Bouncing Buster spielt Schicksal

In der folgenden Woche rief er meine Mutter an und lud sie – mit mir zusammen – zu sich nach Hause ein. Das war knapp eine halbe Stunde von uns entfernt, und wir fuhren eines Tages gemeinsam hin. Ich saß dort auf dem Sofa und fühlte mich ganz seltsam. Went und meine Mutter unterhielten sich. Ich hörte nicht zu, schaute ihn nur an und bekam eine Gänsehaut. Irgendetwas in meinem Innern sagte mir, dass gerade etwas Wichtiges passierte. Es war genau so ein Gefühl, wie wenn ich mit meinem Pferd in einem Cross-Country-Parcours ritt und vor einem großen Hindernis abspringen musste, ohne zu wissen, was dahinter lag.

MEIN LEBEN MIT **WENTWORTH TELLINGTON**

Mr. Tellington war wortgewaltig, überzeugend, einschmeichelnd, vertrauenserweckend, amüsant, nett usw., aber er hatte auch etwas an sich, was ich noch nie erlebt hatte. Er schaute mich an, und ich begann zu zittern. Nicht aus Angst, sondern mit einer Ahnung, dass er mein Leben beeinflussen würde. Er taxierte mich, als sei ich eine junge Stute, deren Chancen er abschätzen wollte, wie sie sich wohl auf der Rennbahn machen würde und was ihre beste Distanz sein könnte. Meiner Mutter erklärte er, welche Möglichkeiten ich mit meinem Talent haben könnte und dass er mich gerne managen würde. Went sah etwas in mir, das er fördern wollte, besitzen wollte?

Kurz: Er wollte mich haben. Wie gesagt, ich war sechzehn Jahre alt, hatte mich noch nicht mal richtig verliebt und hatte auch ansonsten kaum Erfahrung im Umgang mit Männern, aber dafür mit Pferden.

Allein mit 3 Männern in der Wildnis

Ganz sicher habe ich mich nicht in ihn verliebt. Liebe war nicht Wents Stärke, wie sich bald herausstellen sollte. Meine Mutter bekam von dieser unterschwelligen Emotion, die da am Sonntag in seinem Wohnzimmer herrschte, nichts mit. Als ich wieder zuhörte, wurde ich gefragt, ob ich für Went arbeiten und seine Pack- und Reitpferde für die nächste Expedition betreuen wolle. Es ging um einen Sommerjob für sechs Wochen im Outback von Kanada in den Rocky Mountains bei Jasper, einem Ort auf der Goldgräber-Route. Bären, Flüsse, im Zelt übernachten, keine Pfade, pure Wildnis und dann die Pferde und das Gepäck – ein echtes Abenteuer. Ich sollte Teil einer vierköpfigen Gruppe sein, zusammen mit Went und mit zwei Ingenieuren aus Österreich. Ziel der Anstrengung: Die Lokalisierung neuer Ölvorkommen und deren Registrierung. Went verdiente sein Geld damals als Geoingenieur, der die Lage und den Zugang zu neuen Ölvorkommen an größere Firmen veräußerte.

Warum um Himmels Willen meine Mutter ihre Tochter mit drei wildfremden Männern in die Rockys geschickt hat – keine Ahnung. Sie war immer sehr gutgläubig und positiv. Möglicherweise hatten sie die leidenschaftlichen Briefe eines liebeswütigen Cowboys, mit dem ich ein einziges Mal ausgegangen war und der mich jetzt partout heiraten wollte, in Panik versetzt. Sie hatte sie heimlich gelesen und dann wieder in mein Zimmer gelegt. Mutter wollte mich einfach aus Edmonton weg an einen anderen Ort schicken, wo er mich nicht finden konnte. Also sagte sie Went in meinem Namen zu, und ich nickte stumm mit dem Kopf, als man meine Zustimmung erbat. Als wir wieder ins Auto stiegen, wusste ich mit Sicherheit, dass dieser Mann mein Leben verändern würde. Ich wusste auch, dass er mich fördern und fordern würde; und ich hatte so eine Ahnung, dass dies kein Spaziergang werden würde. Doch ich habe keinen Moment gezögert.

Die Expedition gestaltete sich sehr abenteuerlich. Schon in den ersten Tagen konnte ich die hohen Ansprüche von Went kennen lernen, die er an seine Mitarbeiter stellte. Sehr schnell lernte ich, den Mund zu halten und den Kopf einzuziehen. Eines Tages brachten die beiden Österreicher, die scheinbar zu viele Wildwestfilme gesehen hatten und sich als Supercowboys fühlten, ihre Pferde, ihr eigenes Leben und die ganze Expedition durch einen Blödsinn in Gefahr, der uns allen zum Verhängnis hätte werden können. Went schäumte vor Wut und warf sie raus. Am nächsten Morgen traten sie zu Fuß den Rückweg an. Was kam, war sonnenklar: Er übertrug einen großen Teil der Arbeiten auf mich.

Das Ehepaar Tellington.

Er zeigte mir, wie ich mit den technischen Gerätschaften, wie z.B. dem Magnetometer, umzugehen hatte, wie die Messungen einzutragen waren und vieles mehr. Und es machte mir Spaß, denn es war hochinteressant, und wir waren erfolgreich. Aber wir hatten auch alle Hände voll zu tun. Abends bereitete Went über dem Lagerfeuer unsere Mahlzeiten zu, die fantastisch schmeckten, oder ich hatte vielleicht einfach einen Riesenhunger. Zu meinen Jobs gehörte die Versorgung der Pferde, die sich gerne mal davonmachten, obwohl ich ihre Vorderbeine mit einem Strick gehobbelt hatte. Fünf Wochen lang lebten wir dort draußen zusammen. Er erzählte mir, dass ich wohl die erste weiße Frau sei, die in dieses unzugängliche Gebiet vorgestoßen sei. Ob es stimmte, weiß ich nicht, aber es machte mich stolz. Es ist schon erstaunlich, wie er sich auf eine Sechzehnjährige verließ, die er kaum kannte.

Went – ein außergewöhnlicher Mann

Mitten in der Wildnis entwickelte sich zwischen uns eine Verbundenheit, die unser Leben lang anhalten sollte. Beim Knacken der Holzscheite und dem gelegentlichen Feuerfunkenregen erzählte er von seinen Pferden, seiner Ausbildung als Kavallerieoffizier, seinem Klavierspiel – und ganz langsam begriff ich, mit welcher vielschichtigen und genialen Persönlichkeit ich da zusammengetroffen war. Ich ahnte mehr, als dass ich es mir vorstellen konnte, was ich alles von ihm würde lernen können. Doch zunächst war er einfach nur ein Mann, der bestimmte Absichten nicht verleugnen wollte. In dieser Einöde konnte ich mich seinem männlichen Verlangen nicht lange entziehen, und als wir zurückkamen, waren wir ein Paar. Irgendwie habe ich da einen Teil meiner Jugend übersprungen, den mit den Schmetterlingen im Bauch. Das habe ich dann 40 Jahre später nachgeholt. Von da an arbeitete ich zwei Mal die Woche in seinem Büro und lernte unter anderem, Karten auszuwerten und die Aufzeichnungen aus dem Magnetometer für Anomalien zu finden, die auf Ölfelder hinweisen. Went verdiente gutes Geld mit seiner Arbeit, und ich fand es faszinierend, mit Zahlen und Statistiken zu arbeiten. Natürlich ahnten meine Eltern, was passiert war, doch sie machten mir niemals einen Vorwurf. Ich glaube, dass mich Went »auf seine Art und Weise« geliebt hat, doch war »seine Art und Weise« für mich schwer zu akzeptieren: Er verlangte totale Unterordnung, und ich war eingeschüchtert und hatte ihm nichts entgegenzusetzen. Went hatte mich auch nie gefragt, ob ich ihn heiraten wollte, er hat es einfach für mich entschieden. Nachdem er die Scheidungspapiere seiner ersten Ehe erhalten hatte, legte er unseren Hochzeitstermin fest und teilte mir diesen mit. Kurz zuvor hatte ich die Schule beendet und war einige Monate lang in einem Steuerbüro angestellt gewesen.

Die junge schüchterne Braut

Ich war gerade neunzehn Jahre alt, als ich ganz allein mit meiner großen Reisetasche in Edmonton einen Greyhound-Bus bestieg und die lange Fahrt nach Reno, Nevada, unternahm. Went holte mich vom Bahnhof ab, auf dem Rücksitz eine große Schachtel, die mich neugierig machte. Er hatte mein Hochzeitskleid, einen großen weißen Hut und lange Lederhandschuhe besorgt, sein Geschmack war exquisit. Es war für mich das schönste Kleid, das ich bis dahin angehabt hatte. Ich fühlte mich wie eine Prinzessin, als ich die Seide auf meiner Haut spürte, und konnte gar nicht glauben, wer diese »Frau« im Spiegel war, Linda, eine Braut! Wir lebten nach unserer einfachen Hochzeit, bei der auch meine Eltern zugegen waren, zum ersten Mal zusammen, und er besorgte mir Arbeit bei einem sehr berühmten Araberzüchter in Reno. Dies war meine erste Begegnung mit diesen herrlichen sensiblen Pferden, die mich ein Leben lang immer wieder sehr berührt haben. Sehr schnell konnte ich mit ihnen die ersten Erfolge erzielen.

Ein Jahr ohne Pferde in der Karibik

Went hatte in der Vergangenheit durch verschiedene Unfälle und Stürze von Pferden viele Verletzungen erlitten, die ihm körperlich immer wieder zu schaffen machten. Wärme tat ihm gut, und so teilte er mir eines Tages mit, dass wir nach Puerto Rico umziehen würden. Das notwendige Kleingeld für diese Auszeit kam aus dem Verkauf einer Goldmine an den Besitzer eines Spielcasinos in Reno. Wir verbrachten zwölf Monate in San Juan in einem großzügigen Apartment direkt am Meer. Diese Zeit gehört wohl zu meinen wirklich schönen Erinnerungen mit Went. Ich arbeitete in einer Kunstgalerie, was mir sehr viel Freude machte, und ein Jahr lang waren die Pferde aus meinem Leben verschwunden. Wir hatten viel Zeit, obwohl mein Mann sich eher zum Spaß nebenbei noch als Ingenieur betätigte. Doch Went konnte nicht lange ohne eine wirkliche Herausforderung und ein Ziel existieren. Er hatte das Bedürfnis, sein Wissen weitergeben zu müssen. Er war ein geborener Lehrer, Coach, Ausbilder – alles in Einem.

Am Strand von Puerto Rico.

Er konnte Menschen wirklich begeistern und sie zu Leistungen veranlassen, die sie sich selbst nicht zugetraut hätten. Also suchte Went nach einem Job für uns beide. Es ergab sich eine hervorragende Gelegenheit, an einer elitären Privatschule und Internat in Kalifornien, der Chadwick Preparatory Highschool in Rolling Hills bei Los Angeles als Lehrer zu arbeiten. Wir bezogen ein wunderschönes Haus und hatten dort die Möglichkeit, Hunde zu halten, weshalb die erste Deutsche Dogge mit Namen Hera, Einzug in mein Leben hielt. Warum Went den Namen einer griechischen Göttin gewählt hatte? Keine Ahnung! Ich hatte mich gefreut, endlich einmal Zeit zu haben, um mich weiterbilden zu können und zur Universität zu gehen. Das war zumindest mein Plan gewesen. Doch es wurde nichts daraus, denn die Schulleitung spannte mich nach kurzer Zeit als Lehrerin und als Verantwortliche für das Internat ein, obwohl ich keine Abschlüsse vorzuweisen hatte. Eine Privatschule konnte sich das leisten, denn es mussten keine Zertifikate vorgelegt werden. Die Studentinnen waren kaum zwei bis drei Jahre jünger als ich, so dass ich mir etwas einfallen lassen musste, um meine Autorität zu wahren. So hütete ich mich auch, ihnen mein Alter zu verraten.

Der fantastische Englische Vollblüter Fault Free. Lindas und Wentworths Deckhengst auf der Hemet Farm.

Los Angeles und Hollywood lassen grüßen

Auf dem Schulgelände gab es einen leeren Stall, den man mir zur Verfügung stellen wollte, wenn ich Reitunterricht erteilen würde. Sehr schnell füllte sich dieser mit Pferden, die von mir aufgepäppelt wurden. Es waren meist Vollblüter, die mit unterschiedlichen Verletzungen von der Rennbahn kamen, oder arme Pferde, die ohne kontinuierliche Erfolge einfach ausgedient hatten. Hier lernte ich wieder sehr viel von Went über die unterschiedlichen Möglichkeiten der Rekonvaleszenz und darüber, wie man psychisch kaputte Pferde motivieren konnte. Wenn sie wieder erglänzten und gesund waren, konnte ich sie verkaufen, andere wurden zu Lehrpferden für die Schüler der Chadwick Highschool.

Die Privatschule wurde von den Kindern vieler Hollywoodgrößen und einflussreicher Filmproduzenten besucht. Für die Tochter der Schauspielerin Bette Davis zum Beispiel erwarb ich ein gutes Pferd und ritt es für sie ein. Wir hatten also viel Kontakt zu den »Superreichen« von Los Angeles. Dank Wents Charisma hatten wir uns einen so guten Namen gemacht, dass man uns ein verlockendes Angebot unterbreitete: Ein Filmmagnat hatte sich in den Kopf gesetzt, sein eigenes Vollblutgestüt zu besitzen und seine Pferde erfolgreich auf der Rennbahn laufen zu lassen. Er fragte Went und mich, ob wir die Leitung des Gestüts und eine Partnerschaft im Zuchtbetrieb übernehmen wollten, Geld spielte keine Rolle.

Die Zucht von Englischen und Arabischen Vollblütern

Das Hemet-Gestüt voller Englischer Vollblüter der besten Blutlinien war ein absoluter Traum – weitläufig, pferdegerecht und wunderschön gelegen. Wir lebten wie in einem Hollywoodfilm. Trotzdem bedeutete dies intensive Arbeit und Verantwortung, sieben Tage die Woche. Über 80 Stuten und zwei Zuchthengste bewohnten das Gestüt, da gab es beim Abfohlen schon mal dramatische Situationen. Die vielen Fohlen mussten alle halfterführig gemacht und für die Jährlings-Auktionen vorbereitet werden. Und als ob das nicht schon genug Arbeit gewesen wäre, nutzte ich die Gelegenheit, meine alte Liebe wieder aufleben zu lassen, und etablierte ebenfalls eine eigene Araberzucht auf dem gleichen Gelände: Sie hieß »Daughters of the Windfarm – Banat Ar Rih«. Mit ca. 20 Stuten und zwei Hengsten war sie nicht gerade klein. »Lothar« ein bekannter Hengst von »Fadl« aus einer alten Khamas-Linie war unser Deckhengst. Wir wollten unbedingt leistungsstarke Araberpferde züchten, die für den Distanzsport geeignet sein sollten. Die Arbeit fing schon vor der Morgendämmerung an und dauerte bis in die Nacht. Und dann kamen da noch die vielen Reitschüler hinzu, die lange Anfahrtswege in Kauf nahmen, nur um zu mir zu kommen. Einer der Schüler von Chadwick, Roland Kleger, erwies sich als große Hilfe und verbrachte viel Zeit mit uns und besonders mit meinem Großvater, von dem er viel über Pferde lernte. Wie das Schicksal so spielt, sollte er mein dritter Ehemann werden, meine wirklich große Liebe – aber erst vierzig Jahre später.

Das Gestüt bot uns auch die Möglichkeit, meinen »wirklichen« Großvater, Willi Caywood, einen ehemaligen Jockey, zu uns zu holen, und wir lebten einige Zeit mit ihm. (Seine abenteuerliche Geschichte möchte ich in einem eigenen Kapitel erzählen.) Er war eine besondere Persönlichkeit, der die Pferde fühlte, lebte und atmete. Wie es sich herausstellte, waren wir uns sehr ähnlich. Doch bis dahin hatte ich ihn überhaupt nicht gekannt, weil ich immer gedacht hatte, sein Bruder sei mein Großvater. Es war ein Geschenk des Himmels, ihn bei uns zu haben, denn er wusste ungeheuer viel über Pferde und liebte es, seine Geheimnisse an seine Enkelin weiterzuvererben. Er gab mir damals wahrscheinlich schon den grundlegenden Impuls für die Entwicklung meiner Methode, indem er mir sein Geheimnis anvertraute. Went erkannte sehr schnell, welche Koryphäe er mit Will vor sich hatte, und fing an, alles aufzuschreiben, befragte den alten Mann und förderte erstaunliche Ergebnisse zu Tage. Manchmal redeten sie stundenlang, tranken auch gerne eine Flasche Whiskey dabei und verstanden sich ausgezeichnet. Von meinem Großvater habe ich zum ersten Mal gehört, dass man Pferde massieren sollte, um ihre Leistungsfähigkeit zu steigern. Er zeigte uns dies auch, und wir übernahmen seine Technik. Er führte meine Hand über den Pferdekörper, ließ mich die Muskeln spüren, und ich hatte das Gefühl, dass seine Energie in mich überging. Bestimmt habe ich seine intuitive Fähigkeit, mit Pferden zu kommunizieren, geerbt, und er hat mir den ersten Anstoß gegeben, den TTouch zu entwickeln. Dafür bin ich ihm heute noch unendlich dankbar und bewahre die Momente mit ihm auf der Hemet Thoroughbred Farm als wertvolle Erinnerung in meinem Herzen.

Went hat eine neue Vision

Schon nach einem Jahr konnte Went seine Vorstellung von der Vollblutzucht und dem Ankauf und Training von Jungpferden nicht mehr mit den Erwartungen des Gestütspartners unter einen Hut bringen. Er fühlte sich begrenzt, und die ausschließliche Arbeit mit Pferden entsprach nicht seinem Naturell; er wollte sein Wissen weitergeben. So schrieb er einige Handbücher für unerfahrene Pferdebesitzer über Pferdehaltung und den Umgang mit Pferden. Er war mit seinen Ideen schon immer seiner Zeit voraus. Konsequent, wie er war, kündigte er, und wir mussten eine neue Bleibe finden. Doch Went hatte wie immer Glück und die besten Verbindungen nach Hollywood. So bekamen wir die Möglichkeit, eine 20-Hektar-Farm zu übernehmen, ein spektakulär schönes Gelände, das direkt an den Pazifik anschloss und mir die Möglichkeit gab, jeden Tag am Strand zu reiten. Es war einfach ein Traum und perfekt für die Gründung unserer Schule.

Auf der Hemet-Farm zog Linda die Jährlinge auf, bis sie zweijährig waren, dann kamen sie zur Auktion oder wurden für das Gestüt auf der Rennbahn trainiert.

PACIFIC COAST **EQUESTRIAN RESEARCH** FARM

Wentworth Tellington sah sich nicht als Gestütsverwalter und Züchter, er war, wie gesagt, im Grunde seines Herzens ein Mann, der sein Wissen und seine Erfahrungen an andere vermitteln und Erfolge erzielen wollte. Er brauchte Schüler, um sein Leben zu verwirklichen. Eine Schülerin hatte er ja geheiratet, aus ihr wollte er mehr machen, denn er wusste um ihre außergewöhnlichen Fähigkeiten – mehr, als sie selbst es ahnte. Doch er wollte auch eine eigene Schule gründen und in dieser Schule etwas schaffen, das es bisher noch nicht gegeben hatte. Seine Visionen waren immer groß, und er verwirklichte fast immer seine Träume. Zunächst jedoch mussten wir kleine Brötchen backen und boten nur Sommercamps für Jugendliche an: Sechs Wochen im Zelt kampieren, mit den Pferden Tag und Nacht zusammen sein, Unterricht in allen Bereichen der Pferdehaltung und anspruchsvolle Geländeritte. Das annoncierten wir in der Los Angeles Times und konnten uns vor Zuspruch kaum retten. Wir boten Abenteuer pur, und das war sehr beliebt bei den Kids aus Los Angeles. Diese Sommercamps sollten aber nur ein Trittbrett für unsere weiteren Pläne sein. Denn genau wie Went wollte auch ich meine Erfahrungen weitergeben und Pferde und Reiter trainieren. Neben der Schule arbeitete ich täglich mit vielen Pferden und nahm an den unterschiedlichsten Prüfungen und Championaten teil. Sie brachten mir viel Erfolg und waren eine hervorragende Werbung für unsere Schule. Am Weihnachtsabend 1964 rief eine Frau aus Pasadena an und fragte, ob es denn bei uns nur Unterricht für Kinder und Jugendliche gäbe? Sie würde gerne reiten lernen, aber nicht in einer Gruppe kreischender Teenager. Es machte bei Went wieder einmal »klick«, und er sah ein neues Betätigungsfeld vor sich liegen. Er wollte eine Schule für Erwachsene aufbauen und auch Reitlehrer ausbilden, die so wiederum eine Grundlage bekamen, um ihre eigene Reitschule zu gründen. Natürlich spielte ich eine große Rolle in dieser Planung, denn ich war aufgrund meiner Erfolge sein Zugpferd geworden. Mit viel Glück fand sich dann ein Ort, ungefähr in der Mitte zwischen Los Angeles und San Francisco gelegen, der sich für unsere Zwecke eignete: 20 Hektar Land, direkt am Pazifik und mit Zugang zum Strand. Doch das war nicht unser endgültiger Standort, schon bald zogen wir wieder nach Badger am Fuße der Rocky Mountains um.

Strike a long Trot

Über die von Went und mir gegründete »Pacific Coast Equestrian Research Farm« könnte man ein eigenes Buch schreiben. Shannon Yewell Weil, eine meiner ehemaligen Schülerinnen, hat dies auch getan und in Amerika ein Buch mit dem Titel »Strike a long Trot – Legendary Horsewoman Linda Tellington-Jones« veröffentlicht. Unsere Schule wurde durch unsere vielen innovativen Ideen und den hohen Qualitätsanspruch zu einem der drei führenden Ausbildungszentren für Reitlehrer in den Vereinigten Staaten. Es ist vor allem Went zu verdanken, dass sie so strukturiert und genial geführt wurde. Er war der Planer, der Kopf hinter dem Projekt. Ich war die Ausführende, das Aushängeschild und diejenige, die direkt mit den Leuten und Pferden arbeitete. Mir ist es damals nicht aufgefallen, wie viel ich arbeitete, denn ich schien eine unerschöpfliche Energie zur Verfügung zu haben, die sich immer wieder mit den Pferden selbst zu erneuern schien. Es galt, bis zu 80 Pferde zu organisieren, das Training, die Pflege, dazu die Schüler, die Küche, die verschiedenen Events, die Turniere, das Distanzpferdetraining usw.

Das Ganze war präzise aufeinander abgestimmt, manchmal auf die Minute genau. Ich tat alles aus vollem Herzen und mit unglaublicher Freude – und immer wieder war da diese positive Energie von den Pferden und den Menschen, die mich umgaben. Ich glaube, ich habe unseren herrlichen Pool, der auch von Went erst gebaut worden war, immer nur fünfminutenweise genutzt – mehr Zeit hatte ich nicht, um mich mal kurz abzukühlen.

Training für Distanzpferde

Nach meinen Erfolgen beim Tevis Cup, den ich einige Zeit lang fast jährlich ritt, und meinem Rekord-Sieg beim Jim Shoulders Race, immer über 160 km am Tag, war ich sehr populär in der Pferdeszene Kaliforniens und galt als Kapazität in ganz Amerika. Went und ich erhielten sogar eine Kolumne im Western Horse Magazine mit dem Titel »Let's go«, in der wir über Training und Ausbildung für Distanzreiter und Pferde schrieben. Und Went nutzte die Möglichkeiten der Presse, um mich immer wieder zu promoten. Wir wurden regelmäßig von allen Fachzeitschriften interviewt. Die Anmeldungen für unsere Kurse und Schulungen waren sofort ausgebucht. Über Jahre hinweg gaben wir auch eine Art Newsletter heraus, ein monatliches Journal, das außer in Amerika in neun anderen Ländern abonniert wurde und mich indirekt später nach Deutschland brachte.

Linda mit einer Gruppe von Schülern auf dem 160-km-TEVIS-Cup-Distanzrennen in den Sierra Nevada Mountains von Squaw Valley nach Auburn, Kalifornien.

TEVIS-CUP-RITT
160 KM

Linda prägt ihren eigenen Stil.

Die Latte lag sehr hoch für alle, die in unser Trainingsprogramm für Reitlehrer aufgenommen werden wollten. Jeder musste mindestens seit zehn Jahren ambitioniert reiten, an Wettkämpfen teilgenommen haben und bereit sein, zehn Monate lang ein rigides Ausbildungsprogramm zu absolvieren. Ich erspare mir hier das Curriculum. Aber wer nach dieser Zeit sein Abschlusszeugnis und auch eine Auszeichnung bekam, der wusste, was er geleistet hatte und zu was er fähig war. Noch viele Jahre später traf ich ehemalige Schüler, die immer wieder sagten, diese zehn Monate seien das Beste gewesen, was ihnen im Leben hätte passieren können.

Tellington, seiner Zeit voraus

Went experimentierte als Erster mit der Zufütterung von Algen, und alle unsere Pferde erhielten Mineralien, die er auch als Zusatzmittel weiterverkaufte. Was er da in seinen großen Kupferbehältern zusammenbraute, war das Resultat vieler Recherchen. Auf alle Fälle sprachen die Pferde darauf fantastisch an. Wahrscheinlich hätte er es als Futtermittelzusatz vermarkten sollen, doch damals war die Zeit noch nicht reif dafür. Went und ich ergänzten uns beruflich hervorragend, jeder konnte seine Stärken einsetzen. Aber wir hatten kaum ein Privatleben, und unsere Ehe ging im Alltag unter. Dafür ging ich total im Unterrichten auf und genoss es, die Fortschritte meiner Schüler zu sehen. 1963 wagte ich das einmalige Unterfangen, zusammen mit vieren meiner Schüler aus dem Sommercamp im Alter von 12 bis 16 Jahren am Tevis Cup teilzunehmen und sie alle als Gruppe über die Ziellinie zu bringen. Dies ist eine lange Geschichte, doch um es kurz zu machen: Es gelang und erfüllte mich fast mit mehr Stolz als meine eigene erste Teilnahme drei Jahre zuvor. Wir lagen an 15. bis 18. Stelle von 140 Startern! Für die Jugendlichen und auch für die älteren Schüler waren Went und ich zwei Autoritätsfiguren, und wir wiederum fühlten uns fast wie richtige Eltern, verantwortlich für die Ausbildung und den Erfolg unserer Schüler.

17 Jahre lang ein tolles Team

Inzwischen waren siebzehn Jahre vergangen, seit ich Went im Alter von sechzehn Jahren getroffen hatte, und ich war erwachsener und selbstbewusster geworden. Ich habe ihm unendlich viel zu verdanken. Es fing damit an, dass ich in seinen Workshops an der Chadwick School gelernt habe, kreativ zu schreiben, und dass er mir beibrachte, systematisch und wissenschaftlich zu denken. Er hat mir seine Liebe zur Literatur vermittelt, und ich habe Dank ihm die Werke aller großen Dichter und Denker gelesen, unter anderem die Ilias von Homer. Went hat mich auch immer wieder herausgefordert, mir selbst und meiner Intuition »unbedingt« zu trauen. Mit Hilfe seiner Trainingsmethoden und des mentalen Konzentrationstrainings konnte ich meine Erfolge bei den Distanzritten erlangen. Ich habe so viel gelernt, in hundert Jahren hätte ich mir das alles selbst nicht beibringen können. Er hat mir von den besten Araberzüchtern im Land die besten Pferde verschafft, um sie im Sport herauszubringen.

Mit seinen Artikeln und Veröffentlichungen machte er mich weit über die Grenzen Kaliforniens hinaus bekannt. Went konnte einen ganzen Abend lang eine illustre Gesellschaft mit seinen Geschichten unterhalten. Er war souverän und witzig, herausfordernd, brillant und humorvoll. Er war Erfinder und Denker, ein Mann mit einer universalen Bildung, der auch dem Rosenkranz-Orden angehörte, einer elitären Vereinigung, die sich mit Zukunftsvisionen befasste. Er war ein genialer Lehrer und Motivator in seinen guten Zeiten, aber auch ein Despot, der keinen Widerspruch duldete und in seinen schlechten Zeiten dann aggressiv werden konnte. Er hat mich als Persönlichkeit herausgefordert, aber auch mit seinen Affären und seiner Untreue, die er nie verheimlichte, unglücklich gemacht. Damit zwang er mich, mich mit mir selbst zu beschäftigen, mit meiner eigenen Entwicklung. Dies war die große Chance, zu mir selbst zu finden und mich zu definieren.

Der Araberhengst Al-Marah Rainbow war nicht nur ein erfolgreicher Deckhengst, sondern hat auch erfolgreich den Tevis Cup bestritten.

Wenn das Herz auf der Strecke bleibt

Wir waren niemals ein leidenschaftliches Liebespaar gewesen, doch eines Nachts fand ich mich in unserer Küche wieder, heulend und schluchzend, während Went in unserem Schlafzimmer mit einer jungen Geliebten Sex hatte. Wie sollte ich mit meiner Eifersucht umgehen? Oder fühlte ich mich nur einsam und verletzt? Went Tellington konnte ohne Probleme mehrere Frauen lieben, das hielt er für normal. Als mein Tränenvorrat erschöpft war, kam die pragmatische Linda wieder zum Vorschein. »Wenn ich meine Situation schon nicht ändern kann, dann muss ich das Beste daraus machen«, dachte ich mir. Ihn zu erschießen hätte wenig gebracht. Ich entschloss mich, in die Bibliothek zu gehen und ein Buch zu greifen, irgendeins, das mir Trost spenden würde. Da fiel mir ein Buch von Khalil Gilbran in die Hände, und ich schlug eine Seite auf und las:

»Von derselben Quelle, von der Dein Schmerz gespeist wird, aus dieser Quelle wird auch Deine Freude kommen.« Was für ein tröstlicher Gedanke. Dieser abgrundtiefe Schmerz würde sich also in himmelhochjauchzendes Glück verwandeln? Ja, diese Erkenntnis hat sich tief in meine Seele eingegraben und war für den Rest meines Lebens Richtlinie und Trost. Alles hat einen Sinn, jeder Schmerz beinhaltet den Diamanten, eine Kristallisation der Seele zur höheren Erkenntnis. Danke, Went, für diese schicksalhafte Lektion! Doch trotzdem ließ sich das Ende unserer Ehe nicht mehr aufhalten. Über eine Lappalie, unsere treue Köchin betreffend, die er wegen ein paar Birnen ungerecht behandelt hatte, und meine Stellungnahme dazu, geriet er in Rage. Zum ersten Mal in unserer Ehe hatte ich ihm widersprochen – und mehr noch: Wie ein Wasserfall brach es aus mir heraus. Ich sagte ihm alles, was sich schon länger in mir angestaut hatte, ob seiner Wutausbrüche, seines Alkoholkonsums und seiner Art und Weise, mit Geld umzugehen, so dass wir am Monatsende oft nicht wussten, wie wir die Futterrechnung bezahlten sollten.

Das dramatische Ende meiner Ehe

Er schaute mich voller Wut an und fragte mich mit verkniffenem Gesicht drei Mal, ob ich ihm nicht doch zustimme. Ich sagte ihm drei Mal, dass ich ihm nicht Recht gebe. Dafür verpasste er mir jedes Mal einen Faustschlag ins Gesicht, bei dem ich zu Boden ging und sofort wieder aufsprang, um mich ihm zu stellen. Nach dem dritten Mal bot er mir an, meine Antwort nochmals zu überdenken, und setzte sich ins Auto, um in unsere Wohnung nach San Francisco zu fahren, wo seine Geliebte auf ihn wartete. Er stieg ins Auto, ich blickte ihm nach und sah als letztes die roten Rücklichter seines Wagens um das Rosenbeet biegen. Mir war schlagartig bewusst, dass dies das Ende unseres gemeinsamen Lebens war. Mir wurde aber auch bewusst, dass ich verdammtes Glück gehabt hatte, denn Went war auch Profiboxer gewesen und hätte mich zu Matsch schlagen können. Meine Nase war zwar nicht gebrochen, schwoll aber zu einem Elefantenrüssel an, den ich niemandem auf der Farm erklären musste.

Ein neuer Anfang für mich ganz allein

Unsere Trennung vollzog sich im Verhältnis zu unserer Auseinandersetzung dagegen überraschend harmonisch. Ich kaufte Went die Reitschule mit allen Pferden und dem ganzen Inventar ab und führte sie weiter. Den finanziellen Rückhalt fand ich wieder in einer wunderbaren Frau, über die ich noch berichten möchte. Doch nach einiger Zeit, in der ich versuchte, alles allein zu machen, musste ich einsehen, dass ich – fast wie bei einer alleinerziehenden Mutter – den männlichen Teil Wents an der Schule nicht auch noch übernehmen konnte. Es überschritt einfach meine Kapazitäten. Und trotz guter Helfer, wie Roland Kleger und Wents Sohn aus erster Ehe, war es nicht mehr das Gleiche wie zuvor. Auch hier kam mir der Rat meiner Freundin Margit zu Gute, die meinte, man solle etwas beenden, wenn es den besten Ruf hatte. Die wunderbaren Pferde wegzugeben, die die Schule ausgemacht hatten, wahre Professoren und Kindermädchen für unsere Schüler, fiel mir ganz besonders schwer. Es waren insgesamt nahezu 60 gute Freunde und unglaublich interessante und eigenwillige Persönlichkeiten, die mir über die Jahre sehr ans Herz gewachsen waren. Viele Schüler kauften ihre Lieblinge, einige Pferde schickte ich direkt in Rente auf eine schöne Farm. Nur wenige Pferde nahm ich mit in die neuen Stallungen. Es war mir wichtig, dafür zu sorgen, dass alle einen guten Platz bekamen. Der Transit in eine neue Lebensphase wäre ohne die ungarische Gräfin, die schon seit einigen Jahren eine große Rolle in meinen Leben spielte, nicht möglich gewesen. Doch was für eine Persönlichkeit! Um ihren Einfluss zu begreifen, muss man ihre Geschichte kennen.

Linda mit dem ungarischen Hengst Brado in einer Military-Prüfung im Gelände.

FURIOSO- & NONIUS-PFERDE

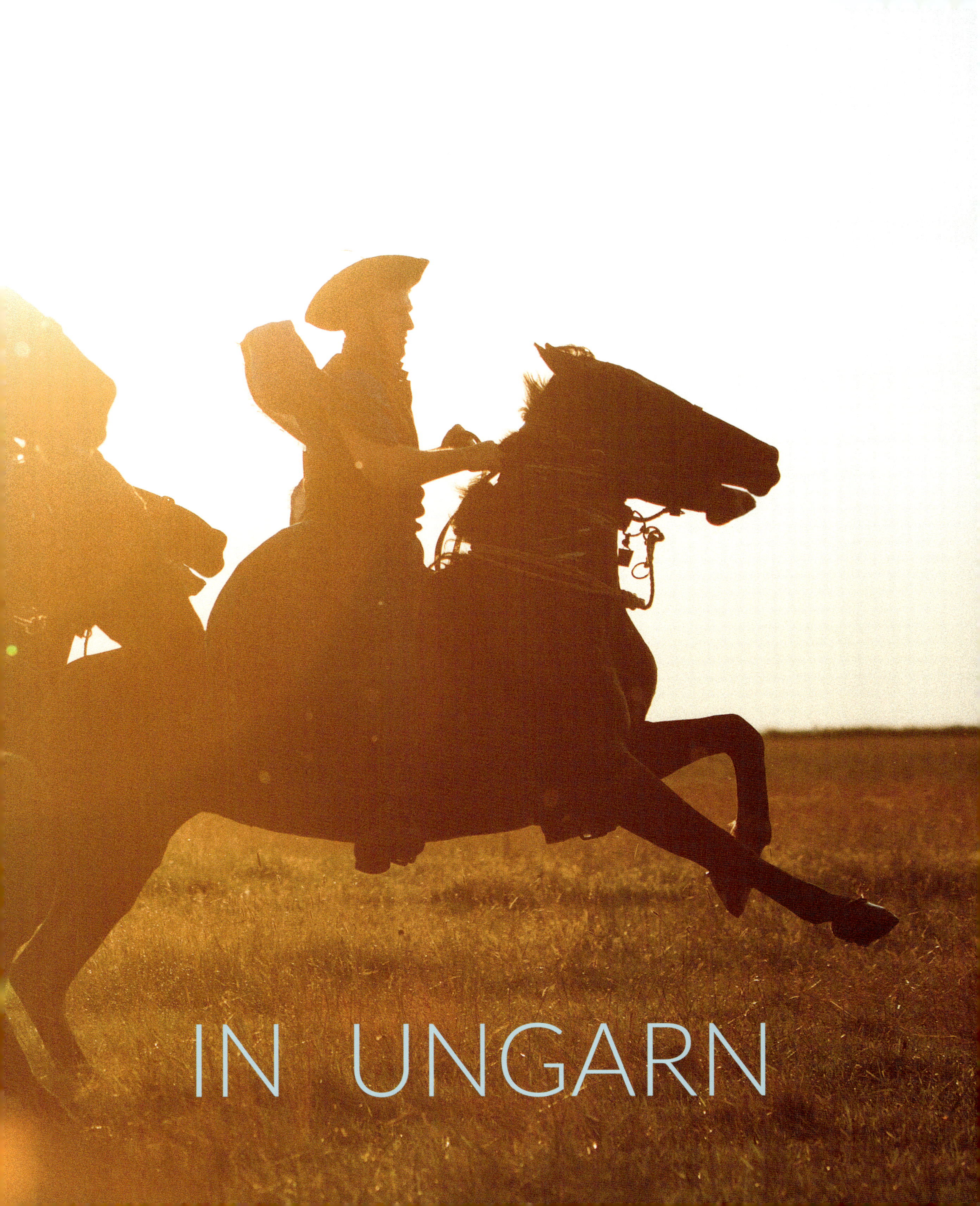

IN UNGARN

GRÄFIN
MARGIT SIGRAY BESSENYEY

Als die Gräfin Margit Sigray Bessenyey überraschend auftauchte und den Lauf meines Lebens veränderte, war sie wohl das Beste, was das Schicksal mir schenken konnte. Sie wurde mir eine wirkliche Freundin, entwickelte sich zu meiner Mentorin, ja Gönnerin, und war eine sprudelnde Quelle an Inspiration. Bedingt durch ihren familiären Hintergrund und Status, aber auch geleitet durch ihre persönliche und großherzige Liebe, war sie von Kindesbeinen an eine Pferdefrau durch und durch. Sie war außergewöhnlich, beeindruckend und immer wieder für Überraschungen gut. Gräfin Margit Sigray Bessenyey war einzigartig … und ich nehme keinen dieser Superlative zurück.
Margit war mein guter Stern, der mich über zehn Jahre durch mein turbulentes Leben begleitet und beschützt hat. Wo sie wirklich herkam und was für eine beeindruckende Geschichte hinter ihr stand, das sollte ich erst später erfahren, doch so viel vorab: Väterlicherseits stammte sie von einer der ältesten europäischen Adelslinien in Ungarn ab. Ihre Vorfahren besaßen riesige Ländereien und waren leidenschaftliche Pferdezüchter. Mütterlicherseits nannte sie Marcus Daly ihren Großvater. Der sogenannte »Kupferkönig Amerikas«, der mit der Anaconda-Mine in Montana ein gigantisches Vermögen gemacht hatte, war als bettelarmer irischer Junge mit zwölf Jahren alleine nach New York gekommen und hatte es geschafft, den amerikanischen Traum zu verwirklichen. Doch wie kam es, dass sie in meinem Leben auftauchte?

Warum gerade wir?

Gräfin Bessenyey verfolgte regelmäßig die Kolumne »Let´s Go« mit Informationen und Tipps zum Distanzreiten von Went und mir, die monatlich im Western Horse Magazine erschien. So war sie über mich und meine Erfolge bestens im Bilde. Neugierig geworden durch die Artikel, wollte sie gerne selbst herausfinden, ob diese junge Frau wirklich so gut war, wie man sagte. Es war kurz vor Weihnachten im Jahre 1964, scheinbar immer eine schicksalshafte Jahreszeit in meinem Leben, als das Telefon klingelte und sie anrief. Eine souveräne und distinguierte Frauenstimme mit einem leichten singenden Akzent fragte, ob es möglich wäre, mit eigenen Pferden zu einem intensiven Training zu uns zu kommen. Went lud sie natürlich herzlich ein. Gespannt und neugierig warteten wir auf die Ankunft der Person, die eine Strecke von immerhin guten 1.200 Meilen von Hamilton in Montana bis zu uns nach Los Angeles in der Nähe von San Luis Obispo an der kalifornischen Küste auf sich nahm.
Als der große Pferdetransporter mit allem Komfort und sogar mit einer Schlafkabine ausgerüstet dann auf dem Hof parkte, schauten Went und ich uns an und fragten uns: »Was kommt da wohl auf uns zu?« Aus dem Truck kletterte eine zierliche Frau mit kurzen, braunen Haaren und hohen Wangenknochen, eine schlanke Gestalt, die vom ersten Moment an sehr sympathisch wirkte und auf eine einfache und natürliche Weise wunderschön war. Sie hatte eine noble und souveräne Ausstrahlung – damals wussten wir nicht, dass dies praktisch ein Vermächtnis ihrer Familie war. Sie kam ganz allein angereist, ohne Entourage und ganz ohne irgendwelche Attitüde. Sie hatte diese lange Reise nur mit einem Fahrer und ihren Hunden und Pferden gemacht.

Countess Margit Bessenyey in der Tracht der Csikós, der Cowboys der Puszta.

Mit einem gewinnenden und herzlichen Lächeln trat Gräfin Bessenyey auf mich zu und begrüßte mich. Sie strahlte Weisheit und Güte aus, obwohl sie erst um die 40 Jahre alt war. Vielleicht mag das für den Einen oder Anderen etwas übertrieben klingen, aber ich empfand es wirklich so: Ihre Aura war sehr anziehend und intensiv. Ein Gefühl, als kehrte eine alte Freundin in mein Leben zurück, die ich lange vermisst hatte, ließ mein Herz vor Freude hüpfen. Erst jetzt im Rückblick der Jahre kann ich dies mit Worten beschreiben, damals war ich einfach nur zutiefst berührt und brachte kein vernünftiges Wort heraus. Und dieses Gefühl der Verbundenheit, das sofort vorhanden war, sollte nie mehr abreißen.

Die ungarischen Vollblüter treten in mein Leben

Als ihre vier prachtvollen Hengste die Rampe herunterkamen, erkannte ich sofort, dass diese Frau tatsächlich etwas von Pferden verstand. Vier vor Kraft strotzende braune Athleten, die nach der langen Reise vor Energie sprühten, sprangen da in mein Leben. Mein Trainingsstall beherbergte wirklich einige der besten Distanz- und Sportpferde aus den bekanntesten Gestüten Amerikas, doch diese vier Ungarn waren etwas Besonderes. Went, als Womanizer, war natürlich von der ersten Sekunde an fasziniert, mit einer so kultivierten und gebildeten Frau zusammenzutreffen. Und sie mochte seinen innovativen Geist und die Ideen, die er produzierte, um ihren Plänen unterstützend nachzukommen. Sie unterhielten sich nächtelang miteinander; ich war da eher ein Mäuschen mit ganz großen Ohren, das fasziniert zuhörte, viele Stunden lang, viele Abende und das immer begierig darauf war, mehr zu erfahren und zu lernen.

Nonius- und Furioso-Pferde sowie Shagyas

Mich faszinierten besonders ihre Pferde, über die ich unbedingt mehr erfahren wollte. Wo kamen sie her? Welche Abstammung hatten sie? Die Gräfin lachte ihr glockenhelles Lachen, als sie meine Fragen vernahm, und dann hörte ich sie zum ersten Mal von Nonius- und Furioso-Pferden und von den berühmten Shagya-Arabern sprechen. Das sind ungarische Pferderassen, von denen ich zehn Minuten vorher noch nicht einmal wusste, dass sie existierten. Von da an sollten diese Pferde mein Leben über viele Jahre maßgeblich bestimmen. Doch bevor sie weitererzählen würde, wollte sie sich erst einmal einrichten und ankommen, duschen und auspacken.

Zusammen mit ihr waren zwei riesige Irische Wolfshunde aus dem Transporter ausgestiegen und hatten sich elegant gestreckt. Dann wurde noch eine Holzkiste ausgeladen, darin befanden sich gut ein Dutzend Flaschen des besten Champagners. Wie wir später erfahren sollten, reiste die Gräfin nie, ohne einen Vorrat ihres Lieblingschampagners dabeizuhaben: Es gehörte einfach zu ihrem Lebensstil dazu. Erst als der Champagner kalt genug war, um geöffnet zu werden, fing die Gräfin an zu erzählen. Das Kaminfeuer knisterte, Gräfin Margit Bessenyey saß in einem gemütlichen Korbstuhl eingerahmt von ihren beiden Wolfshunden, und in ihrer Hand hielt sie einen Kristallkelch gefüllt mit prickelndem Champagner. Alles was sie tat, tat sie mit Eleganz, Stil und Würde … Dieses Bild wird für immer in meinem Gedächtnis verankert bleiben – am Abend nach ihrer Ankunft! Sie war eine gute Erzählerin, der ich immer gebannt zuhören konnte. Nur das kurze »Plop« beim Öffnen einer neuen Flasche unterbrach ihre Erzählung, die uns mitnahm auf eine Zeitreise in das Land der Magyaren.

Ungarischer Hochadel und amerikanischer Geldadel

Von ihrer bewegten Lebensgeschichte möchte ich hier einen kleinen Auszug wiedergeben:

»…Unsere Familie ist schon seit jeher den Pferden verfallen, sagen wir sie sind ein Teil unserer Familie, das ist bei den Ungarn so. Die Magyaren waren von alters her ein Reitervolk und ein Volk der Viehzüchter. Große ebene Grasflächen wie die Puszta und die weitläufigen Seen boten dafür ideale Voraussetzungen. Wir stellten schon immer eine unschlagbare Kavallerie, und als wir dann unfreiwillig zum habsburgischen Kaiserreich dazugehörten, waren die ungarischen Reiter eine der wichtigsten Einheiten im Heer.

Ziehbrunnen in der Puszta.

Mein Vater, Graf Anton Sigray von Febre, war ein Aristokrat, stolz, wagemutig, ein brillanter Erzähler, ein genialer Reiter und liebevoller Familienvater. Er gehörte dem ungarischen Parlament an und war bei dem Einmarsch der deutschen Armee gezwungen, eine deutsche Uniform anzulegen, sonst hätte man ihn erschossen. Doch das nützte nicht viel, denn seine anti-nationalsozialistische Gesinnung und seine pro-amerikanische Einstellung führten dazu, dass er dennoch verhaftet und ins Konzentrationslager Theresienstadt geschickt wurde. Eine amerikanische Armeeeinheit befreite ihn zwar 1945, und er wurde mit seiner Familie in den Vereinigten Staaten wieder vereint, starb aber kurz danach. Meine Mutter, Harriet, wurde in Amerika geboren. Sie war die Lieblingstochter von Marcus Daly, dem Kupferminenkönig von Montana, der ein fanatischer Reiter und großer Pferdeliebhaber war.

Der elegante und charmante ungarische Diplomat Graf Bessenyey in Washington, der außerdem ein genialer Reiter war, eroberte ihr Herz im Sturm, und ihre Verlobung war eine Sensation in der Upperclass. Sie folgte ihm in seine Heimat und tauchte in eine andere Gesellschaft und Epoche ein. In der Zeit vor dem Zweiten Weltkrieg lebte das Paar wechselweise auf beiden Kontinenten. Es muss traumhaft schön gewesen sein: Rauschende Feste, glanzvolle Bälle und Jagdritte – den aufziehenden Krieg hatte man als bösen Dämon hinter einem Wandschirm abgestellt. Ich war die einzige Tochter der beiden und bewegte mich zwischen zwei Kulturen in der alten und der neuen Welt. In einem Monat tanzte ich auf dem Wiener Opernball und nach einer Überfahrt mit der Queen Victoria nach New York im Waldorf-Astoria-Hotel mit den Vanderbilts und den Rockefellers. Meine beste Freundin Judith Barczy Gyurky, die auch aus einer alten ungarischen Adelsfamilie stammte, teilte mit mir die Leidenschaft für Pferde, und wir galoppierten bei den ausgiebigen Jagdveranstaltungen in Ungarn um die Wette über gewaltige Hindernisse. Die schönsten Erinnerungen an meinen Vater sind fest verbunden mit unseren gemeinsamen Ritten über das Land unserer Ahnen – auf den selbst gezogenen Furioso-Pferden und dem Gefühl des Vertrauens zu diesen Pferden, wenn sie kraftvoll über die gewaltigen Natursprünge und Gräben setzten. Ich kann heute noch in meinem Körper spüren, wie glücklich es mich gemacht hat! Doch als erst die Deutschen und dann die Russen in unser Land eindrangen und die Zerstörung sich wie ein Krebsgeschwür ausbreitete, zerstob unsere Idylle wie mit einem gewaltigen Hammerschlag. Als Erstes nahmen sie uns die Pferde weg …«

Margit rettet die Pferde ihrer Familie

Ein unglaubliches Leben breitete sie vor uns aus und ließ es vor unseren inneren Augen lebendig werden. Und dann begann sie mir und Went zu erzählen, was es mit diesen besonderen ungarischen Pferden auf sich hat:

»… Unsere Pferde waren schon immer im Hinblick auf ihre Leistungsbereitschaft für die Kavallerie gezüchtet worden. Sie waren ideale Kriegspferde. Auch schon in früheren Zeiten und in anderen Ländern hatte man dies getan, so waren zum Beispiel der Lusitano in Portugal und das Marwaripferd in Indien als Kriegspferde über Jahrhunderte hinweg selektiert worden. Auch die Trakehner in Ostpreußen wurden dahingehend gezüchtet. Ein Kriegspferd musste folgende Eigenschaften haben: Es musste solide und athletisch gebaut, ausdauernd und mit starkem Willen ausgestattet sein und furchtlos alles angehen, was sein Reiter verlangt. Dies war auch das Zuchtziel in Ungarn. Man kreuzte bodenständige Stuten mit englischen Vollblütern. In den Mutterstuten floss aber schon das Blut der besten arabischen Blutlinien, die über die Shagya-Araber eingekreuzt worden waren. Diese stammen von Original-arabischen-Blutlinien aus Syrien ab. Furioso und Northern Star, die beiden englischen Vollbluthengste, die erfolgreiche Nachkommen für die Rennbahnen in England hinterlassen hatten, erwiesen sich als Glückstreffer. Sie haben die einflussreichsten Linien in Ungarn begründet, und jeder Hengst hinterließ allein im Stutbuch an die 100 registrierte Söhne und Töchter.

Es gab Tausende dieser Nonius-Pferde, heute sprechen wir noch über einige hundert versprengte Individuen …«

Russische Panzer und eine Welt geht unter

»… Als dann die russischen Panzer auf das eiserne Eingangstor von unserem Schloss in Sebutkan im Norden Ungarns zurollten, stellte ich mich mit meinen Hunden, eine Reitpeitsche fest in der Hand und mit klopfendem Herzen vor das geschlossene Tor der Auffahrt. Scheinbar war der ranghöchste Offizier von dieser mutigen jungen Frau, die ihm mit ein paar gebrochenen russischen Sätzen sagte, dass sie nicht weichen würde, so beeindruckt, dass er mit seiner Kolonne abbog und zu den Stallungen fuhr. Mit Tränen in den Augen musste ich zuschauen, wie die Pferde der Sigray-Familie konfisziert und abtransportiert wurden. Die edle Rasse würde ausbluten und im Sog des Krieges vernichtet werden. Meine einzige Genugtuung war, dass wir so viele Zuchtstuten und Hengste wie möglich schon über die Grenze in die Tschechei gebracht hatten.

Genauso erging es meiner Freundin Judith Gyurky, die sich mit 67 Pferden zur Flucht entschlossen hatte – ein schier unmögliches Unterfangen. Doch wenn sich Judith etwas in den Kopf gesetzt hatte, dann stand sie mit ihrem Leben dafür ein. Mit immer noch 20 Pferden entkam sie knapp der russischen Armee und entging um Haaresbreite der Erschießung; doch das ist eine ganze andere Geschichte. Als wir uns wiedertrafen und uns anschauten, wussten wir, was wir verloren hatten und sanken uns schluchzend in die Arme. Ohne ein Wort zu sagen, besiegelten wir in diesem Moment den Pakt, dass der Rest unseres Lebens von dem brennenden Wunsch bestimmt sein würde, wenigstens einen Teil der Pferde zu retten und auf sicherem Boden weiter zu züchten. General Georg S. Patton, der die amerikanische Invasionsarmee befehligte, war glücklicherweise ein Pferdemann. Er hat nicht nur die Lipizzaner der Wiener Hofreitschule in einem abenteuerlichen Handstreich gerettet, sondern auch die Restbestände verschiedener Rassen, die von den Nazis beschlagnahmt waren, aufgespürt und sichergestellt. Verantwortlich für diese immense Aufgabe war Colonel Fred E. Hamilton als Offizier der Remonteneinheit der amerikanischen Kavallerie. Der Pferdekenner hatte ein Team von sechs Offizieren, zwei Veterinären und einem genialen Pferdehändler dabei, als er in der Tschechoslowakei auf die Suche ging. Erfüllt von der Aufgabe, historische Blutlinien und Kulturgüter vor der Zerstörung zu bewahren, leistete er wahre Bravourstücke und zog Pferde hervor, die von der deutschen Armee in alten Schuppen und Höhlen versteckt worden waren. So fand er auch viele Nonius-Pferde, Furiosos und Shagya-Araber und schickte die besten davon auf einem Schiff nach Amerika. Auch auf dem Weg nach Hamburg in den teilweise zerstörten Hafen gab es noch viele Hindernisse zu überwinden, und es grenzt an ein Wunder, dass so viele Pferde gerettet werden konnten. Doch damit war die Tortur für sie nicht vorbei, denn der Frachter geriet in einen Sturm, der ihn fast versenkt hätte. Die Pferde im Bauch des Schiffes wurden hin und her geschleudert, die Holzverschläge brachen, Wasser strömte die Niedergänge hinunter, die Hengste fingen an, miteinander zu kämpfen. Es herrschte die Hölle unter Deck, und viele Pferde überlebten die Überfahrt nicht.

Ein neuer Anfang in Amerika

»Inmitten dieses Infernos befand sich der Hengst Honpolgar IV., geboren 1943, der für den Rest seines Lebens Wasser verabscheute. Er war sowohl Nonius als auch Furioso und hatte Kisberyblut in seinen Adern – eine geniale Mischung der besten ungarischen Blutlinien. Die Armee stellte ihn einem Farmer in den Rocky Mountains als Hengst zur Verfügung, damit er dessen Quarter-Horse-Stuten veredeln sollte. Jim Edwards war von dem Schimmel begeistert und schloss ihn in sein Herz. Humphrey, wie er ihn nannte, wurde zum Mitglied der Familie und graste im Vorgarten bei der Veranda. Als 1949 das Remontendepot der amerikanischen Kavallerie aufgelöst wurde, weigerte sich Jim, den Hengst zurückzugeben und schrieb »if you come to get him, you will not find him, we will be gone to the mountains.« Meine Freundin Judith und ich suchten in ganz Amerika nach den importierten ungarischen Pferden und konnten auf einer Auktion in Fort Robinson einige Stuten mit passenden Blutlinien wiederfinden. Doch uns fehlte noch der richtige Hengst. Irgendwie hörten wir von dem ungarischen Schimmelhengst in Nebraska und fuhren sofort hin. Was für eine Überraschung und Freude, als wir erkannten, welchen Schatz wir vor uns hatten, auch dass noch originale Papiere existierten! Doch leider konnten wir ihn nicht kaufen. Aber Jim ließ sich erweichen und verpachtete uns Honpolgar IV. Wir waren uns sicher, dass es mit ihm gelingen würde, die Zucht der ungarischen Rassen wieder aufzubauen, diesmal in Amerika …«

Sie war eine Königin wie aus einem Märchen

Wir konnten der Gräfin nur gebannt und mit offenem Mund zuhören. Dann blickte sie mich an und fragte mich, ob mir die Pferde gefallen würden. Welch eine Frage! Ich konnte es kaum abwarten, sie zu reiten. Mit dieser Geschichte im Kopf, mit meinem Wissen, was für unglaubliche Pferde ich unter dem Sattel hatte, wusste ich sofort, dass sie gute Distanzpferde sein würden, aber auch die besten Militarypferde, die ich mir wünschen konnte.

Die Nonius-Pferde und die Furiosos gehen auf den Einfluss von Vollblütern zurück.

Ich ahnte jetzt erst die wirkliche Dimension der Mission, auf der ich Gräfin Margit in den nächsten Jahren begleiten würde. Sie machte mir klar, dass ich ihre Pferde trainieren und auf Sportveranstaltungen erfolgreich vorstellen sollte, damit diese fast verlorene ungarische Rasse in Amerika durch ihre Erfolge bekannt würde. Dazu hatte sie sich nach ihren Worten »die beste Reiterin in Amerika ausgesucht«. Man kann sich gar nicht vorstellen, wie gut mir das tat ... Obwohl ich nicht an Minderwertigkeitsgefühlen litt, war es trotzdem unglaublich schön, dieses Lob von einer Frau ihres Formats zu hören. Schon ihre Anwesenheit tat mir gut. Sowohl Menschen als auch Tiere fühlten sich von ihr angezogen. Sie war immer und überall da, beobachtete mich und fragte sehr dezent und klug. Ganz besonders unsere Fütterung mit den zusätzlichen Mineralstoffen und der von Went erfundenen speziellen Rezeptur interessierte sie.

Schon nach kurzer Zeit wurden wir drei ein gutes Team. Ich lernte allmählich die unglaublichen Vorzüge ihrer Pferde kennen; und zwei Pferde aus ihrer Zucht und der ihrer Freundin Judith Gyurky, der Hengst Brado und die Stute Duna, zählten neben der Araberstute Bint Gulida zu den besten Pferden meines Lebens.

Unser Werbefeldzug für die ungarischen Pferde

Went arbeitete einen Werbefeldzug aus, und wir bereisten mit einer unglaublich erfolgreichen Shownummer, bei der wir die Trense nur durch eine kleine Schnur ersetzten, die durch das Pferdemaul ging, ganz Amerika. Diese Art des leichten Reitens lehrten wir auch in unserer Schule, wir nannten es »indian style«, und es forderte eine ganz sanfte Verbindung zum Pferdemaul, denn ansonsten riss der dünne Faden. Für unsere Show hatte Margit besondere Seidenblusen mit weiten Ärmeln schneidern lassen, so wie sie die Csikós in der Puszta tragen, nur dort sind sie natürlich aus Leinen statt aus Seide. Unsere Reitstiefel waren auch nach ungarischer Tradition gefertigt, und wir hatten Reithosen in einheitlichen Farben. Zu viert waren wir ein sensationelles Team, das auf den großen Events und Shows viel Aufsehen erregte. Auch sportliche Erfolge stellten sich umgehend ein, und Margit fühlte sich für viele Jahre in guten Händen.

Die Zuchtstuten und Hengste lebten bei ihr in Montana auf der Bitterroot Stock Farm fast wie im Paradies. Tausende von Hektar an Land, Berge, Seen und Flüsse – es war eine Freude, dort zu reiten. Das Anwesen war ein Vermächtnis ihres Großvaters Marcus Dayl. Wir organisierten sogar eine eigene Trophy mit einem Distanzrennen dort. Und wenn ich sie besuchte, dann erlebte ich den klassischen amerikanischen Traum, doch vermischt mit einer europäischen Finesse und Eleganz, die ihresgleichen suchte.

Ein geniales Angebot und eine mütterliche Freundin

Gräfin Margit wollte immer auf dem Laufenden gehalten werden, und wir telefonierten fast jeden Morgen miteinander. Das wurde quasi zu einem Ritual, das zehn Jahre lang aufrechterhalten wurde.

Nach meiner Scheidung von Went führte ich das Ausbildungszentrum PCERF, wie schon gesagt, einige Zeit lang weiter. Doch sah Margit sehr deutlich und viel schneller als ich, dass ich die immense Aufgabe, die mir die Schule stellte, allein nicht bewältigen konnte. In ihrer unglaublich sanften Art überzeugte sie mich, einen Schlussstrich zu ziehen, solange die Reputation der Schule noch makellos war. Und sie machte mir ein Angebot, das ich nicht ausschlagen konnte: Warum verkleinerst Du Dich nicht, machst eine exklusive Schule und kümmerst Dich um meine Pferde in einem eigenen Stall zur Schulung und zum Verkauf?

Es war für mich ein sehr schmerzliches Kapitel, das »Pacific Equestrian Research Center« zu schließen. Doch kaum zwanzig Kilometer entfernt fanden wir ein traumhaftes Anwesen mit ausreichend Land und Stallungen und einem wunderschönen Herrenhaus, in das ich mit den wenigen Pferden, die ich behalten wollte, einzog: Das waren gut ein Dutzend der ungarischen Pferde und natürlich einige der Schulpferde, die mir sehr ans Herz gewachsen waren, und irgendwie zu meiner Familie dazugehörten. Von da an kümmerte sich Margit wie eine große Schwester um mich, jedoch immer diplomatisch, respektvoll und mit einer eleganten Zurückhaltung.

Das ungarische Temperament der Gräfin

Nein, langweilig wurde es nie, ihr ungarisches Temperament kam regelmäßig durch, aber auch ihre Leistungsbereitschaft und ihr reiterliches Können beeindruckten mich immer wieder. So ritt sie mit mir einige Distanzritte und vollendete auch den Tevis Cup. Unsere morgendlichen Gespräche waren ein Halt für mich. Sie konnten länger dauern und wurden nie langweilig, denn unser Thema waren ihre Pferde. Mindestens einmal im Monat entschied sie, dass ich genug gearbeitet hätte und Urlaub brauchte. Manchmal war ich dann in Montana auf ihrer Ranch zu Gast oder sie ließ mich nach Maryland einfliegen. Schon 1954 hatte sie dort eine »Mansion«, ein herrschaftliches Anwesen gekauft, das früher der Familie Roosevelt gehörte und heute als historisches Baudenkmal Staatseigentum ist. Dort zu leben fühlte sich an wie in einem bombastischen Hollywoodfilm. Ich bekam eigenhändig von ihr mein Frühstück ans Bett serviert – ein Bett, das imposant und gewaltig und mit einem großen Baldachin ausgestattet war.

Linda und ihre Schwester Robyn beim Hindernisrennen in Pebble Beach kurz vor dem Sturz.

Wir machten es uns gemütlich und redeten über Pferde, aber auch über Antiquitäten, über Kunstausstellungen und Leute, die wir kannten. Wir gingen einkaufen und genossen den Blick auf den Potomac River bei einer Tasse Tee.

Luxus und Lebensstil

Margit war von unaussprechlichem Luxus umgeben, dem feinsten China-Porzellan oder Kristalllüstern aus Murano. Der Fußboden war aus Carrara-Marmor und die Teppiche wahre Antiquitäten. Im Gegensatz zu mir betrachtete sie den Luxus als ihrem Lebensstandard angemessen. Sie hatte aber eine Art und Weise, mit Menschen aller sozialen Schichten umzugehen, die jeden, vom mexikanischen Gärtner bis zum Generaldirektor des »Waldorf Astoria« für sie einnahm. Ihre adlige Herkunft und ihre Kultur waren für sie mit einigen Verpflichtungen verbunden, die Pferde jedoch waren ihr Lebenselixier. So konnte sie bestückt mit ihren Juwelen oder dem Diamantendiadem zur Silvesterparty mit den Vanderbilts im Waldorf Astoria dinieren oder mit Jeans und Boots am Lagerfeuer in den Rockys Würstchen am Stock aufspießen und rösten, wenn wir auf einem Ritt waren: Sie war immer sie selbst, ein Mensch mit einem großen Herzen, der andere erwärmen und trösten konnte, ohne sie zu verletzen.

Nie mehr im meinem Leben habe ich einen Menschen wie sie getroffen. Sie hat mich geprägt, meinen Geschmack geformt, mein Selbstbewusstsein gestärkt und mich immer unterstützt. Aber es war noch mehr: Sie hat meine Seele beflügelt und meine Visionen genährt. Sie hat mich ermahnt, immer meiner Intuition zu folgen, mir treu zu bleiben. Sie war wohl einer der wichtigsten Persönlichkeiten in meinem Leben. Selbst als ich ihr sagte, dass ich dies alles hinter mir lassen wollte, um zu lernen und nach Deutschland zu gehen, selbst dann noch hat sie mich nur unterstützt. Was für ein großherziger Mensch.

… und trotzdem musste ich fortgehen

Es war eine innere Stimme, die mich dazu zwang, Amerika zu verlassen und sozusagen ein lebenslangen Vertrag mit der Gräfin Margit Sigray Bessenyey aufzukündigen; einer Frau, die mich wie ihre Tochter behandelte und für mich sorgte. Vielleicht hätte sie mir auch ein Erbe hinterlassen, ihre Farm oder Pferde, denn damit konnte ihr Stiefsohn nichts anfangen. Das Leben im »Federbett voller Luxus und Sicherheit« war verlockend, doch ich spürte, dass es nicht mein Weg war und mich nicht erfüllte. Ich wollte wieder lernen und Neues erfahren, weitergehen, neue Herausforderungen annehmen – was auch immer es war, so diffus und nur als Ahnung vorhanden, ES zwang mich dazu mein Leben zu ändern.

Der Untertitel dieses Buch heißt nicht ohne Grund »Vertraue Deiner Intuition«, denn ich möchte mit meiner Lebensgeschichte zeigen, dass es nicht immer einfach oder klar ist, seiner Intuition, seinem Weg zu folgen. Meine ungarische Gräfin kannte mich gut, sie verstand mit ganzem Herzen, dass ich innerlich brannte und nicht leben konnte, ohne meinem Ruf zu folgen. Sie hatte ihre Furioso-Pferde, die sie züchtete. Ihr Lebensinhalt war es, diese wundervolle Rasse, in der sie ihre ganze Geschichte, die ihrer Familie und die ihres Landes verkörpert sah, zu erhalten. Das war auch das Ziel ihres Mannes, des Baron Georg B. Bessenyey gewesen, der leider schon 1958, ein Jahr nach ihrer Hochzeit, überraschend verstarb. Von diesem Schicksalsschlag hat sie sich emotional nie erholt und war nie wieder eine neue Beziehung eingegangen. Sie pflegte große Gesellschaften zu geben und war eine zentrale Figur im amerikanischen Gesellschaftsleben. Über viele Jahre waren wir uns so nah, dass sie mich wahrscheinlich als ihre Familie angesehen und heimlich gehofft hatte, ich würde ihren Lebensinhalt, die Fortführung des Gestütes, übernehmen. Daher war mein Abschied für sie noch schmerzlicher. Doch sie hat mich mit keinem Wort zurückgehalten. Leider, leider habe ich sie nie mehr besucht, und einige Jahre später wurde sie tot in ihrem Bett aufgefunden. Ihre Pferde wurden in alle Winde verstreut, keiner trug ihr Vermächtnis weiter. Zwanzig ihrer Lieblingspferde wurden am Tag ihrer Beerdigung, ihrem Testament folgend, erschossen, und sie ritt mit ihnen über die Regenbogenbrücke. Über 300 Pferde mit den besten Blutlinien und der feinsten Ausbildung ließ sie zurück, in der Hoffnung, dass sie ihre Gene weiterverbreiten würden. Sie war eine Magyarin, wie die Ungarn sich selbst nennen, entstammte einer Dynastie von großen Persönlichkeiten, die Geschichte geschrieben haben. Die Zeit war vergangen, nur noch in ihren Pferden konnte ihre Erinnerung weiterleben. Von 1963 bis 1974 war Margit ein wichtiger Teil in meinem Leben und sie war auch daran »schuld«, dass ich Birch Jones heiratete, aber das ist ein neues Kapitel.

Lindas Schülerin Shannon Yewell Weil hat ihre Erinnerungen an die Tellingtons und die Pacific Coast Equestrian Research Farm in einem Buch zusammengefasst. Ich möchte mich dafür bedanken, dass Shannon viele Bilder für dieses Buch zur Verfügung gestellt hat.

WESTWIND HUNGARIAN HORSE FARM

Birch Jones, mein zweiter Ehemann

Nach der fast schon harmonisch zu nennenden Scheidung von Wentworth Tellington war ich als geschiedene Frau zwar attraktiv, aber nicht ganz gesellschaftsfähig. Wie muss man das verstehen? Das war damals in den siebziger Jahren in den Kreisen der besseren Gesellschaft in Amerika etwas schwierig: Man war ziemlich konservativ. Es war noch die Zeit der Rassentrennung, der unterschiedlichen sozialen Schichten usw. Da mein Kundenklientel zum Training von Distanz- und Vielseitigkeitspferden jedoch aus diesem betuchten konservativen Milieu kam, musste ich mir, ob ich wollte oder nicht, Gedanken dazu machen. Das Problem löste sich sozusagen von alleine, denn es war bereits ein Mann aufgetaucht, der fast übergangslos in mein Leben hineinschlüpfte.

Noch zu Wents Zeiten wurde der junge Birch Jones mein Schüler, denn er wollte so schnell als möglich sehr gut reiten lernen. Warum, erklärte er auch gleich bei der Anmeldung: Sein Traum war es, sich für das Pentathlon Team der USA zu den Olympischen Spielen im Jahre 1974 in Montreal zu qualifizieren. Dazu musste er unter anderem Fechten und einen Marathon laufen, was er sehr gut konnte. Doch es gehörte auch die Disziplin Reiten dazu. Bei den Wettkämpfen wurde von den Teilnehmern verlangt, einen Spring-Parcours zu bewältigen. Die Pferde, die die jeweiligen Teilnehmer reiten sollten, wurden vor der Prüfung durch ein Losverfahren bestimmt. Da Birch nicht viel Ahnung von Pferden hatte, suchte er meine Hilfe. Es stellte sich heraus, dass er ein talentierter Reiter war, und zudem sah er auch unheimlich gut auf dem Pferd aus: Jung, strahlend und super durchtrainiert – das gefiel mir schon von Anfang an, obwohl ich mir da keine weiteren Gedanken machte, denn Birch war elf Jahre jünger als ich.

Ich entdeckte die Faszination des Fechtens

Er erzählte so viel über die Raffinesse und Leichtigkeit des Fechtens, dass ich Lust bekam, es ebenfalls zu lernen. Also bot er mir an, mich zu seinem regelmäßigen Training mitzunehmen und mit mir zu üben. So kam es, dass wir einige Male im Monat gemeinsam nach San Francisco fuhren und viele Stunden zusammen im Auto verbrachten, wo wir uns ungestört unterhalten und kennenlernen konnten. Es beeindruckte mich, die ich immer nur im Sattel gesessen hatte, dass Birch Gedichte schrieb. Er war damals schon spirituell sehr offen und sprach mit mir über Reinkarnation. Irgendwie war er am Anfang etwas mysteriös für mich, aber dadurch auch sehr anziehend.

Birch Jones stellte sozusagen das krasse Gegenteil zu meinem ersten Mann dar. Zwischen beiden klaffte ein Altersunterschied von 31 Jahren und zwei Generationen. Went hatte bisher alles in unserem gemeinsamen Leben bestimmt, und ihm zu widersprechen wäre eine Kampfansage gewesen. Er rührte die Werbetrommel und nutzte alle verfügbaren Medien, um mich bekannt zu machen. Er war der Kopf, Organisator und Manager der Schule, beherrschte alle Aktivitäten und verfügte über die Einnahmen. Mein Part bestand darin, unsere Schüler zu unterrichten und unsere Pferde zu trainieren – darin lag meine Berufung. Ich war erfüllt und glücklich. Ich lernte, die richtigen Worte zu finden, die meine Schüler motivierten, ihnen neue Einsichten vermittelten und sie inspirierten. Bei Went habe ich das Zuhören gelernt, zwischen den Zeilen zu lesen und mich klug und diplomatisch zu verhalten, um keine Katastrophen heraufzubeschwören. Er war ein begnadeter Rhetoriker und Redner, der eine Gesellschaft einen ganzen Abend lang unterhalten konnte, dabei sprach er aber auch sehr dem Whiskey zu. Seine rhetorische Brillanz und sein immenses Wissen faszinierten mich immer wieder. Man könnte rückblickend sagen, dass unser Zusammenleben eine Schule des Lebens für mich war: hart, lehrreich und fordernd. Privatleben und Zärtlichkeiten gab es bei Went kaum – keinen Kuss, keine Zeit für uns.

Wentworth Tellington hatte ich 1955, knapp achtzehnjährig in einer riesigen Kirche in Reno, Nevada, geheiratet. Trauzeuge war das Ehepaar Harold und Beatle, deren wundervolle arabische Pferde ich trainierte. Meine Eltern waren auch zugegen gewesen und hatten mich tapfer angelächelt. Ich kann mich noch an den sehr warmherzigen Priester erinnern, der die Trauung vollzogen hatte, und dass ich mich in dem weißen Seidenkleid mit den Handschuhen und dem Hut sehr elegant und erwachsen fühlte. Es gab kein großes Fest, keine Freunde, wir waren ja gerade erst nach Reno gezogen. Went hatte seine Vergangenheit hinter sich gelassen und ich hatte sozusagen keine, außer meiner Familie.

Birch war ein Träumer und Poet

Mit Birch Jones war alles anders, er engte mich nicht ein, sondern wir waren wie zwei unbeschwerte Kinder, die das Spiel »Leben« spielten. Er stammte aus einer wohlhabenden und sehr kultivierten Familie in San Francisco, hatte fantastische Manieren und stellte den idealen Begleiter für mich dar. Wir lebten zusammen und dachten uns nicht viel dabei. Dann wurde ich von meiner guten Freundin Gräfin Bessenyey dezent darauf hingewiesen, dass ich es mir nicht leisten könne, in »wilder Ehe« zu leben. »Schließlich hast Du einen Ruf zu verlieren, den Du Dir mühsam über Jahre aufgebaut hast«, sagte sie. Was lag also näher, als Birch Jones zu heiraten, der keine Ansprüche stellte und mich in keinster Weise »behinderte«?

Birch war wie gesagt elf Jahre jünger als ich, jugendlich, offen und unvoreingenommen. Er hatte mir sowohl an Lebenserfahrung als auch an Persönlichkeit wenig entgegenzusetzen. Diesmal war ich die Hauptperson und hatte endlich den Raum, den ich benötigte, um meine eigene Persönlichkeit zu entwickeln. So begann ich alles Mögliche nachzuholen, was ich in den letzten achtzehn Jahren meines Lebens mit Went vermisst hatte. Wir gingen in Konzerte und genossen das Leben in vollen Zügen.

Linda und ihr Ehemann Birch Jones beim Distanzritt.

Meine romantische Trauung

Meine zweite Hochzeit unterschied sich grundlegend von meiner ersten. Ich wurde nicht geheiratet, sondern ich habe geheiratet und mir den Traum von einer romantischen Hochzeit draußen auf dem Land erfüllt. Die kleine Kirche war mit Sommerblumen ausgeschmückt und Orgelmusik erfüllte den Raum. Sonnenlicht fiel durch die hohen Fenster und bedeckte den Boden wie ein Teppich, über den ich am Arm meines Vaters schritt, der mich stolz den Mittelgang entlang zum Altar hinaufführte. Mein Hochzeitskleid war nicht weiß, sondern altrosa und aus Crêpe de Chine und mit Perlen bestickt.

Ich hatte es auf einem meiner Streifzüge durch Antikläden gefunden, die besondere Objekte aus der Epoche des Jungendstils sammelten. Es versetzte mich in eine andere Zeit zurück und ich fühlte mich, als wäre alles nur ein Film In meinem Haar trug ich Blumenblüten eingeflochten, wie Perlen in einer Krone. Birch sah fantastisch aus! Es war so leicht, ihn zu heiraten, er strahlte in seinem weißen Anzug und trug ein Lächeln auf den Lippen. Ob meine Eltern meine Heirat verstehen konnten? Ich weiß es bis heute nicht, sie haben nie darüber gesprochen. Die Hochzeitsfeier fand natürlich auf der wunderschönen »Westwind Hungarian Horse Farm« statt und Gräfin Bessenyey hatte uns extra einige Kisten ihres Champagners geschickt. Es war eine lockere Country-Party, ein mexikanisches Fest mit Paella und Sangria, frischem Obst und Avocados, ausgelassener Musik und Tanz. Lebensfreude pur! Meine Schüler vergötterten mich und wir feierten ausgelassen bis spät in die Nacht hinein. Ich war unendlich glücklich, und dies war auch der letzte Gedanke, mit dem ich in dieser Nacht einschlief.

Mit 30 Jahren mein eigener Herr

Jetzt war ich ganz und gar in meinem Leben angekommen und ich bestimmte alles bis ins letzte Detail. Es fühlte sich großartig an. Birch war dies mehr als recht, er segelte sozusagen an meiner Seite dahin und genoss es zu genießen, ohne viel Verantwortung tragen zu müssen. Wenn wir gemeinsam auf einem Turnier auftauchten, stellten wir als Paar die Attraktion dar, denn wir sahen hinreißend aus. Und Birchs jungenhafter Charme hatte eine besondere Anziehungskraft für ältere Damen. Zu zweit flogen wir über die Hindernisse auf den Jagdparcours und hatten auch gesellschaftlich unsere Position gefunden. Birch spielte hervorragend Polo und wusste sich im Pebble Beach Hunt Club und auf den zahlreichen Partys zu bewegen. Wir besaßen eine ganze Kollektion maßgeschneiderter Reitstiefel für all die verschiedenen Events, ob Polo oder Jagdreiten, sehr elegante Reitkleidung und eine edle Kollektion von Reitgerten. Wir hatten wirklich Stil!
Birch lebte mit mir in einer realitätsfremden Zauberwelt, was ganz seinem inneren Naturell entsprach. Wenn er die Wahl gehabt hätte, wäre er gerne in einer anderen Zeit geboren worden und als Ritter in der Tafelrunde von König Artus gesessen. Er liebte mein Haus, das ich mit Antiquitäten ausgestattet und mit großen Gobelinteppichen dekoriert hatte. Ihm zur Freude erstand ich bei einer Auktion zwei mannshohe glänzende Ritterrüstungen und stellte sie am Eingang auf. Unsere Nachbarin war zufällig eine sehr angesagte Innenarchitektin, mit der ich stundenlang über Stoffe und chinesische Vasen reden konnte, was ich so sehr genossen habe. Ich wollte mir endlich eine Welt erschaffen, die großzügig auf mich zugeschnitten war, denn mit Went hatte ich eher spartanisch gelebt. Er war innerlich immer ein Kavallerieoffizier geblieben und liebte die einfache, funktionale Schlichtheit von Gebäuden und Stallungen. Alles musste effektiv und nützlich sein. Auch in dieser Einfachheit konnte er eine gewisse Ästhetik ausdrücken. Außer seiner Bibliothek und dem Steinway, den er göttlich spielte, gab es nichts in unserem Heim, das dekorativ gewesen wäre und ein gewisses Prestige widergespiegelt hätte.

Leben aus der Fülle und mit Stil

So war meine zweite Ehe, zumindest am Anfang, voller Freude und Leichtigkeit. Zum ersten Mal in meinem Leben konnte ich, wie gesagt, meine Lebensumstände selbst bestimmen. Wenn ich in den Spiegel blickte, dann sah ich eine dynamische, braun gebrannte Frau in den Dreißigern, die Freude am Leben hatte, die es genoss, ausreichend finanzielle Mittel zur Verfügung zu haben, um intensiv zu leben. Ich konnte mir sogar einen Ehemann leisten, der von mir lebte. Klar, dass ich täglich hart dafür arbeiteten musste. Aber wie definiert man Arbeit? Die Pferde waren mein Leben und erfüllten mich. Doch so einfach das Zusammenleben mit Birch war, mir fehlte die Herausforderung eines Genies oder auch eines Diktators wie Went, der viel von mir verlangte, mich anstachelte und mir neue Erfahrungen verschaffte. Das von mir geführte Ausbildungszentrum lief gut, es war eine umfassende und ausfüllende Aufgabe, meine Schüler weiterzubringen.

Das Mansion in Maryland, der Landsitz der Gräfin, früher im Besitz der Roosevelts.

Ich hatte einen sehr guten Vertrag mit Gräfin Bessenyey, ein wunderschönes Zuhause und die besten Zukunftsaussichten. Es ging darum, ihre ungarischen Pferde zu trainieren, mit ihr die Zucht zu besprechen, die Pferde vorzustellen und in Generationen zu denken. Wir hatten Spaß und das Leben war leicht.

Die Tarot-Karten lassen sich nicht täuschen

So verging ein Jahr. Doch es fehlte die Vision, irgendetwas brannte in mir, das gelebt werden wollte. Als ein Freund mir vorschlug, einmal eine Tarot-Karten-Sitzung zu machen, um herauszufinden, was die Zukunft bringen würde, dachte ich mir, warum nicht! Ich hatte zwar schon einmal davon gehört, es aber noch nie ausprobiert. Gleich bei der ersten Frage ging es um meine Ehe und zu meinem Erschrecken erschien der Tod auf einer Karte. Die Kartenlegerin erklärte, dass ich in zwei Jahren nicht mehr mit Birch verheiratet sein würde und auch dass ich fortgehen würde. Das war schlichtweg ein Schock und unmöglich, denn ich hatte gerade einen 10-Jahres-Vertrag zu unglaublich guten Konditionen unterschrieben und meine Zukunft festgelegt. Ich bestand darauf, dass sie die Karten neu mischen solle, denn das könne nun einfach nicht stimmen. Was dann passierte, war noch erschreckender: Sie zog exakt dieselben Karten zum zweiten Mal. Ich stand auf und ging.

Birch findet seine Prinzessin

Genau dies machte dann auch Birch. Er verließ mich, während ich auf einer Europareise war. Damals hatten schon Ursula Bruns und meine Arbeit in Deutschland einen nicht geringen Einfluss auf mein Leben genommen, und das Ruder war bereits unmerklich zu einer anderen Seite umgeschlagen. Ich hatte mich von Birch sowohl innerlich als auch geografisch schon meilenweit entfernt. Aber was war wirklich passiert? Um meine Abwesenheit zu überbrücken, hatte ich vor meiner Abreise eine ehemalige Freundin von ihm eingestellt, die im Stall arbeiten sollte. Sie war jung, hübsch und sehr naiv. Er schlief mit ihr, sie wurde schwanger, und er trug sie sozusagen als edler Ritter auf Armen in sein Schloss, das aber leider mir gehörte. Als ich vom Flughafen zurückkehrte und meine Koffer abstellte, wunderte ich mich schon, dass er nicht da war. Dann fand ich einen Brief von Birch mitten auf meinem Bett vor und ich ahnte nichts Gutes. Als ich den Umschlag öffnete und den Briefbogen mit meinen Initialen hervorzog, kam ich mir vor, wie in einem schlechten Film und las: »Ich habe die Liebe gefunden, jetzt weiß ich was Leben bedeutet.« Danke, lieber Gott, dachte ich, dass Du es mir so einfach machst, denn ich hatte mir schon den Kopf darüber zerbrochen, wie ich Birch eine Scheidung nahelegen konnte. So war er stattdessen einfach aus meinem Leben verschwunden und glücklich dabei. Er heiratete Cheryl und wurde Polizist, was sehr gut zu seinem Ritterethos passte. Die Tarot-Karten hatten also Recht behalten – zumindest zur Hälfte. Wie würde es jetzt weitergehen? Würde ich fortgehen? Warum? Wohin? Ich blickte angestrengt in die Zukunft, doch der nächste Schritt meiner Entwicklung sollte sich zunächst eher unsichtbar in meinem Innern abspielen. Da wartete sehr viel darauf, befreit und entdeckt zu werden.

SEI DIE
VERÄNDERUNG,
DIE DU IN DER
WELT SEHEN
WILLST.
Ghandi

ICH ENTDECKE DIE **SPIRITUALITÄT** & ROGER

Spiritualität hatte lange keinen Stellenwert für mich! Als ich Mitte dreißig war, konnte ich mit diesem Wort noch nicht viel anfangen. Mein Leben spielte sich auf dem Reitplatz im Hier und Jetzt ab. Die Worte von Mohandas Karamchand Ghandi »Sei die Veränderung, die Du in der Welt sehen willst«, waren mir damals noch nicht bekannt. Heute sind sie mein Leitstern. Es gab einen Moment in meinem Leben, da fing meine Einstellung an, sich zu wandeln. Ich entdeckte meine andere Linda, die tief in mir schon lange darauf wartete, gehört zu werden. Es war am Weihnachtsabend 1971, mal wieder an diesem Tag im Jahr, an dem schon häufiger wichtige Ereignisse in meinem Leben passiert sind. Ich hatte meine Freunde zum Weihnachtsessen auf die »Westwood Hungarian Farm« eingeladen. Das Haus leuchtete im Kerzenschein, ein gewaltiger Christbaum im Eingangsbereich, eine Tanne aus den Rockys, war über und über mit wunderschönen Kugeln dekoriert und strahlte im Lichtermeer. Unsere Köchin hatte ein festliches Mahl gezaubert, und mein Mann Birch trug seinen Smoking. Unsere Gäste strömten herein, lachten und scherzten miteinander. Es herrschte eine festliche Atmosphäre. Doch dann geschah etwas, was mir danach noch ein, zwei Mal in meinem Leben passieren sollte: Ich blickte auf die Szene, als würde sie auf einer Theaterbühne stattfinden und ich wäre ein Besucher im Zuschauerraum. Es fühlte sich an, als würde ich nicht mehr hierhergehören, als würde sich gerade eine Türe sachte schließen. Ich sprang auf und rannte an die frische Luft. Draußen musste ich erst einmal tief durchatmen. Ich fühlte mich, als hätte ich einen 100-Meterlauf hingelegt. Etwas schnürte mir die Kehle zu. In meinem Kopf war nur ein Gedanke. Ich muss hier weg, das bin ich nicht mehr. Wer bin ich denn wirklich? Mit meinen 34 Jahren hatte ich niemals den Wunsch, aber auch nie die Zeit gehabt, mich mit dem tieferen Sinn meines Lebens zu beschäftigen. Warum jetzt? Scheinbar war es an der Zeit. Mein Mann Went hatte sich mit den Mystikern beschäftigt und im Kreise seiner hochkarätigen Freunde seine eigene Philosophie gepflegt, aber darüber hat er sich mit mir nie ausgetauscht, leider. Im Gegenteil, in unserem Leben ging es 18 Jahre lang um rein pragmatische Dinge und die Organisation der Schule, die er kontrollierte. Nach unserer Scheidung hatte ich einfach mit meiner Arbeit weitergemacht … Ich war wie auf Autopilot geschaltet. Ich wusste ja, wie es funktionierte, es war einfach. An diesem Weihnachstabend aber brach in meinem Innern ein Damm und schwemmte alle Einschränkungen, die ich mir auferlegt hatte, hinweg. Ich wollte nicht mehr so weitermachen! Es musste noch etwas Anderes geben! Warum gerade an diesem Abend?

Ein neues spirituelles Universum – das Esalen Institut

Wahrscheinlich hatte das »zufällige« Zusammentreffen mit einer alten Bekannten aus den fünfziger Jahren kurz zuvor den Samen dazu gelegt. Arcadia Mel Defontenay Bandini, kurz Kai Mel genannt, hatte mir vom Esalen Institut erzählt, das gerade mal zwei Fahrstunden entfernt von mir an der kalifornischen Küste bei Big Sur lag. Dort gab sie Kurse. Das Esalen Institut war eine weltweit bekannte, private Stiftung, eine internationale Gemeinschaft von besonders offenen Menschen, die sich mit alternativen Methoden der Selbsterkenntnis und der Weiterentwicklung des eigenen Potentials im humanistischen Sinne beschäftigen. Davon hatte ich aber zu diesem Zeitpunkt keine Ahnung.

Alles, was sie von den Inhalten ihrer Arbeit dort berichtete, klang wie die Beschreibung von Wasser für einen Verdurstenden in der Wüste. Sie hatte mich herzlich eingeladen, sie zu besuchen, wann immer ich wollte. Und ich wusste an diesem Abend genau, ich musste dorthin gehen. Nicht in einer Stunde, nicht morgen, nein, gleich. Mein Griff zum Telefonhörer erfolgte fast automatisch, Kai Mel war direkt in der Leitung. Sie sagte »komm her«, und ich schnappte mir einen kleinen Koffer, packte planlos einige Kleider ein und fegte aus dem Haus. Bei den noch immer anwesenden Gästen entschuldigte ich mich mit einer Notlüge und sprang in mein wunderschönes Cabriolet. Nein, ich hatte kein schlechtes Gewissen. Den Moment kann ich heute noch nachempfinden, wie ich das Wagendach öffnete, um mehr Luft zu bekommen und durchatmen zu können. Mit jeder Meile, die ich an der Küste entlangfuhr, mit jeder Meile, die ich mich entfernte, wurde mir leichter ums Herz. Dann kam die große Müdigkeit und ich gähnte und gähnte. Heute ist mir bewusst, dass ich dabei war, den permanenten unterschwelligen Stress loszuwerden, den ich mir selbst auferlegt hatte. Wir sehen das häufig bei Pferden, die während einer Behandlung ihre Reaktion in Form von Gähnen abbauen. Doch das Wort Stress war damals noch nicht erfunden. Ohne große Worte machen zu wollen, kann ich sagen, dass das folgende Wochenende der Beginn meines spirituellen Erwachens war. Ich kam mir vor wie auf einem anderen Planeten.

Das Monroe Institut

Neugierig habe ich gerade beim Schreiben dieses Buches gegoogelt, was heute so im Internet über das Esalen Institut und das Monroe Institut steht, und es hat mich vom Hocker gehauen.

Im Programm des Monroe Instituts steht immer noch:

- *Entdecke Dein Bewusstsein, transformiere Dein Leben.*
- *Bekomme eine Verbindung zu Deinem inneren Helfer und zu Deiner spirituellen Führung – vertiefe Deine intuitiven Kanäle.*
- *Entdecke, wie Du auch in Hinblick auf höhere Intelligenzen Deine Kommunikationsmöglichkeiten erweiterst, und folge Deiner inneren Stimme.*
- *Entdecke, wie Du Dein Bewusstsein über Deine physischen Grenzen hinaus ausdehnst.*
- *Wertschätze Dich selbst im verstärkten Maße.*
- *Verbessere Deine Fähigkeiten, Visionen zu manifestieren.*
- *Während des Workshops wird es Dir möglich sein, eine Erfahrung zu machen, bei der Dein Bewusstsein Deinen Körper verlässt.*

... Und genau das alles passierte mit mir. Bei dieser Erfahrung konnte ich meine Seele immer mehr erkennen. Der Weg, den ich gehen würde, lag plötzlich in einer unglaublichen Klarheit vor mir. Ich konnte das Gefühl spüren, das mich leiten würde, mein Leben und seinen spirituellen Auftrag zu erfüllen. Ich fühlte mich überflutet von einem vorher noch nie empfundenen Frieden. Mir ist klar, dass dieser letzte Abschnitt sehr »esoterisch« und abgehoben klingt und vielleicht für einige Leser nicht nachvollziehbar ist. Das macht aber nichts, ich verlange von niemandem, dass er es mir gleichtut oder meine Spiritualität versteht. Ich möchte hier nur über den Weg berichten, den ich gegangen bin, bis hin zum TTouch, wie er heute praktiziert wird. Das ganz Wunderbare ist, dass TTouches auch dann funktionieren, wenn derjenige, der sie ausführt, nicht einmal daran glaubt. Es beeindruckt mich immer wieder bei meinen Demos, wie sich superkritisch eingestellte Personen dann über die von ihnen selbst erzeugten positiven Resultate wundern. Darüber kann ich mich doppelt freuen: Sie fangen plötzlich an, »anders« zu denken. Ein erster Schritt für die Veränderung.

Von Herz zu Herz

Ohne diese außerordentlich neuen und das Bewusstsein überschreitenden Grenzerfahrungen am Esalen Institut und mit Robert Monroe am Stamford Institut hätte ich niemals die Fähigkeiten entwickeln können, meine Methode so zu optimieren. Später kam noch eine intensive Ausbildung in der Feldenkrais®-Methode hinzu, die ich dann auf Pferde übertrug, und vieles mehr.

Doch ohne an Glaubwürdigkeit einzubüßen, möchte ich hier erklären, warum dieses Wochenende ein Wendepunkt in meinem Leben war: Ich stehe mit beiden Beinen auf dem Boden der Realität, aber mit meinem Herzen kann ich eine andere Dimension erfassen. Und das ist auch wichtig. Gelernt habe ich es, diesmal aus einer anderen Quelle, am HeartMath-Institut in Kalifornien. Dort forscht man über die Kohärenz der Herzschwingungen. Man hat herausgefunden, dass wenn sich Lebewesen einander nähern, ihr Herzschlag sich anpasst und sie in ein kohärentes Feld eintreten. Einfach gesagt: Wir verbinden uns im gleich Energiefeld. Dasselbe gilt auch zwischen Menschen und Tieren. Und da hat sich für mich das Rätsel aufgelöst, warum ich einen so guten Zugang zu Tieren und Menschen habe. Ich kann mich ganz einfach auf Schwingungen einstellen, ob von Mensch oder Tier. Da entsteht ein Singen und Klingen, eine Harmonie, die wiederum die Basis für jegliche Kooperation ist. Schön, endlich eine Erklärung zu bekommen für etwas, das ich intuitiv schon lange, schon seit meiner Kindheit in Yellowknife, gespürt habe.

Ein magischer Ort – Big Sur

Als ich im Esalen Institut ankam und mich meine Freundin Kai in Empfang nahm, wusste ich noch gar nichts davon. Sie organisierte es so, dass ich trotz überfüllter Seminare einen Platz bekam und dadurch viele Menschen traf, die eine wichtige Rolle in meinem späteren Leben spielen sollten. Ich erinnere mich noch wie heute an die klare Atmosphäre, die an diesem unheimlich kraftvollen Ort inmitten einer grünen Oase herrschte. Man betrat ihn und öffnete sein Bewusstsein ganz weit. Ein großer Garten mit Obst und Gemüse lieferte reine und gesunde Lebensmitteln für die Teilnehmer. Freiwillige Helfer aus der ganzen Welt, die das Privileg hatten, hier sein zu dürfen, arbeiteten mit viel Liebe an der Kultivierung der Beete und Stauden. Das Essen war einfach, dabei aromatisch und exotisch gewürzt. Es war der richtige Ort, an dem der Körper mit authentischen Produkten von Mutter Erde genährt wurde und auch geistige Nahrung auf dem Speiseplan stand. Mit unglaublich inspirierenden Lehrern konnte man ganz leicht den Zugang finden zu seinem eigenen persönlichen Wachstum an Herz und Seele.

Roger Russel

Warum gerade hier? Mittelpunkt des Zentrums waren einige heiße Quellen, die aus der Erde sprudelten und genau die Temperatur hatten, die den Körper total entspannten. Schon von den Indianern waren sie als Kraftorte zur rituellen Reinigung genutzt worden. In die natürlichen »Hot Tubs« konnte man sich zu mehreren hineinlegen und die wohltuende Wärme genießen. Abends erleuchteten viele Kerzen diesen magischen Ort. Hundert Meter darunter schleuderte das Meer seine Wellen unermüdlich gegen die Felsen, sodass immer ein leises Donnern zu hören war. Über uns wölbte sich ein funkelndes Sternenzelt.

Ein marokkanischer Hasch-Dealer

Am Nachmittag hatte ich meinen ersten Kurs besucht, der sich mit der Frage beschäftigte: Wer bin ich? Klar dachte ich, das ist einfach, ich bin Linda Tellington-Jones, Pferdetrainerin und Reitlehrerin mit vielen Erfolgen. Doch bald merkte ich, dass es um etwas ganz anderes ging. Ich fühlte mich wie ein Mensch, dem man ein dunkles Tuch vor die Augen gebunden hatte und von dem man erwartete, so über eine befahrene Straße zu gehen.

Roger Russel und Linda im Zug auf dem Weg nach Moskau.

Gespräche über Gott und die Lust am Sex

Ich hatte keine Ahnung, auf was ich mich eingelassen hatte. Als wir uns für eine einfache Zweierübung einen Partner suchen sollten, war ich ratlos; aber da kam schon ein junger Mann auf mich zu, der aussah wie ein marokkanischer Hasch-Dealer. So stellte ich mir wenigstens einen solchen vor. Seine langen geringelten Haare standen zu allen Seiten ab, er hatte tiefbraune, intensiv blickende Augen und trug Jeans, die wohl eine grundlegende Abneigung gegen Waschmaschinen hatten. Um seinen Hals hing eine lange Kette mit einem Peace-Zeichen-Anhänger. Wir verstanden uns gut und so verging die Zeit wie im Fluge. Um Mitternacht lagen wir bei warmem Kerzenlicht in den heißen »Hot Tubs« und redeten immer noch. Roger versuchte mich nach allen Regeln der Kunst zu verführen. Ich hingegen regte mich über die Aussagen unseres Referenten auf: Er sprach darüber, dass Gott in uns sei. Mich wunderte es sehr, dass nicht ein Feuerblitz vom Himmel kam, um ihn zu erschlagen. Das ging nun mal gegen meine einfache Religiosität, die ich schon in der Sonntagsschule gelernt hatte. Über meine Fragen, ob er an Gott glauben würde und ob er denke, dass Gott mit der Freude am Sex einverstanden sei, lachte Roger schallend. Ich amüsierte ihn und mich erregte es, mit ihm zu diskutieren, das andere kam erst später. Am Sonntagabend fuhr ich wieder an der Küste entlang zurück nach Hause zur »Westwind Hungarian Horse Farm«. Ich kam mir vor, als würde ich in einer anderen Galaxie landen. Es waren so viele neue Erkenntnisse auf mich eingeströmt, dass mir nur meine tägliche Routine dabei half, halbwegs vernünftig in meinem »normalen« Leben zu funktionieren. In mir brannten so viele Fragen. Ich war wild entschlossen, meine freien Wochenenden damit zu verbringen, Seminare zu besuchen, und Antworten auf die vielen Fragen zu erhalten, die in meinem Kopf herumschwirrten. Es hatte sich ein ganz neues Universum aufgetan, das in mir verborgen war. Als ich einige Tage später wieder auf dem Weg nach Big Sur war, fragte ich mich, ob der junge Mann wohl auch da sein würde. Ja, er war da, und wir arbeiteten wieder in einem Seminar miteinander.

Dies sollte unsere beiden Leben grundlegend verändern. Zunächst entwickelte sich etwas anderes hervorragend, nämlich das prickelnde erotische Verhältnis zu Roger, der kein marokkanischer Hasch-Dealer war, sondern ein superintelligenter Visionär. Er hatte den »National Science Award« gewonnen, als er noch an der Highschool war und arbeitete an verschiedenen Projekten an der Universität. Aber er war auch sehr pragmatisch veranlagt und hatte sich an der Börse ein recht ansehnliches Vermögen verdient, von dem er leben konnte. Roger war in jeder Hinsicht das Gegenteil von allen Männern, die ich vorher gekannt hatte. Er inspirierte mich, brachte mich zum Lachen und zum Nachdenken, wir tanzten wunderbar miteinander, unsere Körper hatten sich gefunden. Mit Roger zusammen durchlief ich eine Schule voller neuer Erkenntnisse, von denen ich kaum einen Bruchteil erzählen kann, ohne das Buch zu sprengen. Roger lernte Pferde kennen, und es stellte sich heraus, dass er die Begabung hatte, sie intuitiv zu verstehen und zu reiten. Wie hätte das Universum mir auch einen anderen Menschen schicken können! Die Arbeit mit den Pferden gab ihm mehr Selbstbewusstsein. Wir wuchsen allmählich zu einem Paar zusammen, das sich hervorragend verstand und sich gegenseitig inspirierte. Roger war mein guter Stern. Wieder einmal hatte ein Mann mein Leben betreten, der mich herausforderte und förderte. Roger kam für einige Zeit zu mir auf die »Westwind Hungarian Horse Farm«. Wir lebten zusammen und diskutierten und philosophierten nachts in der Küche heftig über aktuelle Themen, über Politik und vieles mehr. Wenn wir morgens Arm in Arm aufwachten, stupste mich Roger manchmal leicht mit seinem Zeigefinger an der Nase und stellte mir die Frage: »Glaubst Du, dass der liebe Gott mit Sex einverstanden ist?« Dann lachten wir! Denn das war meine erste Frage, die ich ihm damals in Big Sur gestellt hatte.

Mein neuer Lebenspartner

Ohne Roger hätte ich all diese Erkenntnisse nicht verarbeiten und umsetzen können. Er war mein Partner auf vielen Ebenen. Über Pferde lernte er zwangsläufig durch das Zusammenleben mit mir schnell dazu. Und als ich ihm das Reiten beigebracht hatte, verstand er auch, wohin ich mit meiner Arbeit wollte. Es ging nicht mehr darum, Pferde zu trainieren, sondern sie mit Methoden zu therapieren, die bis dato noch nicht erfunden waren. Wir blieben acht Jahre zusammen und reisten durch die ganze Welt. Wir lernten gemeinsam, wir erlebten viel und wir liebten uns. Er begleitete mich auch nach Deutschland, als mich Ursula Bruns dazu einlud, mit ihr ein Schulungszentrum für Freizeitreiter zu eröffnen. Er suchte danach, seinen Teil mit eigenen Methoden dazu beizutragen, die auch auf »Esalen« zurückgingen. Irgendwie kam er dabei auf die Feldenkrais®-Methode und kontaktierte den Gründer Moshé Feldenkrais in Israel. Dabei erfuhr er, dass dieser eine Spezialausbildung in San Francisco anbot. In einem vierjährigen Kurs bildete er Lehrer aus. Roger legte mir die Infos abends auf den Esstisch und meinte: »What do you think?« Ich brauchte die Unterlagen nicht zu lesen, denn in dem Moment, als ich sie in der Hand hielt, durchströmte mich ein Gefühl, das mir mitteilte: Genau das musst Du machen. Roger und ich verbrachten daraufhin vier Jahre lang immer die Sommermonate in San Francisco und durchliefen die Feldenkrais®-Ausbildung. Wir schlossen sie erfolgreich als zertifizierte Lehrer ab.

Die übrige Zeit waren wir in Deutschland unterwegs und gaben viele Seminare und Workshops. Mit Ursula Bruns hatte ich wie bereits erwähnt vor, eine Schule zu gründen, in der die verschiedenen alternativen Reit- und Trainingsmethoden gelehrt werden sollten. Große Pläne, über die ich im nächsten Kapitel berichten werde. Doch ohne das spirituelle Erwachen, das ich in Big Sure erlebt hatte, wäre ich niemals in der Lage gewesen, mein wirkliches Potential zu leben. Roger und ich verbrachten eine sehr wichtige und intensive Zeit zusammen, die uns beide auf unserem Lebensweg beflügelte. Roger ist immer noch ein wertvoller Freund für mich, den ich öfters um Rat frage. Heute lebt er in Deutschland in Heidelberg, ist glücklich verheiratet und lebt und lehrt die Feldenkrais®-Methode. Er ist immer noch im Herzen ein Revolutionär, aber seine Haare sind nicht mehr so wild wie damals.

UCH

URSULA BRUNS – EINE SCHICKSALHAFTE BEGEGNUNG

Eines Morgens lag ein Brief mit ausländischen Briefmarken und Stempel oben auf dem Stapel meiner Post. Ich nahm ihn in die Hand, drehte ihn um, schaute auf den Absender und stellte fest, dass er aus Deutschland kam. Neugierig geworden, ergriff ich sogleich meinen kleinen antiken Brieföffner in Form eines Pferdekopfes und öffnete zuerst diesen Umschlag. Ich hätte nicht im Traum daran gedacht, dass diese drei handgeschriebenen Briefbögen, die aus dem Umschlag schauten, mein Leben komplett verändern würden. Ich kann mich an diesen Moment noch sehr lebendig erinnern: Neben mir lag Hera, meine gestromte Deutsche Dogge, die mich gelangweilt beobachtete. Über den geräumigen Esstisch im Frühstücksraum schweifte mein Blick durch ein großes Fenster hinaus auf eine grüne Landschaft, die von sanften Hügeln geprägt war. Auf diesen Weiden grasten die Pferde der »Westwind Hungarian Horse Farm« in Los Altos Hills, Kalifornien. Die gesamte Anlage war wunderschön, gepflegt, weitläufig, mit vielen Blumen geschmückt, perfekt auf Pferde zugeschnitten. Der Besitz gehörte der Gräfin Margit Sigray Bessenyey, die ihn und das Training ihrer Pferde in meine Hände gelegt hatte. Ich war erst vor kurzem hier eingezogen und hatte viele langfristige Pläne, etwa meine eigene Schule weiter auszubauen und die ungarischen Pferde der Gräfin erfolgreich auf vielen Turnieren vorzustellen. Mein Leben war perfekt, ich fühlte mich wohl und sicher und dachte nicht im Geringsten daran, etwas zu ändern. In diesem Moment hatte ich keine Ahnung, dass innerhalb von zwei Jahren alles anders sein würde – auch durch den Brief, den ich in Händen hielt. Es fing ganz harmlos an: In diesem Brief stellte sich eine Dame aus Deutschland vor, die ein Pferdemagazin mit dem Namen »freizeit im sattel« publizierte. Das sagte mir gar nichts, weil ich kein Wort Deutsch verstand. Wie so viele andere hatte sie die von Went und mir geschriebene Kolumne über das Training von Distanzpferden in der Zeitschrift »Western Horseman« verfolgt. Sie schrieb mir, dass sie gerne mehr über unsere Trainingsmethoden wissen wolle. Besonders ging es ihr um unsere Erfahrung bei großen Distanzritten, um Fütterung, Pferdetransporte und vieles mehr. Sie fragte sehr freundlich an, ob sie zu Besuch kommen dürfe, um alles aus erster Hand zu erfahren.

Westwind Hungarian Horse Farm

Dabei erwischte sie mich, wie gesagt, in einer kompletten Umstellungsphase meines Lebens, denn ich war gerade erst dabei, mich richtig einzurichten. Achtzehn Jahre lang hatte ich mit meinem ersten Mann Wentworth Tellington zusammengearbeitet und ein Ausbildungszentrum für Reitlehrer geführt, das in ganz Amerika hochgeschätzt wurde. Aber das wird jeder Leser dieses Buches jetzt schon mitbekommen haben! Nach unserer gütlichen Trennung stand ich im Begriff, die »Westwind Hungarian Horse Farm« aufzubauen. Mein Mann Birch unterstützte mich, doch die Hauptarbeit lag bei mir. Da gab es viel zu tun. Leicht hätte ich sagen können, ich will jetzt keinen Besuch. Doch auf der anderen Seite fühlte ich mich geschmeichelt, dass jemand extra aus Deutschland anreisen wollte, um mich kennen zu lernen. Und außerdem bin ich von Grund auf neugierig. Spontan sagte ich der Dame zu und lud sie per Brief ein, mich nicht nur zu besuchen, sondern auch bei mir zu wohnen. Mein Wohnhaus auf der »Westwind Hungarian Horse Farm« war riesengroß und hatte vier Schlaf- und Gästezimmer; also war ihre Unterbringung kein Problem. Der Name meiner Besucherin war Ursula Bruns.

Eine Besucherin, die mein Leben verändern sollte

Sie flog mit zwei Freunden von Frankfurt nach San Francisco, dort konnte ich sie aber bei ihrer Ankunft auf dem Flughafen nicht finden. Ich ließ sie ausrufen, schaute mich um und wartete noch zwei Stunden. Dann wurde es mir zu dumm, ich stieg in meinen Dodge und fuhr wieder nach Hause. Damals gab es noch keine Handys, und man konnte nicht simsen. »Vielleicht haben sie den Flieger verpasst«, dachte ich mir, putzte meine Zähne, schlüpfte in meinen Pyjama und wollte gerade ins Bett gehen, weil es schon nach Mitternacht war, als es an der Tür klingelte. Da stand sie vor mir mit Gepäck und ihren Freunden im Schlepptau. Mein erster Eindruck war der einer resoluten Frau, die klar wusste, was sie wollte – das sollte sich später bestätigen. Sie sah mir geradewegs in die Augen; ich glaube, sie hätte sich gerne beschwert, dass sie nicht abgeholt worden war, schluckte es aber runter. Nach einer Weile des Wartens hatte sie sich ein Taxi genommen und in stockdunkler Nacht das Gestüt gesucht und gefunden. Da war mir sofort klar: Die Dame konnte so schnell nichts aus der Bahn werfen.

Ursula Bruns war etwas älter als ich, dabei wirkte sie sehr dynamisch und jugendlich. Nach einer kurzen Begrüßung und einem ersten Drink verfrachtete ich meine Gäste in ihre Zimmer und sagte: »Gute Nacht.« Erst später fiel mir ein, dass ich ja am nächsten Tag zeitig eine Verabredung hatte, zu der ich früh losfahren musste. Mir blieb nichts anderes übrig, als eine Notiz zu schreiben und mich zu entschuldigen. Ich bat meine Gäste: »feel at home« und teilte ihnen mit, dass sie ruhig den Kühlschrank plündern sollten – abends wäre ich wieder zurück. Auf einen anderen Zettel schrieb ich noch: »Don't worry about the big dogs, they are kind.« Das sollte eine kleine Vorwarnung sein, falls meine Doggen Hera und Tiger auftauchen würden, die mit mir im Hause lebten und schon einige Besucher zu Tode erschreckt hatten. Später erzählte mir Ursula, dass sie total begeistert von den beiden war und sich freute, mit ihnen den Tag zu verbringen. Sie war vernarrt in die Doggen und hatte sogar ein Kinderbuch geschrieben über eine graue Dogge, das den Titel »Wohin mit Fritzi?« trug. Die Geschichte spielt nach dem Krieg in Deutschland und erzählt von der Liebe eines Flüchtlingsmädchens zu ihrem Hund. Ein russisches Kommando hatte die gesamte Familie eines adligen Großgrundbesitzers in Ostpreußen erschossen. Allein das Mädchen und ein Welpe waren dem tödlichen Schicksal entgangen und schlugen sich gemeinsam in den Westen durch. Geschockt war Ursula Bruns dagegen von meinem kleinen Notizzettel gewesen, auf dem ich meinen Gästen sozusagen das ganze Haus zur Verfügung gestellt hatte, ohne sie überhaupt zu kennen. »So etwas war mir noch nie passiert«, gestand sie mir Jahre später. Ganz besonders in Deutschland wäre es undenkbar, unhöflich und schlichtweg unmöglich gewesen, neu eingetroffene Gäste erst einmal sich selbst zu überlassen. Aber es hatte ihr gefallen, sie fühlte sich durch mein Vertrauen geschmeichelt. Mit Ursula waren Professor Dr. Isenbügel und seine Verlobte Mengia eingetroffen. Auch wir verstanden uns auf Anhieb. Auch heute, nach vielen Jahren, ist er immer noch einer meiner besten Freunde. Als er Direktor des Zürcher Zoos wurde, haben wir später viele Jahre zusammengearbeitet. Immer wieder erbat er meine Hilfe, wenn es um problematische und sensible Tiere ging, denn auch bei ihnen bewirkte der TTouch Wunder. So zum Beispiel bei den beiden kleinen Schneeleoparden ... doch diese Geschichte habe ich ja schon erzählt.

Mit deutscher Gründlichkeit und Hartnäckigkeit

Ursula war sehr wissbegierig, stellte bohrende Fragen. Jedes Detail, von den Ergänzungsmitteln der Fütterung bis zu den Trainingsintervallen beim Distanzritt saugte sie gleichsam auf und schrieb alles akribisch in ihr kleines Notizbuch. Zunächst amüsierte mich das nur, und mir kam es etwas übertrieben höflich vor. Später konnte ich feststellen, dass sie sich wirklich an alles erinnern konnte. Und was noch wichtiger ist: Sie war in der Lage, viele Erkenntnisse und Lehrinhalte aus meinem Ausbildungszentrum in Kalifornien auch in Deutschland umzusetzen, im Testzentrum in Reken. Es bereitete mir ungeheuren Spaß, mich mit ihr zu unterhalten – hauptsächlich über Pferde, aber auch über Literatur und Politik. Sie hatte zu allem eine fundierte Meinung, argumentierte gerne und hatte immer wieder neue Perspektiven zu einem Problem parat.

Sie war eine kluge und intelligente Frau mit Biss. Ihr Freund Dr. Isenbügel war mir ebenfalls eine wundervolle Inspiration. Seine Berichte über seine Erlebnisse mit Wildtieren in Afrika entzündeten in mir das Verlangen, selbst einmal in die Serengeti zu reisen und die Wanderung der Gnus und die Löwen zu sehen. Kurzum: Die drei Europäer und ich hatten Spaß zusammen und genossen gemeinsam auch gutes Essen und schöne kalifornische Rotweine. Damals begann eine tiefe Freundschaft mit Ursula, die ein Leben lang halten sollte. Anlässlich des Fests zu ihrem 90. Geburtstag, das sie in Reken im Kreise ihrer vielen Schüler und Fans feierte, haben wir noch einmal über unsere erste Begegnung in Kalifornien gesprochen. Sie hat mir so viele Details aus dieser Zeit erzählt, an die ich mich gar nicht mehr erinnern konnte. Und wir haben auch viel gelacht über unsere gemeinsamen Dummheiten und unsere damalige Unwissenheit.

Fortschrittliche Pferdehaltung und mehr Pferdeverständnis

Meine Einladung auf mein Gestüt war damals nur für einige Tage gedacht gewesen, doch wir verstanden uns so gut, dass sie länger blieb. Ich kümmerte mich um die drei Besucher und zeigte ihnen alles, was in Kalifornien in den verschiedenen Disziplinen der Reiterei geboten wurde. Ganz besonders überrascht waren sie, dass meine Pferde in Paddocks gehalten wurden. Sie konnten sich sowohl im Stall als auch im Freien aufhalten oder waren in Gruppen in Laufställen untergebracht. Das war in Europa noch vollkommen unbekannt, und sie erkannten sofort die vielen Vorteile: Die Pferde konnten sich freier verhalten, hatten Kontakt zu den Nachbarpferden, genossen die Sonne und bewegten sich mehr und entspannter. Keine Boxenhaltung wie in Deutschland, oft ohne Fenster und ohne Auslauf. Das musste ich nicht lange erklären, und es war das Erste, was Ursula von der Idee in die Tat umsetzte, als sie wieder zuhause war.

Wir besuchten gemeinsam viele verschiedene Veranstaltungen in allen möglichen Disziplinen, z.B. Pleasure Riding und Cutting. Sie war entsetzt, als sie ihre ersten »sliding stops« sah, die so typisch für das Ausbildungsprogramm der Quarter Horses sind. Sie lernte neue amerikanische Rassen wie die Appaloosas und die Rocky Mountain Horses kennen. Wir besuchten Polospiele und den prestigeträchtigen Pebble Beach Hunt Club. Die Veranstaltungen waren teils Riesenturniere mit Hunderten und manchmal Tausenden von Pferden – das hatte Ursula noch nie gesehen. Auch gab es zahlreiche Klassen für Kinder jeglichen Alters in allen Disziplinen. Wir besuchten Spring- und Fahrturniere. Weder Ursula Bruns noch Ewald Isenbügel hatten je zuvor solch eine Vielfalt von verschiedenen Aktivitäten im Pferdesport erlebt, noch dazu auf so hohem Niveau. Nach ein paar Tagen waren sie echt sprachlos und beeindruckt.

Freies Reiten ohne Gebiss und Zaumzeug

Doch das in meinen Augen Beste hatte ich für den Schluss ihrer Reise aufgehoben. Ich brachte sie in mein ehemaliges Ausbildungszentrum, das teilweise immer noch von mir geführt wurde. Es war etwas traurig für mich, aber auch immer wieder schön, zurückzukehren. Roland Kleger, von dem schon die Rede war, hatte die Verwaltung übernommen und regelte den Unterricht. Am Fuße der Hohen Sierra Nevada gelegen, beeindruckten schon die Natur und auch die Vielzahl von Gebäuden und Stallungen jeden Besucher. Ursula traute ihren Augen kaum, als sie meine Studenten sah, die ihre Pferde ohne Zaumzeug ritten, einfach mit einem Strick, dessen Enden mit einem ganz feinen Strick durchs Maul gezogen wurden, dort wo auch das Gebiss in der natürlichen Zahnlücke zu liegen kommt. So sprangen sie über Hindernisse und gingen ins Gelände. »Warum?«, fragte mich Ursula sofort. »So haben es früher die Indianer praktiziert«, sagte ich ihr. Der Sinn dahinter ist einfach und bestimmte unsere Ausbildungs-Philosophie: Es geht eher um eine feine Verbindung, um eine Führung des Pferdes. Wenn man zu stark zieht, reißt die Verbindung, also der Strick, ab, ohne dem Pferd Schmerzen zu bereiten. Das ist der beste Weg zu einer leichten Hand – mit allen Konsequenzen. Sie schaute mich ungläubig an. Unsere Schule, die »Pacific Equestrian Research Farm«, war aber kein normales Ausbildungszentrum gewesen, sondern eine Talentschmiede für Elitereitlehrer. Wir hatten einen Ausbildungsplan, der über zehn Monate ging und mit einer Abschlussprüfung endete. Die Studenten wohnten auf dem

Gelände. Jeder erhielt fünf bis sechs Tage in der Woche Unterricht, einzeln und in Gruppen, und das mindestens zweimal am Tag. Ursula kannte aus Deutschland nur den ein- bis zweimaligen wöchentlichen Reitunterricht von je einer Stunde, aber keine derart intensive Ausbildung. Wir legten auch Wert auf theoretisches Wissen über Pferdepflege, Fütterung, Pferdeverhalten etc. Jeder Teilnehmer musste zweimal im Monat erfolgreich an einem externen Turnier auf bestimmtem Niveau teilnehmen, um sich mit anderen Reitern zu messen.

Kalifornien und seine Pferdeszene hinterlassen einen gewaltigen Eindruck

In diesen zehn Tagen lernte ich Ursula ziemlich gut kennen und sehr schätzen. Unglaublich, wie sie in dieser Zeit wie ein Schwamm alles Neue eingesogen hatte! Und wie es sich später herausstellte, hat sie es auch hervorragend verarbeitet! Schon damals war der Samen gelegt für all das, was sie später lehren und tun würde. Doch ich hatte noch keine Ahnung, wie konsequent sie das Gesehene in ihrer eigenen Schule nahtlos einbauen würde. Und mir wäre nicht im Traum eingefallen, dass ich ein Teil dieses Plans werden und meine eigene Schulungsmethode in Europa lehren würde. Als wir uns verabschiedeten, lud sie mich herzlich zu sich nach Deutschland ein. Ich bedankte mich für die Einladung, aber sie interessierte mich nicht wirklich – dazu war ich viel zu beschäftigt mit den ungarischen Pferden der Gräfin Bessenyey. Da ich mich wieder um meine Pferde kümmern musste, organisierte ich für die kleine Truppe die weitere Reise durch Kalifornien. Es öffneten sich durch meinen Namen viele Türen, die sehr interessant für sie waren … Ursula schwärmte bis ans Ende ihres Lebens von Kalifornien. Sie war begeistert von den Pferden, dem Lebensstil, der Weite des Landes und von den unglaublichen Möglichkeiten, die hier geboten wurden.

Militärische Reitkultur und Boxenhaltung

Deutschland war im Jahre 1960 im Vergleich zu amerikanischen Dimensionen kleinkariert und altmodisch. Der ganze Reitbetrieb wurde damals noch beherrscht vom Regelwerk und den Vorschriften der Militärreiterei, die mit Druck und Gewalt und nicht zum Wohle des Pferdes angewandt wurden. Bei mir in Amerika hatte sie schnell begriffen, dass es auch anders gehen kann! Sie erlebte, dass es viel besser ist, wenn man die Kooperation des Pferdes sucht und nicht mit Gewalt Gehorsam erkämpfen muss. Wie leicht und einfach das mit etwas Verständnis und Einfühlungsvermögen gehen konnte, sah sie bei meinen Schülern. Basierend auf fundiertem Wissen über Pferdepsychologie und Pferdehaltung kann man viel verändern – das haben Went und ich in unserer Schule bewiesen. Diese Eindrücke prägten sich in ihr Herz ein, und sie nahm diese Bilder als Mission mit nach Hause. Sie war wie elektrisiert und begierig, so viel als möglich umzusetzen.

Pat Fitzgerald und der Tevis Cup

Eine ganz besondere Erfahrung, die die Grenzen ihres soliden deutschen Wissens extrem erweiterte, sollte ihr durch die Bekanntschaft mit Pat Fitzgerald ermöglicht werden: Der Mann war eine Legende, weil er mehrmals den Tevis Cup gewonnen hatte. Dabei handelt es sich wohl um einen der härtesten Distanzritte der Welt, bei dem erstmalig ein Araber gesiegt hatte.
Der Wallach hieß Ken und wurde zusammen mit Pat zu einer Ikone der Distanzreiterei. Als der drahtige Mann irischer Abstammung die resolute Ursula kennenlernte, lud er sie ein, dieses Rennen mit ihm zusammen zu bestreiten. Sie rief mich vorher an und fragte, ob sie es wagen solle, das Angebot anzunehmen. Sie war unsicher und fühlte sich nicht so wirklich fit für einen 100-Meilen-Ritt auf einem unbekannten Pferd in den rauen kalifornischen Bergen. Ich erklärte ihr, dass der Ritt durch eine wundervolle Landschaft führte, die sie niemals wieder so intensiv erleben würde. Und eigentlich könnte sie einfach so lange reiten, bis es ihr zu viel werden würde: Alle 25 Meilen kam ein Vet-Check – immer eine Möglichkeit aufzuhören, wenn sie nicht weitermachen wollte. So eine Gelegenheit würde sie nie mehr bekommen.

Ihr großer Vorteil war, dass sie zusammen mit Pat ritt, der nicht nur selbst den Ritt schon viele Male mitgemacht, sondern auch viele Pferde und Reiter für die großen Distanzritte trainiert hatte.

Als er sie jedoch im deutschen Stil mit anliegenden Unterschenkeln reiten sah, kratzte er sich verlegen am Bart, weil er wusste, dass sie so nie an der Ziellinie ankommen würde. Er gab er ihr ein paar nützliche Tipps, für die Ursula sehr dankbar war. Außerdem erklärte er ihr sehr plausibel, warum eine andere Reitweise, die mit offenen ausgestreckten Beinen, viel leichter für den Reiter und nicht so anstrengend für das Pferd sei. Sie begriff sofort und konnte dieses neue Wissen auch bei dem Ritt in die Tat umsetzen. Dieser leichte Sitz sollte bald darauf in Deutschland zum festen Bestandteil ihres Schulungsprogramms werden. Besonders für die Islandpferde, die sie als geniale Schulpferde aussuchte, war diese Reitweise sehr nützlich. Ursula war von ihrer Persönlichkeit her nicht nur sehr diszipliniert, sondern hatte auch einen enormen Ehrgeiz, ja eine Verbissenheit, ohne die niemand Erfolge erzielen kann. So ritt sie eine Etappe des Tevis Cup nach der anderen und entschied sich jedes Mal weiterzumachen, beflügelt durch ihre neue Reitweise. Ab einem gewissen Punkt wollte sie dann nur noch über die Ziellinie gehen. Am Ende stand sie nicht nur die 100 Meilen (160 km) in einem Tag durch, sondern kam sogar auf den vierten Platz. Nur wenige Menschen haben dies in den 1960-Jahren, in denen der Cup bis dahin ausgetragen worden war, erreicht, noch dazu ohne Training und auf einem fremden Pferd. Doch so war Ursula Bruns.

Neue Erkenntnisse sofort umsetzen

Sie nahm von dieser Kalifornienreise sehr viele neue Eindrücke mit nach Deutschland. Irgendwie hatte sich ihr Pferdebewusstsein erweitert und sogar umgekrempelt. Sie war ungeheuer beeindruckt von der neuen Leichtigkeit des Reitens, ohne mühsamen steten Schenkelkontakt suchen zu müssen. Je leichter und entspannter man reiten kann, umso mehr Spaß macht es. Ganz pragmatisch baute sie diese Erfahrung in ein Trainingsprogramm ein. Zusammen mit Prof. Inge Behr entwickelte sie einen Anfängerkurs für Erwachsene: »Reiten lernen in 11 Tagen, ohne Angst und Stress.« Damals gab es Kurse fast nur für Kinder und Jugendliche, da kam man sich als Erwachsener sehr komisch vor. Die Bruns/Behr-Kurse werden heute noch im Reitzentrum in Reken durchgeführt, sie haben sich einfach als sehr effektiv erwiesen. Ursula war ganz bestimmt eine Querdenkerin, zunächst aber mal eine »Ovaldenkerin«, denn sie verabschiedete sich von der rechteckigen Reitbahn. Sie entwickelte eine Ovalbahn, deren Ursprung auf die traditionellen Übungsbahnen in Island zurückging. Doch sie entwickelte das Prinzip als Trainingseinheit weiter: Ihre Bahn hatte nach innen hin einen niedrigen Zaun, so dass die Pferde auf einer ca. 4 m breiten Bahn immer am äußeren Rand entlang liefen. Anfangs ritten die Anfänger auf gut ausgebildeten Schulpferden lediglich mit einem Halsring, und dann erst mit Gebiss. Später begann auch das Springtraining auf dieser eingezäunten Bahn.

Vertraue Deiner Intuition

Das Schlüsselwort, welches Ursula aus den USA mitgebracht hatte und ab sofort intuitiv bei all ihren Aktivitäten mit Pferden einsetzte, war Vertrauen. Wir haben während unserer Autofahrten lange darüber geredet, und sie hat mich und meine Studenten beobachtet. Sie hatte begriffen, dass eine Bestrafung, die nur Angst auslöst, nicht zu einem harmonischen Miteinander von Pferd und Reiter führen kann. Man muss dem Pferd das Gefühl geben, ein Partner zu sein, und auch fühlen lernen, wann man genug gearbeitet hat, um es nicht zu überfordern und damit Widerstand aufzubauen. Fühlen, verstehen und umsetzen, waren die Leitlinien, denen sie folgte. Damit die Pferde nicht schon allein durch die Versuche der Anfänger, in den Sattel aufzusitzen, sauer wurden, ließ sie ein Holzpferd bauen. Daran konnte man ohne schlechtes Gewissen das Aufsitzen und die Balance üben, ohne dem lebenden Tier mit den Zügeln im Maul zu hängen.

Die Publizistin und Aktivistin Ursula Bruns

Doch, wie schon gesagt, setzte Ursula das, was sie gesehen, erfahren und gelernt hatte, nicht nur in die Praxis um, sondern sie schrieb auch darüber in ihrer Zeitschrift, die federführend und »avantgardistisch« war. Für viele alte Haudegen von Reitlehrern war der Name Bruns fast so schlimm wie der Name »Luzifer«, denn sie rüttelte an den Grundlehren der militärischen Reitvorschriften, die über hundert Jahre ihre Gültigkeit gehabt hatten. Diese waren damals allerdings für Soldaten gemacht worden, die sich unter allen Umständen auf dem Pferd halten und schießen mussten und oft nur eine rudimentäre Grundausbildung erhielten; dabei ging es nicht um das Tier. Nach dem Zweiten Weltkrieg hatten sich die Zeiten grundlegend geändert, und auch in Deutschland war die Lust am Reiten in Freiheit und Harmonie zum Bedürfnis der jungen Generation geworden. UB, wie sie von ihren Freunden genannt wurde, konnte mit ihrer Schule diesem Verlangen nachkommen. Sie versah ihre Ställe mit großzügigen Außenpaddocks, sie propagierte die Gruppen- und Offenstallhaltung, sie gestand den eingesperrten Pferden wieder Kommunikation untereinander zu. Sie förderte die Kommunikation zwischen Pferd und Mensch.
Ursula Bruns hatte über den Tellerrand von Deutschland hinausgesehen. Sie »entdeckte« für Europa neue Rassen, die Gangpferde, die Appaloosas, die Quarter Horses, und sie schrieb über das Westernreiten und die altkalifornische Reitweise.
Sie provozierte mit ihren Artikeln und attackierte die Offiziellen der Deutschen Reiterlichen Vereinigung (FN). Sie löste kontroverse Diskussionen aus und brachte brisante Themen aufs Tapet. Sie kämpfte gegen verknöcherte und überalterte Ansichten und war für manche Funktionäre in der konventionellen Reitelite eine schlagfertige Diskussionspartnerin mit profundem Pferdewissen. Sie war im wahrsten Sinne des Wortes eine Vorkämpferin – immer zum Wohle des Pferdes. Ohne UB wäre die Freizeitreiterei niemals so dynamisch vorangetrieben worden. Sie kämpfte für Reitwege und die Anerkennung der Freizeitreiter, indem sie einen Verband gründete, dessen Interessen sie in »freizeit im sattel« vertrat. Schade, dass eine so große Persönlichkeit so schnell in Vergessenheit gerät.

Ihre Leidenschaft für Islandpferde

Ursula Bruns entdeckte die wuscheligen halbwilden Pferde Islands als ideale Freizeitpferde. Mit ihrem weichen Tölt, einem Extra-Gang im Viertakt, konnten die Isis die Herzen vieler Menschen in Deutschland erobern. Aber UB hätte niemals so viel Erfolg gehabt, wenn sie nicht mehrgleisig gedacht und gehandelt hätte. Um die Vorzüge der Isländer, ihre Heimat Island und tolle Geschichten mit Trollen und Elfen bekannt zu machen, schrieb sie verschiedene Kinderbücher. Mit dem Buch »Dick und Dalli und die Ponys« erschuf sie einen Klassiker, der wiederum die Vorlage für die erfolgreichen Kinofilme »Ferien auf Immenhof« bildete.
1952 importierte sie extra für den Film eine ganze Gruppe von Wallachen. Tragende Zuchtstuten holte dann Claus Becker 1955 nach Deutschland und etablierte damit seine eigene Zucht. Und er legte auch den Grundstein zum Isländertrend in der Freizeitreiterei, der bis heute massiv anhält. Seit diesem Zeitpunkt sind die Islandpferde aus Deutschland nicht mehr wegzudenken. Bei der Zusammenarbeit mit Ursula Bruns machte ich natürlich auch Bekanntschaft mit diesen tollen Pferden. Ursula hatte einige Isländer-Wallache, die sie als Lehrpferde erfolgreich einsetzte. Irgendwie hat jeder das Gefühl, dass es nicht so schlimm ist, von einem Isi runterzufallen, wie von einem Großpferd.

Meine erste Begegnung mit den Wuschelpferden

Der erste Isländer, auf den UB mich setzte, hieß Sóti und war über 20 Jahre alt, als ich ihn das erste Mal traf. Bei Isis ist es nicht ungewöhnlich, dass man sie bis ins hohe Alter gut reiten kann; manche kann man dabei leicht für 10-Jährige halten. Verschmitzt teilte mir Ursula mit, dass Sóti eine kleine Eigenheit habe: Er würde nur anhalten, wenn man kurz durch die Zähne pfiff. Das hatte ihm wohl sein Reiter zuhause auf Island beigebracht, und es war trotz zahlreicher Versuche nicht mehr zu ändern gewesen. Mein Problem dabei war: Ich konnte nicht pfeifen. Das hatte ich nie gelernt und auch nie gebraucht, mochte es aber nicht verraten.

Ich hatte in Amerika viele Paso Finos geritten oder Rocky Mountain Horses und kannte die Unterschiede der Gänge, aber mit Isländern, die wesentlich kleiner waren, hatte ich keine Erfahrung. Ursula schickte mich alleine einen sandigen Feldweg hinunter, damit ich das Gefühl für den Tölt bekommen sollte. Herrlich, wie einfach es nach kurzer Zeit war und wie angenehm. Ich konnte mich schnell einschwingen und genoss unseren schnellen Ritt. Mein Problem jedoch war: Ich konnte Sóti nicht stoppen, denn meine Versuche zu pfeifen misslangen mir dermaßen, dass ich keinen Ton herausbrachte. Als wir immer schneller wurden, suchte ich einen Ausweg und wusste mir nicht mehr anders zu helfen, als ihn in ein Feld zu lenken und eine Schleife zu reiten, bis wir wieder auf den Weg zurückkehrten. Gott sei Dank stoppten mich und Sóti dann auf dem Rückweg die anderen Pferde, die im Hof standen.

The Great American Horse Race

Mit Ursula lernte ich viele Islandpferdeleute kennen, und mit einigen, wie Ullu und Claus Becker, entstand eine lebenslange Freundschaft, die bei einem ganz außergewöhnlichen Unternehmen für immer gefestigt wurde: Ich konnte eine Gruppe von Züchtern aus Österreich, der Schweiz und Deutschland für die Idee begeistern, auf Islandpferden am Transkontinental-Ritt von der amerikanischen West- zur Ostküste teilzunehmen. Dies wurde eine tolle Promotionkampagne für diese in Amerika nicht sehr bekannte Rasse. Der Ritt ging über 4.360 km von Syracuse im Staate New York nach Sacramento, Kalifornien. Anlass dieses Distanzrittes war das 200-jährige Gründungsjubiläum der Vereinigten Staaten von Amerika. Man wollte daran erinnern, dass dieses weite Land ohne die Pferde niemals so schnell erschlossen worden wäre. Die europäischen Teilnehmer an dem Ritt, Johannes Hoyos, Walter Feldmann und Max Indermauer, nahmen den Ozeandampfer Queen Mary, um stilvoll über den großen Teich zu schippern – ein rechter Kontrast zu den Zeltcamps und einfachen Übernachtungsmöglichkeiten, die sie in den nächsten Monate haben sollten. Ich war schon sechs Wochen vorher mit einem guten Dutzend Islandpferde in einer PanAm-Maschine nach New York geflogen, um die Pferde zu trainieren. Auf dem JFK-Airport sah es zunächst leider so aus, als müsste ich mit allen Pferden wieder zurückfliegen. Die Papiere waren auf Deutsch, nicht auf Englisch ausgestellt, und wir bekamen erst einmal keine Einreiseerlaubnis. Doch mit einer Kiste Whiskey konnte ich das Problem erfolgreich lösen – das wäre wohl heute nicht mehr möglich. Der Ritt begann am 30. Mai und dauerte bis zum 19. September. Dazwischen lagen viele Meilen und auch viele Probleme, besonders auf Seiten einer total überforderten Organisationsleitung. Aber die Isländer kamen in bester Kondition am Pazifik an, knapp hinter zwei arabischen Pferden, die die Konkurrenz gewonnen hatten. Leider wurde das Preisgeld für die ersten drei Plätze niemals ausgezahlt – das war irgendwie verschwunden …

Auf glattem Parkett

Als ich dann in Deutschland lebte, nahm mich Ursula auch mit zur Islandpferde-Meisterschaft in Sankt Moritz in der Schweiz. Die Vergabe der Preise bot den Anlass für ein Galadinner im luxuriösen Grandhotel und ist als sehr persönliche Geschichte in meinem Herzen gespeichert: Alle hatten sich elegant gekleidet, und zu den Tönen eines Orchesters schwebten die Paare über das Parkett. Ich beobachtete die Menschen, trank meinen Champagner und war eigentlich ganz glücklich, bis ich von einem der wichtigsten Islandpferdezüchter Österreichs, Graf Hoyos, zum Tanzen aufgefordert wurde. Da wurde es mir plötzlich ganz heiß, denn es wurde mir bewusst, dass ich gar nicht tanzen konnte. Ich hatte als Jugendliche in Kanada nur im Sattel gesessen oder Pferde gefüttert und nie einen Tanzkurs gemacht. Was sollte ich tun? Einfach NEIN zu sagen ging nicht, außerdem sah der Graf hinreißend aus in seinem Smoking. So vertraute ich ihm mein Geheimnis an, und er lächelte: »Wenn Sie genauso tanzen, wie Sie reiten, dann haben Sie kein Problem. Lassen Sie sich führen und fühlen Sie sich einfach hinein.« Es war grandios, wir flogen dahin, und ich entdeckte, wie viel Spaß es mir machte. Ich wollte unbedingt tanzen lernen und dachte daran, Unterricht zu nehmen. Aber erst siebenundzwanzig Jahre später habe ich mit meinem dritten Mann dann wirklich einen Tanzkurs gemacht, damit wir auf unserer Hochzeit zusammen Walzer tanzen konnten. Bei diesem Tanz in Santa Fé dann habe ich mich an den Abend im Ballsaal in Sankt Moritz erinnert. Das ist nur eine kleine Episode aus meiner Zeit in Reken. Damit bin ich jetzt schon ein bisschen der Zeit voraus, möchte aber gerne weitererzählen, wie intensiv sich Ursula um mich gekümmert hat.

Mein erster Besuch in Reken

Nach ihrer ersten USA-Reise hatte Ursula mich so herzlich nach Deutschland eingeladen – so war ich neugierig geworden auf das Land und kam 1973 zu Besuch. So wie ich mit ihr durch Kalifornien gereist war, reisten wir nun quer durch Deutschland. Von einem großen Stall zum anderen ging es, nur dass die Strecken in Deutschland sich nicht so lange hinzogen wie in den USA. Einen Monat lang waren wir vom Norden bis in den Süden unterwegs, und ich lernte Deutschland und seine Pferde kennen und lieben.

Abschied von Amerika

Ich war sechsunddreißig Jahre alt und hatte mein ganzes Leben, seit ich zwölfjährig meine ersten Turniere gewonnen hatte, nur gearbeitet: morgens Pferde füttern, reiten, lehren, coachen, wieder reiten usw. Dazu die Lehrpläne ausarbeiten, die Organisation einer Schule usw. Mein Mann Went hatte eine preußische Arbeitshaltung, und jeder von uns lebte und arbeitete hart an seinen Grenzen. Manchmal wuchsen wir auch darüber hinaus. Aber ich wollte nicht »nur« Trainerin sein – in mir spürte ich einen Hunger nach mehr. Meine innere Stimme sagte: »Geh weiter, das ist noch nicht alles.« Obwohl ich auch nach der Scheidung durch eine wohlhabende Gönnerin eine privilegierte Stellung hatte und mir nichts Besseres hätte wünschen können, als ihr Gestüt zu führen, obwohl ich einfach so hätte weitermachen können, obwohl es so einfach gewesen wäre und obwohl ich dadurch einige Menschen enttäuscht habe, wusste ich, dass ich mein Leben ändern musste. Ich gab wieder einmal alles auf – Status, Geld, Pferde – und erkaufte mir meine Freiheit. Am schwersten fiel es mir, mich von meinen Pferden zu trennen, doch ich versicherte mich, dass sie alle entweder an meine langjährigen Schülern gingen oder zurück auf die große Bitterroot Stock Farm der Gräfin Bessenyey.

Ein neues Gefühl der Freiheit

Zum ersten Mal in meinem Leben war ich wirklich frei und ohne Verpflichtungen, ohne Haus, ohne ... ohne ... Es fühlte sich so leicht an. Alle Möglichkeiten standen mir offen, ich wollte reisen und lernen. Bisher hatte ich nur gelehrt und unterrichtet und gecoacht. Jetzt wollte ich selbst einfach nur lernen und fremde Länder sehen. Die Zeit im Esalen Institut hatte mir gezeigt, was es alles gibt. Die Gespräche mit Ewald Isenbügel hatten mich auf Afrika neugierig gemacht, und so folgte ich gerne einer Einladung nach Zaire. Das hörte sich exotisch und abenteuerlich an, und genau das wollte ich. Auf dem Weg nach Afrika musste ich fast zwangsläufig über Frankfurt fliegen und besuchte Ursula. Dort in Reken erreichte mich die Nachricht, dass die Regenzeit in Zaire zu früh eingesetzt habe und die Wege zum Regenwald in den Bergen nicht mehr passierbar seien. Die geplante Film-Expedition wurde abgesagt, ich war sehr traurig.

Erster öffentlicher Auftritt: EQUITANA 1977

Da war ich aber nun schon in Deutschland angekommen, und Ursula erkannte ihre geniale Chance: Sie fragte mich, ob ich nicht ein paar Pferde für die EQUITANA trainieren und meine Reitweise nur mit Halsring und ohne Sattel einem größeren Publikum vorstellen würde. Damals wusste ich nicht, was die EQUITANA war, aber Ursula hatte mit ihrem untrüglichen Instinkt sofort erkannt, dass diese zur damaligen Zeit größte Pferdemesse in Europa die richtige Plattform war, um mich zu präsentieren.

Sie hatte wie so oft Recht, und dies sollte mein Leben mal wieder verändern. Von allem hatte ich keine Ahnung, als ich ihr zusagte – meine Intuition war einfach schneller als mein Verstand.

SHAKE AWAKE

The sun rises
Over the forest wall
And I think of the times
I wasn't here at all
To see the splendor
The warmth of her fire
Permeating each bone
Dispelling the feeling
Of being alone

How can we feel alone
Knowing the splendor
Of this magnificent globe
Representing the Light
The Divine Essence
That we all are

Funny how far
We can drift
From that thought
Failure to remember
Brought wars and fears
Over the years

We must now recall
That Light in our core
It doesn't take more
To shift our perspective
In the darkest of times
Remember these lines

The sun is the Light
Reflected in us
We're really all One
So why all the fuss
Remember our Source
That's all it would take
To change life's meaning
And shake us awake.

LINDA TELLINGTON-JONES

Mit meinem damaligen Lebensgefährten Roger verbrachte ich dann vier Monate in Reken und trainierte Pferde für die EQUITANA – statt in Zaire Gorillas zu beobachten. Besonders im kalten deutschen Winter macht das einen »kleinen« Unterschied. Manchmal, wenn ich frierend am Öfchen in der kleinen Hütte mitten im Wald in der Nähe von Reken saß und mir die Hände wärmte, fragte ich mich, ob ich nicht verrückt sei: Ich hätte auf einem großen herrschaftlichen Anwesen im warmen Kalifornien leben können, ohne Geldsorgen und mit einer guten Reputation. Bei diesem Gedanken jedoch lachte meine innere Stimme hell auf und sagte geheimnisvoll: »Du bist auf dem richtigen Weg.«

Mein erstes Buch

Diese vier Monate schweißten Ursula und mich zusammen. Ich begann, sie mehr und mehr dafür zu bewundern, mit welchem Enthusiasmus, aber auch mit welchen pragmatischen Einsichten sie neue Ideen testete, verwarf oder weiterentwickelte. Sie beobachtete, analysierte, kritisierte und motivierte immer wieder. Ihre intuitive Auffassungsgabe war phänomenal. Und sie förderte mich, gab mir das Gefühl, dass wir zusammen etwas ganz Neues machen würden. Ursula war im Gegenzug von meiner Art und Weise, mit Pferden umzugehen, fasziniert und auch von meinem Einfühlungsvermögen für den Reiter. Ohne Gewalt, nur mit Vertrauen … Aus diesem Bewusstsein heraus entstand der Plan für eine eigene Schule. Dafür hatte ich mich bereit erklärt, ein Jahr lang mit die Vorbereitungen zu treffen. Ursula kam mit einer Idee auf mich zu, die meine Fähigkeiten als Lehrerin testen sollte. Wir gaben ein Inserat auf und suchten 20 »schwierige« Pferde, die ängstlich waren, scheuten oder irgendwelche Auffälligkeiten hatten. Man glaubt gar nicht, welche Resonanz das Inserat hatte! Wir wählten dann die richtig schwierigen Pferde aus. Die eigentliche Herausforderung bestand darin, dass sechs »ganz normale Pferdeleute« – alles Freunde von Ursula, nicht die Pferdebesitzer selbst – mit meiner Methode arbeiteten. Ich leitete sie an, und innerhalb von zwei Wochen überwanden die Pferde ihre Ängste und wurden quasi »umerzogen«. Damit konnten wir den Beweis antreten, dass nicht nur ich in der Lage war, meine Methode erfolgreich einzusetzen, sondern dass sie lehr- und verwendbar war, und zwar in kurzer Zeit. Den Tag verbrachte ich mit den Schülern und den Pferden, und abends setzte mich Ursula Bruns an die Schreibmaschine, um die Erfahrungen des Tages festzuhalten. Das Gerät war ein Monstrum von einer Adler-Schreibmaschine, mit der ich kämpfen musste, und mein Verbrauch an Tipp-Ex® für meine ganzen Fehler war enorm. Ohne Ursulas Drängen hätte ich das nie gemacht. Sie übersetzte dann auch die Manuskripte in richtiges Deutsch, und es wurde mein erstes Buch, das im Verlag Müller Rüschlikon erschien. Der Titel lautete: *Die Tellington-Methode – So erzieht man sein Pferd*. Das Buch machte mich dann mit einem Schlag endgültig bekannt, denn es stellte die althergebrachten Reitlehren in Frage, in denen nur mit Bestrafung gearbeitet wurde. Wir haben noch viele weitere Dinge miteinander ausgeheckt und realisiert. »freizeit im sattel« war eine geniale Plattform für neue Ideen und Aktionen. Mit Ursula Bruns verband mich bis zu ihrem Lebensende mit über 90 Jahren eine tiefe Freundschaft, wobei ihr besonderer Charakter immer verhinderte, dass man ihr zu nahe kam. Großartig, stolz, eigensinnig, visionär und engagiert waren die Eigenschaften, die sie kennzeichneten, die man an ihr schätzte, und denen die Reiter in Deutschland viel zu verdanken haben. An ihrem 90. Geburtstag gab es ein großes Fest in Reken, das sie in vollen Zügen genoss, denn es kamen alle Freunde und alten Mitstreiter. Sie strahlte wie eine Königin, als man sie auf ihrem »Kampfwagen« stehend – wenn es auch nur ein Golfcart war – über die Anlage des Zentrums fuhr und sie den Applaus und die Zuneigung der anwesenden Gäste genoss.

Danke, Ursula, für Deine unerbittliche Kritik und lebenslange Unterstützung. Durch Dich habe ich viel gelernt und Du warst eine Hebamme für den TTouch.

DISTANZREITEN

DIE ARABERSTUTE **BINT GULIDA**

Geboren am 24. September 1956

In unserem Leben gibt es immer wieder ganz besondere Menschen, die wie eine Art von Kristallisationsstrahl unsere persönliche Entwicklung, Wahrnehmung und Einstellung über kurz oder lang verändern. Für mich war dies in jedem Fall mein erster Mann Wentworth Tellington, den ich ja sehr jung kennen gelernt hatte. Von ihm habe ich so viel gelernt, wie ich mir selbst in hundert Jahren nicht hätte beibringen können.

Dasselbe gilt natürlich auch für Tiere, insbesondere für Pferde, die mir immer wieder tiefgreifende Erfahrungen geschenkt haben. Wenn ich spontan das Pferd nennen sollte, das die wichtigste Rolle in meinem Leben gespielt hat, dann ist dies Bint Gulida. Unsere gemeinsame Geschichte ist lang. Und jetzt, wo ich sie aufschreibe, spüre ich, wie Erinnerungen aufsteigen und meine Augen feucht werden. Ich freue mich sehr darüber, in diesem Buch meine besonderen Erlebnisse mit ihr und unsere gemeinsame Zeit noch einmal erzählen zu können. Es fühlt sich an, als sei es erst gestern gewesen, als sei sie ganz nah bei mir. Es kommt mir so vor, als würde ich erst jetzt in vollem Umfang begreifen, was dieses Pferd mir geschenkt hat.

Arabische Vollblüter, ein neuer Anfang

Wieder einmal war mein Mann Went derjenige, der aus seinem Gefühl heraus eine neue Idee in unser gemeinsames Leben einbrachte und verfolgte. Doch wo lag der Ursprung dieser Idee? Schon in Reno, als wir gerade frisch verheiratet waren und Went als Ingenieur in den Rockys immer wieder nach neuen Ölfeldern suchte, rief er einen bekannten Araberzüchter an, um mir einen Job zu verschaffen. Went war ein genialer Promoter und konnte Menschen ganz leicht davon überzeugen, was gut für sie sei. Er hatte somit keine Probleme, meine Fähigkeiten anzupreisen und mich als Bereiterin zu etablieren. Ich hatte schon immer eine Vorliebe für arabische Pferde und war sehr glücklich, mit ihnen arbeiten zu können. Ihre Qualitäten sind herausragend, ihre Intelligenz brillant. Doch schon nach einem Jahr gingen wir erst einmal für einige Zeit nach Puerto Rico, wo Went sich im wärmeren Klima erholen wollte. Aufgrund einiger Unfälle und Stürze taten ihm oft seine Knochen weh, und die Sonne und das Meer waren gut für ihn. Went arbeitete dort als Ingenieur und ich in einer Kunstgalerie; das war fantastisch. Wir hatten viel Zeit und verbrachten diese oft gemeinsam am Strand. Wents neues Steckenpferd war das Studium der Stammbäume von arabischen Pferden. Wie alles, was er tat, machte er auch dies gründlich und mit viel System. Er wusste aus den alten Aufzeichnungen über die Wüstenpferde, dass sie Langstreckenspezialisten sind. Und in den USA fing man damals gerade an, über Distanzritte nachzudenken. Wie so oft war Went ein Trendsetter und sah die Möglichkeiten dieses Sports voraus. Als wir uns dann wieder in Kalifornien niedergelassen hatten, und Went als Lehrer auf einer Privatschule in Chadwick arbeitete, wollte er den ersten Schritt machen und ein arabisches Pferd kaufen.

Went kannte inzwischen die Namen der Züchter und die Blutlinien der talentiertesten, ausdauerndsten Araberpferde. Heute schickt man dem Interessenten für ein Pferd ein Video, damals, im Jahr 1958, fuhren wir mit einem leeren, neu gekauften Pferdeanhänger quer durch Amerika nach Iowa, um uns dort arabische Pferde anzuschauen. Unsere Wahl war auf das Gestüt »Doyle Arabians« gefallen, einer der ersten Araberzüchter in Amerika mit einer sehr guten Reputation.

Wie findet man den Diamanten?

Es ist gar nicht so einfach, aus einer Herde von Stuten genau diejenige herauszufinden, die wirklich für den Sport geeignet ist. Ich hatte schon mit vierzehn Jahren bei Mrs. Meatheral, der Besitzerin des »Briarcrest Stable« in Kanada, gelernt, Pferde nach ihrem Gebäude und Charakter zu beurteilen. Auch auf den Turnieren, an denen ich die Pferde von verschiedenen Besitzern vorstellte, die mir gerade einmal eine Viertelstunde vor der Prüfung vorgestellt worden waren, musste ich ziemlich schnell erkennen können, wo die Stärken und Schwächen der Pferde lagen – sowohl von ihrem Körperbau als auch von ihrem Wesen her. Went hatte natürlich dreißig Jahre mehr an Pferde-Erfahrung vorzuweisen als ich; aber wir konnten uns dann auf eine Fuchsstute einigen, denn sie stach aus der Gruppe hervor. Ihr Name war Bint Gulida.

Hier möchte ich kurz ein paar Kriterien erläutern, die für uns wichtig waren: Bint Gulida hatte eine exzellente Vorhand, nicht zu steil gestellt, eine breite Brust und eine gute Gurttiefe. Sie brachte einen kraftvollen, breiten Rücken mit, der gerade für arabische Pferde gar nicht selbstverständlich ist. Außerdem – ganz wichtig – zeigte sie einen langen Schritt aus einer gut bemuskelten, schrägen Schulter heraus und auch einen raumgreifenden Trab. Dies konnte auf eine sehr gut ausgebildete Kruppe zurückgeführt werden, die außerdem außergewöhnlich lang war. Es gib zwar den bekannten Spruch: »Auf dem Kopf kann man nicht reiten«, aber genau hier wird es erst richtig interessant bei der Beurteilung eines Pferdes, denn gerade am Kopf kann man vieles erkennen. Bint Gulidas Profil war gerade, und sie hatte eine große, flache Stirn mit weit auseinanderliegenden Augen, die mich ruhig und selbstbewusst anblickten. Zwischen den Augen befand sich ein einzelner wohl platzierter Wirbel. Wenn ich heute die extrem konkaven Profile der »Schönheits-Araber« auf den Werbefotos sehe, dann kann ich nur bestürzt sagen: »Das sind verformte und verzüchtete Pferde, die niemals einem Leistungsanspruch genügen können.« Diese Ansicht fand ich auch bestätigt, als ich in Syrien arabische Pferde aus alten Blutlinien geritten habe, so wie man sie dort seit jeher traditionell züchtet. Alle Pferde hatten ausnahmslos ein gerades Profil, was bei den Beduinen auch bei der Beurteilung der Leistungsbereitschaft eine Rolle spielte. Bint Gulidas Nüstern wölbten sich groß und wohlgeformt über dem Maul. Da konnte die Luft sehr leicht ein- und ausströmen, und man durfte eine gute Lungenkapazität erwarten. Ihre Unterkieferknochen standen so weit auseinander, dass man eine Faust dazwischen legen konnte, auch ein Indikator für ihre Leistungsfähigkeit.

Eine noble Abstammung

Ihre Fuchsfarbe, die vier weißen Socken und die gleichförmige lange Blesse waren genau die Abzeichen, die auf ihre Abstammung aus der Crabbet-Zucht schließen ließen, was ihr Pedigree auch bestätigte. Lady Wentworth Blunt war Ende des 18. Jahrhunderts die erste europäische Züchterin, die in Kairo ein Gestüt unterhielt und besonders leistungsstarke Pferde ihr Eigen nannte. Fast alle ihrer Pferde hatten weiße Abzeichen an den Beinen. Sie gründete mit diesen Pferden 1878 ihr Gestüt »Crabbet Park Stud« in England, und aus diesen reinen, asil genannten Linien stammte Bint Gulida. Man hätte meinen können, alles sei perfekt gewesen, denn auch die Preisverhandlungen kamen zu einem für beide Seiten befriedigenden Abschluss. Es gab nur einen Nachteil: Die Stute hatte bisher nur ein oder zwei Mal ein Halfter getragen. Sie war weder an einen Stall gewöhnt, noch an einen Sattel oder eine Decke etc. Doch wir waren guter Dinge, das wir das schnell ändern würden. Die Rückfahrt gestaltete sich etwas dramatisch, da Bint Gulida ja alleine im Hänger fahren musste und die Vorbesitzer darauf bestanden hatten, sie für den Transport zu sedieren. Dies stellte sich als fatal heraus, denn während der Fahrt versagte ihr Kreislauf, und sie ging buchstäblich in die Knie. Wir luden sie sofort aus, als sie nicht mehr stehen konnte, und verbrachten eine Nacht auf einem Parkplatz mir ihr, bis sie sich wieder erholte hatte. Letztendlich ging doch alles gut, und wir kamen nach drei Tagen und Nächten Fahrzeit heil in Kalifornien an.

Eine junge Dame mit eigenem Kopf

Leider war Bint Gulida zu Anfang gar nicht kooperativ. Sie zeigte sich so zickig und überspannt, dass Went von ihrer Unreitbarkeit fest überzeugt war. Das wollte schon etwas heißen für meinen Mann, der nicht so leicht aufgab. Doch für ein junges Pferd, das aus seiner Umgebung herausgerissen worden war und auch charakterlich so stark war, ist es eigentlich eine nachvollziehbare Haltung. Ich überlegte hin und her, wie ich es anders angehen konnte, um sie für mich zu gewinnen. Irgendwo hatte ich mal gelesen, dass die Indianer ihre jungen Pferde in der Dunkelheit angeritten hätten. Das leuchtete mir ein, denn als Herdentier sucht ein Pferd instinktiv Schutz bei anderen Pferden, Schutz vor den Gefahren der Nacht. Als Ersatz für andere Pferde akzeptiert es dann auch den Menschen, also hoffentlich mich. Warum es also nicht einmal versuchen? So lief ich mit Bint Gulida am Halfter durch die Nacht, stieß mir oft genug die Zehen an und fiel auch manchmal hin. Sie sah im Dunkeln bei Weitem besser als ich, suchte aber dennoch immer mehr meine Nähe. Ihr Vertrauen in mich wuchs zusehends. Da begann ich mit der Bodenarbeit, alles in der Nacht bei Mondlicht. Es hatte irgendwie schon etwas Verschwörerisches an sich. Als ich mich dann nach einiger Zeit zum ersten Mal auf ihren Rücken setzte, fühlte sich das richtig gut an: Wir verstanden und vertrauten uns. Ich genoss diesen Moment mit ihr allein im silbernen Mondschein. Erst Jahre später würde ich erfahren, warum gerade unsere Nachtarbeit sich für uns in einer ganz besonders schwierigen Situation als so wichtig erweisen sollte.

Zutiefst verbunden und vertraut

Zwar dauerte es noch einige Zeit, bis ich ihr einen Sattel auflegen konnte, doch dann ging ihre Ausbildung Schritt für Schritt gut voran. Aber kaum ein Pferd vor ihr hatte es mir jemals so schwer gemacht, es für mich zu gewinnen. Bint Gulida war so sensibel, dass ich lernen musste, meine Gedanken und Gefühle zu kontrollieren, um sie nicht aufzuregen. Besonders eine Episode hatte mir gezeigt, wie sehr wir schon innerlich verbunden waren und welche Auswirkungen das haben kann: Um zwei Uhr morgens klingelte das Telefon und schreckte mich aus dem Schlaf. Die raue Stimme eines Feuerwehrmanns informierte uns, dass in den Bergen oberhalb der Stallungen ein Waldbrand ausgebrochen sei und wir alle Pferde wegbringen müssten, sofort. Bint Gulida war das einzige Pferd, das sich gerade im Stall am Haus befand, weil wir morgens zu einem Ritt aufbrechen wollten.

Ich hatte keine Ahnung, wie nah das Feuer und wie groß die Gefahr war. Aufgeschreckt und nervös trenste ich sie auf, sprang auf ihren blanken Rücken und galoppierte, so schnell es ging, auf die Koppel, um die anderen Pferde weiter weg zu treiben. Mein Atem ging stoßweise, und ich hatte die schlimmsten Bilder vor Augen. Das erwies sich als fatal – Bint Gulida konnte offensichtlich nicht nur meine Angst spüren, sondern auch die Bilder sehen, die ich sah. Ich spürte zwischen meinen Schenkeln, wie sie sich verkrampfte, hektisch wurde und anfing, außer Kontrolle zu geraten. Gerade noch rechtzeitig drang die Erkenntnis zu mir durch, dass nicht sie, sondern ich der Auslöser für dieses Fiasko war. Ich schloss meine Augen und blendete alles Denken aus, ich kontrollierte meinen Atem und meine Emotionen. Angst ist das größte Gift, das es gibt, und überträgt sich in Bruchteilen einer Sekunde auf alle Tiere. Ich vertraute meiner Intuition, dass alles gut gehen würde, und sah unsere Pferde friedlich weiden. Als hätte ich einen Schalter umgelegt, wurde auch meine Stute ruhiger, konzentrierter und ließ sich wieder vertrauensvoll von mir leiten – wir waren wieder eins geworden. Die Erfahrung dieser Nacht im Feuerschein des brennenden Berges hat sich in mein Unterbewusstsein eingegraben. Es war ein Wendepunkt in unserem Zusammensein. Seitdem hatten wir dieses Gefühl der inneren Verbundenheit. Ich konnte mit ihr denken und sie mit Bildern leiten, ob ich nun vorhersah, wie wir die Ziellinie überqueren oder Spaß miteinander haben würden. Sie folgte mir, es war ein Tanz, den wir zusammen tanzten – in reiner Harmonie. Und so ist es für den Rest unserer gemeinsamen Jahre auch geblieben, eine ganz besondere Beziehung.

Linda mit Bint Gulida nach dem Sieg im Jim Shoulders Ride in Oklahoma 1961.

Auf Messers Schneide

Wenn ich jetzt die mehr als sechzig Jahre zurückschaue, kann ich heute erst wirklich ermessen, wie viel ich von ihr gelernt habe. Es war meine erste Erfahrung einer Seelen-Partnerschaft mit einem Pferd. Umso schlimmer war es, als ich sie ein Jahr später glaubte verlieren zu müssen. Sie hatte vier Tage lang eine Verstopfungskolik. Damals dachte man nicht darüber nach zu operieren. Es war einfach ein Todesurteil. Bint Gulida hatte einen Ruhepuls von 80, mehr als das Doppelte eines normalen Pulsschlags eines Pferdes. Ihre Atemfrequenz bewegte sich zwischen 70 und 80, das Zehnfache des Normalwertes. Ihre Temperatur war im Keller, ihre Ohren eiskalt, und sie war klitschnass, aber mit kaltem Schweiß; dabei hatten wir hochsommerliche Temperaturen. Dr. Santos, mein eigentlich immer optimistischer Tierarzt, hatte aufgegeben. Auf meinen Anruf hin setzte er sich in sein Auto und machte sich auf dem Weg zu uns. Er würde knapp eine Stunde brauchen, um hier anzukommen. Ich hatte noch fünfundvierzig Minuten, um Bint Gulida, in die ich so viel Hoffnung gelegt hatte, zu verabschieden. Das fiel mir so schwer. Tränenüberströmt setzte ich mich zu ihr auf den Stallboden und nahm ihr Gesicht in meine Arme, sie stöhnte. Um etwas zu tun, was ihr »guttat«, fing ich an, mit meinen Fingern über ihre Ohren zu streichen, dann, wie von selbst, nahm ich ihre Ohrmuscheln in die Hand und erhöhte etwas den Druck und strich sie aus, ganz langsam. Das machte ich immer wieder und wieder, vielleicht wollte ich mich auch nur selbst beruhigen mit diesen rhythmischen Bewegungen. Es war ein Abschied für immer, wie sollte ich das ertragen? Ich hatte meine Augen geschlossen und war nur bei ihr, meiner geliebten Stute. Ich sah die Momente, die uns verbunden hatten, fühlte unsere Ritte im Fluss und über die Bergkette. Die Zeit verschwamm und ich weiß gar nicht mehr, ob zehn oder zwanzig Minuten vorbeigegangen waren, auf alle Fälle spürte ich, dass ihre Ohren wärmer wurden. Ja, das kommt durch die gesteigerte Durchblutung wegen meiner Handmassage, dachte ich, freute mich und machte für einige Minuten weiter. Da hob die Stute ihren Kopf und schaute mich an – den Blick kannte ich, das war ihr Kämpferherz. Die Ohren erwärmten sich weiter und fühlten sich normal an. Sie stöhnte dann plötzlich ganz laut auf, ich zuckte zusammen, aber dann schoss aus ihrem Enddarm eine ganze Ladung verhärteten Kots heraus. Innerhalb von zehn Minuten atmete sie wieder normal. Als Dr. Santos ankam, fand er eine verheulte, aber glückliche Linda vor, die am Hals ihres Pferdes hing, das inzwischen aufgestanden war. Er konnte es nicht glauben, ihre Temperatur und auch ihr Puls waren normal. Bint Gulida wusste, dass ich ihr das Leben gerettet hatte, das spürten wir beide. Seit diesem Tag hatten wir eine noch tiefere Verbundenheit zueinander entwickelt, ein Vertrauen auf einer Schicksalsebene, die für viele Jahre ausschlaggebend war für unsere unglaublichen Erfolge, die noch kommen sollten.

Mein erster TTouch an den Ohren mit einer überraschenden Wirkung

Jetzt wird es mir wieder so überaus deutlich klar, wie noch nie zuvor, das hatte ich einfach verdrängt: Es war meine liebste Stute, die mich zum Ohren-TTouch veranlasst hat. Ich habe es aus meiner Intuition heraus getan, als seien meine Hände selbständig unterwegs. Doch diese Nacht und diese Auswirkung des Ohrenausstreichens war wirklich der Anfang des bewussten TTouch. Heute wissen wir, dass der Ohren-TTouch bei noch viel mehr hilft als bei Koliken oder um Pferde aus Schockzuständen herauszuholen. Der Ohren-TTouch wurde inzwischen wissenschaftlich untersucht, und man hat herausgefunden, dass er den Parasympathikus des Nervensystems beeinflusst und Pferde mit einer ruhigen, konsistenten Energie wieder belebt. Ist es nicht ein wundervolles Beispiel dafür, wie ich geleitet wurde, so viele Dinge zu tun, die dann letztendlich zu meiner Methode führten? Ich hatte oft dieses »Gefühl« genau »das« jetzt tun zu müssen. Es gab keine andere Möglichkeit, als der Intuition zu folgen.

Ungewöhnliche Unterstützung

Oft bekam ich aus ganz unerwarteten Ecken eine Bestätigung meiner Erfahrung, die mich wissen ließ, dass ich auf dem richtigen Weg war. So kam fünfzehn Jahre später, als ich

1975 zum erste Mal auf der Equitana war, ein Mann auf mich zu, der zuvor meine Demo mit dem Ohren-TTouch gesehen hatte. Er erzählte mir – woher auch immer er das wusste –, dass im 16. und 17. Jahrhundert in der Ära der Postkutschen die Pferde nach ihrem anstrengenden Streckeneinsatz Bier zu trinken bekommen und man ihre Ohren massiert habe. So sollten sie schneller wieder zu Kräften kommen. Ich war total überrascht, also war dies eigentlich uraltes Wissen, dachte ich mir, das verlorengegangen war.

Kann das Zufall sein?

Oft kommen immer wieder einzelne Teile eines Ganzen zum Vorschein, das man noch gar nicht kennt. Doch ich habe gelernt, immer auf diese Fingerzeige des Himmels zu achten. So war es auch im Jahre 1978, als ich in Achselschwang in Bayern einen Workshop gab. Dr. Krüger, eine am Workshop teilnehmende Tierärztin, schaute mir aufmerksam zu, sozusagen auf die Finger und fragte mich in der Kaffeepause, wo ich denn Akupunktur gelernt hätte. Das war damals noch eine Art »Geheimtherapie«, die kaum jemand kannte, weil die Erkenntnisse der chinesischen Medizin noch nicht bis Europa vorgedrungen waren. Ich sagte ihr, dass ich noch niemals damit zu tun gehabt hätte. »Aber warum folgen Sie dann den Meridianen?« Ich machte fragende Augen und antwortete: »Ich folge einfach meinem Gefühl, wo die Energie läuft, und lasse meine Finger gleiten.« Sie lächelte und lud mich ein, nach dem Workshop zu ihr nach Hause zu kommen, damit wir uns intensiver austauschen könnten. Ich war begierig, mehr über diese Akupunktur zu erfahren. Am nächsten Tag kam ihr Mann – ebenfalls ein Tierarzt – gerade von einem Kongress aus Paris zurück, auf dem er der medizinischen Fachwelt die erste Akupunkturtafel für ein Pferdeohr vorgestellt hatte. Er erklärte mir, dass der dreifache Meridian um das Ohr herumläuft, dann am Hals entlang über die Schulter an den Vorderbeinen entlang bis in den Huf. Der gleiche Meridian stimuliert das Verdauungssystem, die Atmung und die Geschlechtsorgane. Und, ganz klar, wie auch beim Menschen, sind alle Organe als Resonanzpunkte im Ohr angelegt und können genadelt werden – oder getoucht! Beide Krügers waren vom TTouch begeistert und wollten die Geschichte von Bint Gulida hören. Was für eine Gnade, dass der TTouch so vielen Pferden, aber auch anderen Tieren in den letzten Jahrzehnten helfen konnte! Wie viele wohl gerettet wurden, allein durch den »magic TTouch«? Wie viel habe ich Bint Gulida zu verdanken!

Bint Gulida, die außergewöhnliche Sportlerin!

Machen wir wieder einen Sprung zurück ins Jahr 1960. Als Bint Gulida gerettet war, ging unser Training weiter mit dem Ziel, möglichst viele Distanzritte erfolgreich zu bestreiten. Alles, was wir uns von ihr erhofft hatten, als wir sie mit dreieinhalb Jahren bei Doyle Arabians in Iowa gekauft hatten, war von ihr schon übertroffen worden. Sie hatte sich im Training als Ausnahmepferd erwiesen. Doch das ist nur die halbe Fahrkarte zum Erfolg. Man muss einen Distanzritt, besonders wenn er über 160 km geht, mit Bedacht planen und wie eine militärische Aktion vorbereiten. Das war das Spezialgebiet meines Mannes. Akribisch entwickelte er Ablauf- und Einsatzpläne. So viele Dinge, die heute im Distanzsport selbstverständlich sind, erfand er damals nur für Bint Gulida und mich, von der Fütterung bis zum kontrollierten Tränken und eigenen Streckenkarten. Man merkte ganz deutlich, dass er auf der amerikanischen Kavallerieschule gewesen war, denn er hatte ein immenses Wissen, auch über das Pferdetraining in anderen Ländern. Von der ungarischen Kavallerie übernahm er zum Beispiel das Intervalltraining, das zur Leistungssteigerung kurz vor dem Rennen praktiziert wurde. Ich hätte mir keine bessere Begleitmannschaft als ihn und meine Schüler wünschen können. Er schien immer zu ahnen, wann es eng wurde.

Die offizielle Meinung der Veranstalter im Jahre 1960 war, dass man nur einmal in einer Saison einen 160-km-Tagesritt absolvieren könne. Went meldete mich und Bint Gulida für den »Tevis Cup« und den »Jim Shoulders Ride« an, die mit sechs Wochen Abstand gestartet wurden. Eine Woche vor dem Start fuhren wir mit vier Pferden zur Vorbereitung auf den »Tevis Cup«, der wohl das anspruchsvollste Distanzritt überhaupt ist, zum Ausgangspunkt des Rennens an den Lake Tahoe und schauten uns die Gegend an.

Die Strecke führte durch zwei tiefe Cañons, in denen die Hitze sich förmlich als Wand aufbaute, zum Schneiden dick, da musste man durch. Auch die Auf- und Abstiege waren sehr steil und gefährlich mit Geröll und auf schmalen Pfaden. Auch heute führt die Distanz immer noch vom Lake Tahoe in Kalifornien bis nach Auburn auf eine Höhe von 2.000 Metern. Da wir normalerweise an der Küste auf Meereshöhe lebten, sollten sich die Pferde an die Höhe gewöhnen. Wents Plan war es, dass ich den Trail vorher schon einmal reiten sollte, um Bint Gulida und mich an die Verhältnisse zu gewöhnen. Außerdem fertigten wir kleine Infokärtchen über die Strecke an, die ich in die Tasche stecken konnte und die mich jeweils über kleinere Wegstrecken informierten. Die Luft auf dem Kamm der Berge war klar und frisch. Bint Gulida und ich ritten durch herrliche Pinienwälder, deren Duft ich nie vergessen werde. Nachts legte ich mich in meinem Schlafsack auf die Erde und hatte den Mond über mir, nebenan stand mein Pferd wie eine Silhouette gegen den mit Sternen funkelnden Nachthimmel. Da ich sicher war, dass sich Bint Gulida auf keinen Fall weit von mir entfernen würde, band ich nur ein langes Seil zwischen die Bäume zur Abgrenzung und ein Heunetz an den Anhänger. Wenn ich in der Nacht, eingemummelt in meinen Schlafsack, aufwachte, drehte ich mich um und blickte meiner Stute direkt in die Augen. Sie lag neben mir, so als würde sie auf mich aufpassen. Ein paar Tage später gab ich Bint Gulida ihre reich bemessene Sportlerration und schüttete den Eimer auf dem Boden aus. Wir hatten einen kleinen Paddock aufgebaut, in dem ich sie sicher wähnte. Mir knurrte der Magen, und ich machte mich auf, mir selbst etwas zu essen zu besorgen, denn leider waren unsere Vorräte zu Ende gegangen und Went noch nicht von der Einkaufstour zurückgekommen. Im Tal gab es einen kleinen Laden, der auch einfache Gerichte anbot. Ich machte mich also auf den Weg ins Tal, folgte einem kleinen Bergpfad abwärts und gelangte auf die Hauptstraße. Gerade als die Eingangstür zu »Maggis Kitchen« öffnen wollte, hörte ich hinter mir ein munteres »Klipp-Klapp«, drehte mich um und bemerkte, dass Bint Gulida mir gefolgt war. »Dann muss ich wenigstens nicht zurücklaufen«, dachte ich mir lächelnd und umarmte sie dankbar.

Ein wenig sentimental

Es ist schön, diese Erinnerungen noch einmal in mir zu erleben, damit Bint Gulida in diesem Buch aufleben kann. Unsere intensive Verbundenheit und Freundschaft macht mich auch heute noch glücklich und dankbar, wenn ich nur daran denke. Die gemeinsamen Abenteuer während des Trainings und bei den Ritten haben uns eng zusammengeschweißt. Wer sein Pferd nur im Stall stehen lässt und in der Reitbahn reitet, wird niemals eine so intensive Verbindung zu ihm bekommen, denn dazu gehört schon etwas mehr.

Wents Idee mit den Karten war großartig und hat sich in der Folge als überaus hilfreich erwiesen. Damals waren die Trails nicht besonders gekennzeichnet, und wenn man sich verritten hatte, dann war der Tag meist verloren, manchmal sogar der ganze Trail und das Rennen beendet. Went ging mit mir immer wieder die Strecken im Kopf durch, wir zeichneten die wichtigsten Merkmale genau ein, wie besondere Bäume oder Knicke im Pfad. Wir notierten, wo ich besonders aufpassen musste. Es ging darum, so viele Zufälle als möglich auszuschließen. Er wollte unbedingt, dass ich schon gleich bei meinem ersten Start erfolgreich sein sollte … und er hat dies auch erreicht. Ich war unter den Top Ten von mehr als hundert Startern und passierte als Sechste mit einer sehr munteren und gut gelaunten Bint Gulida die Ziellinie. Eigentlich wäre sie einfach weitergelaufen, wenn ich es gewollt hätte. Danach war ich mir ganz sicher, dass wir auch unsere nächste Herausforderung meistern würden. Bint Gulida war eine Kraftmaschine und voller Elan und immer guter Dinge. Bei allen unseren Ritten, im Training oder im Rennen ist sie niemals lahm gegangen oder hat herumgebummelt.

Zwei Distanzrennen in zwei Wochen

Nach ein paar Tagen Pause setzen wir unser Training fort, und in der letzten Woche wiederholten wir das Intervalltraining. Danach gingen wir wieder auf Reisen. Ich verlud Bint Gulida in unseren Hänger, und wir fuhren über 1.600 km bis nach Oklahoma. Wir hielten uns an unser bewährtes Konzept, und ich ritt die Strecke einige Tage vorher mit meiner Stute ab. Immer nach ungefähr zehn Kilometern notierte ich mir die schwierigen Passagen. Normalerweise startete man noch bei Dunkelheit und ritt dann in den Tag hinein, damit man – ausgehend von einer gerittenen Bestzeit von ungefähr sechzehn Stunden – noch vor Einbruch der Nacht wieder ankam. Die Organisatoren von Oklahoma hatten, um der Tageshitze zu entgehen, die Startzeit auf zwei Uhr nachmittags festgelegt. Sie waren davon ausgegangen, dass es eine klare Vollmondnacht werden würde. Das Mondlicht hätte dann ausgereicht, um den Weg zu finden. Leider hatte sich jemand verrechnet, denn es war weder Vollmond noch sternenklar. Als gegen 22 Uhr die Nacht hereinbrach, wurde es plötzlich stockdunkel. Viele der Teilnehmer verritten sich oder unterbrachen den Ritt und warteten oder tasteten sich zu Fuß weiter. Eigentlich war es völlig unverantwortlich vom Organisationsteam, die Reiter so allein zu lassen. Jetzt kamen mir die hohen Anforderungen von Wentworth und seiner Ausbildung zu Gute, denn er hatte darauf bestanden, dass ich auch nachts, wenn es bewölkt war, mit Bint Gulida trainierte, um uns beiden Sicherheit zu geben. Daher war dieses Abenteuer eines nächtlichen Trailritts eher eine tolle Herausforderung für meine Stute als ein Hindernis.

Ich war ja von unserer Anfangszeit her gewohnt, sie nachts zu reiten. Meine Taschenlampe zwischen den Zähnen, konnte ich meine Streckenbeschreibungen auf den handgeschriebenen Karten lesen und dem Weg folgen. Wir flogen zusammen durch die dunkle Nacht, in der ich nicht die Hand vor meinen Augen sehen konnte. Ich vertraute Bint Gulida sozusagen blind, und sie legte ein flottes Tempo vor. Die meiste Zeit waren wir in einem gleichmäßigen Trab unterwegs. Wir verschmolzen miteinander. Alles, was ich hörte, waren ihr regelmäßiger Atem und ihre Hufe auf dem Weg. Ich spürte ihren warmen Körper und den Nachtwind auf meiner Haut – es war ein Gefühl der Zeitlosigkeit. Nur die Unterbrechungen durch die »Vet-Checks« alle 30 Kilometer holten mich für einen kurzen Moment in die Realität zurück. Erst als die Dämmerung anbrach und die Sonne aufging, bemerkte ich wieder den Rest der Welt und war mir bewusst, dass wir weit vor den anderen Teilnehmern lagen. Um ganz sicher zu sein, dass wir mit guten Werten über die Ziellinie gehen würden, stieg ich fünf Kilometer vorher ab und spazierte mit Bint Gulida an der Strecke entlang. Went kam mir entgegen, rauchte genüsslich seine Zigarette und hatte ein sehr zufriedenes Grinsen auf dem Gesicht, als wir dann zu dritt einliefen. Wir hatten 16 Stunden und 35 Minuten gebraucht, ein Rekord, der für sieben Jahre hielt … und das bei saumäßig schlechten Konditionen. Der zweite Reiter kam fünfeinhalb Stunden später durchs Ziel, niemand war auf eine solche dunkle Nacht gefasst gewesen. Von allen Pferden bekam Bint Gulida auch noch die Auszeichnung als das Pferd, das in der besten Verfassung das Rennen durchlaufen hatte. Was für ein Tag! Was für ein Erfolg! Meine Stute und ich waren eine Sensation und bekamen eine tolle Presseresonanz.

Meine Popularität in der Szene stieg. Went und ich bekamen sogar eine eigene Kolumne in der Zeitschrift Western Horseman, denn jeder wollte das Geheimnis unseres Erfolges wissen. Für Went war dies eine große Genugtuung. Er setzte sich hin und fing an, ein Buch über seine und meine Erfahrungen und Erkenntnisse zu schreiben. Es war die erste wirkliche Grundlage für diesen Sport. Der Tevis Cup und der Gewinn des Jim-Shoulder-Distanzrennens in Oklahoma waren der Auftakt zu einer ganzen Reihe von Erfolgen für Bint Gulida und mich.

Wenn die Gene sich vererben

Nach einiger Zeit sehnte ich mich nach einem Fohlen von Bint Gulida und begann mit ihr zu züchten. Natürlich studierte Went genauestens ihre Blutlinie und suchte den passenden Hengst für sie aus. Ich war sehr gespannt auf ihren Nachwuchs und schlich, als der Geburtstermin näher rückte, die ganze Zeit um sie herum. Ich hatte mich schon auf einige Nächte Wartezeit eingestellt, doch im Gegensatz zu allen anderen Stuten, die ich kannte – und immerhin haben wir ein Gestüt mit 80 Vollblutstuten geführt – brachte sie ihr Fohlen am helllichten Nachmittag zur Welt, als ich dabei war. Dies war nicht nur bei ihrem ersten Mal so, sondern immer. Sie wartete auf mich. Bei ihrem dritten Fohlen hatte ich einen Kurs an der Westküste und konnte nicht zum Geburtszeitpunkt da sein.

Bint Gulida mit ihrem Sohn, der ein ebenso erfolgreiches Distanzpferd wurde.

Da verzögerte sie doch tatsächlich den Geburtstermin acht Tage lang, bis ich wieder zurück war. Dann lieferte sie mir ihr Fohlen kurz nach meiner Ankunft, als wolle sie mir ihr Kind in die Arme legen. Natürlich waren ihre Kinder richtige Cracks und folgten den erfolgreichen sportlichen Spuren ihrer Mutter. Einige Jahre später baten uns die Johnsons – sehr bekannte Araberzüchter und Besitzer eines legendären Araberhengstes, der bekannt war für seine Distanzerfolge –, mit Bint Gulida züchten zu dürfen. Für 18 lange Monate war sie damals auf der Farm der Johnsons und kam zurück, als ich nicht da war. Man hatte sie auf ihre alte Weide gebracht, und da stand sie zwischen ihren alten Freundinnen. Als ich zurückkam und sie dort stehen sah, wurde mir warm ums Herz, als sei ein Stück von meinem eigenen Herzen wieder nach Hause gekommen. Ich rief laut ihren Namen. Ich hoffte, dass sie den Kopf heben und mich sehen würde, denn ich wollte sie begrüßen und sie fühlen. Ich stieg über den Zaun und lief auf sie zu, da kam sie mir schon im donnernden Galopp und laut wiehernd entgegengelaufen. Unsere Verbundenheit zu spüren, als seien wir nie getrennt gewesen, als sie mich anstupste und vertraut ihren Kopf auf meine Schulter legte, dies war einer der schönsten Momente in meinem Leben, und die Tränen liefen mir über das Gesicht.

DAS ERBE MEINER **DREI GROSSVÄTER**

Die Gabe

Erst in seinen achtziger Jahren lernte ich meinen wirklichen Großvater kennen, Will Caywood, den Vater meiner Mutter. Doch bereits lange zuvor hatte er schon indirekt einen bedeutenden Einfluss auf mein Leben genommen. Meine Geschwister und ich dachten immer, sein Bruder, George Caywood, sei unser Großvater. Bei ihm, ebenfalls ein Pferdemensch und Vollblutzüchter, waren wir aufgewachsen. Irgendwann erzählte mir meine Mutter, dass ihre Mutter, Dolly Caywood, die ganze ungewöhnliche Geschichte so berichtete:

Beide Brüder hatten die besondere Gabe, mit Pferden umzugehen, sie zu verstehen und ihr Vertrauen zu gewinnen. Will war der jüngere und kleinere von beiden Brüdern und außerdem der geschicktere Reiter. Er verdiente sich schon als Teenager nebenbei sein Taschengeld, indem er Vollblüter bei lokalen Rennen zum Sieg ritt. Ein wohlhabender Züchter hatte ein gutes Auge und entdeckte sein Talent, als er ihn in Iowa auf der Rennbahn reiten sah. Will verließ ohne Abschluss die Schule und ging mit seinem Mäzen nach Chicago, wo er eine Profi-Lizenz erwarb und einen Vertrag unterzeichnete. Der Mann hatte auf »das richtige Pferd« gesetzt. Tatsächlich wurde Will als Jockey ziemlich berühmt und war später in Amerika ein bekannter Trainer. Noch mit achzig Jahren saß er auf dem Pferd und war Zeit seines Lebens sehr agil und fit. In Chicago traf er meine Großmutter Dolly, die natürlich auch den Pferdevirus im Blut hatte. Sie waren gemeinsam auf allen großen Rennbahnen in Amerika unterwegs. Will war so erfolgreich, dass er schließlich ein sehr verlockendes Angebot aus Europa bekam. Er sollte nach Russland gehen und dort die Pferde eines österreichischen Grafen auf den Rennbahnen von Moskau und St. Petersburg vorstellen. Schade, dass der Name nirgendwo festgehalten ist. Irgendwann erzählte er mir seine Geschichte selbst. Er meinte: »I had damned no idea where Russia was«, und er konnte auch kein Wort Russisch sprechen. Sein damaliger Mäzen löste dieses Problem, indem er ihm einen Reisegefährten verschaffte, eine Art Kindermädchen und Aufpasser, der sechs verschiedene Sprachen sprechen konnte und sehr viel von Pferden verstand – den Zigeuner Orlov. Die beiden waren schon ein seltsames Gespann, wie Pat & Patachon: Der hellhäutige, kleine und etwas gedrungene Amerikaner und der dunkle, groß und kräftig gebaute Zigeuner, der meinem Großvater nicht von der Seite wich.

Das geheime Wissen der Zigeuner

Orlov war auch noch in einem ganz anderen Sinn ein Glücksfall für meinen Großvater: Er verschaffte ihm Zugang zum geheimgehaltenen Pferdewissen der Zigeuner, das von ihnen außerhalb der Familien eigentlich nie weitergeben wurde. Und Will war klug genug, sein neu erworbenes Wissen umzusetzen, anzuwenden und für sich zu behalten. Er wurde der erfolgreichste Trainer auf dem Hippodrom in Moskau und im Jahre 1905 von Zar Nikolaus II. mit einem kostbaren Pokal ausgezeichnet. Ist es nicht fantastisch, dass ich gerade diesen Pokal von einem alten Herrn, der sich noch an die »glorreiche Zeit« erinnern konnte, im Pferdemuseum von Moskau wieder gezeigt bekam? Und er zeigte mir auch den Zeitungsartikel über meinen Großvater, der damals veröffentlicht wurde. Leider konnte ich ihn nicht lesen, da ich kein Russisch spreche.

Es waren gefährliche Zeiten, die meine Großmutter dazu veranlassten, zurück nach Amerika zu gehen. Es existiert sogar noch eine Postkarte von meiner Großmutter, auf der sie beschreibt, welches Gemetzel von der berittenen Garde des Zaren auf dem Roten Platz genau vor dem Fenster ihres Hotels unter den bolschewistischen Revolutionären veranstaltet wurde. Danach reiste sie ab.

Im Güterzug den russischen Revolutionären entkommen

Will blieb noch bis zum Ausbruch des Ersten Weltkrieges in Russland und feierte dort viele Erfolge. Dann musste er jedoch Hals über Kopf, versteckt in einem Transportwaggon mit Rennpferden, nach Paris fliehen. Hätte er das nicht getan, wäre er unweigerlich den Bolschewiken in die Hände gefallen – keine schönen Aussichten.
Der Abschied von seinem Freund Orlov war kurz und schmerzlich. Immer wieder fragte sich Will in den späteren Jahren, ob der Zigeuner den Krieg und die ethnische Säuberung durch Stalin wohl überlebt hatte. Doch er glaubte fest daran, dass Orlovs Durchtriebenheit und Schläue ihn vor dem Schlimmsten bewahrt hatten.
Nach seiner Rückkehr nach Amerika etablierte er sich selbst als Trainer und Züchter. Einige seiner größten Erfolge feierte er auf dem City Park Horse Track in New Orleans, Louisiana. Wir sprechen über die Zeit um 1910. Es war eine goldene Ära mit Charleston, Glücksspiel, Prohibition, Bonny and Clyde und vielem mehr. Große Pferderennen gehörten zu den wichtigsten gesellschaftlichen Ereignissen der High Society, und es wurde unglaublich viel Geld investiert – in die Wetten und in die Pferdezucht. Davon profitierte mein Großvater und konnte sich Geld zurücklegen. Will kaufte seiner Exfrau und seinen fünf Kindern ein großes Haus in Edmonton und übertrug seinem Bruder George die Aufgabe, auf seine Familie aufzupassen und sorgte für deren Unterhalt. Und George kümmerte sich liebevoll um meine Mutter und ihre fünf Kinder, geheiratet haben die beiden nie. Aber als Kind habe ich sie immer für ein Paar gehalten. In den folgenden Jahren lebte und arbeitete Will in Kalifornien auf den verschiedenen Pferderennbahnen als Trainer, importierte Pferde aus Frankreich und hatte eigene Stallungen. Er tauchte aber nie mehr bei seiner Familie in Kanada auf.

Das Erbe von Will Caywood

Eines Morgens – es war die Zeit, als wir die »Hemet Thoroughbred Farm« in Kalifornien managten – bekamen Went und ich einen Anruf von Will. Ich wusste erst gar nicht, wer da am Telefon war. Will aber hatte aufmerksam die Pferdezeitschriften gelesen und immer wieder den Namen seiner Enkeltochter gefunden. Er war über meine Erfolge bestens informiert. Mit über achtzig Jahren war er noch fit und trainierte in Florida junge Pferde für die Rennbahn. Er saß sogar manchmal noch selbst im Sattel. Aber Will wusste auch, dass es Zeit war, sich von der Rennbahn zu verabschieden. Er hatte noch etwas anderes im Sinn – etwas, das mit mir zu tun haben sollte. Als uns dämmerte, wer da am Telefon war, wem die kratzige tiefe Stimme gehörte, die durch den Hörer kam, da luden wir ihn sofort zu uns ein. Es war wirklich aufregend: Als Will Caywood bei uns einzog, lernte ich, wie gesagt, meinen leiblichen Großvater endlich persönlich kennen. Ich war sehr neugierig, er wohl auch. Prüfend und sehr kritisch blickte er mich an, fast misstrauisch. Als er mich dann aber im Umgang mit den Pferden beobachtete, veränderte sich der Ausdruck in seinen Augen, und seine Körperhaltung wurde entspannter. Irgendwie spürte ich eine warme Welle der Erleichterung von ihm zu mir herüberfluten. Er fühlte wahrscheinlich, dass er in mir, seinem eigenen Fleisch und Blut, den Menschen gefunden hatte, dem er sein Vermächtnis übergeben wollte. Wirklich darüber geredet haben wir nie. Das war nicht sein Ding, er hatte einen trockenen Humor, aber keine Ader für Sentimentalitäten. Über das Ausmaß, wie sehr er mich beeinflussen würde, war ich mir zu diesem Zeitpunkt überhaupt noch nicht im Klaren. Doch Went mit seinem genialen Instinkt hatte es sofort erfasst, dass ein wahrer Schatz an Erfahrung und Pferdewissen bei uns eingezogen war. Wann immer Will etwas zu erklären oder zu zeigen hatte, ließ Went alles stehen und liegen, zückte den Block und den Stift und schrieb jede Kleinigkeit auf, ließ sich bestimmte Griffe zeigen und zeichnete sie ab.

Was war aber nun das Geheimnis meines Großvaters?

Sein Wissen über Pferde war so umfassend und vielfältig, dass Went und ich darüber später ein Buch schreiben konnten, zusammengefasst mit unseren eigenen Erfahrungen und Trainingsmethoden: »Physical Therapy and Massage for the Sporthorse.« Wenn ich es auf den Punkt bringen sollte, dann war dies für mich die Initialzündung für die Entwicklung des TTouch. Will hatte von Orlov gelernt, dass die Zigeuner die Pferde täglich massierten und alle Sehnen und Gelenke bewegten und »therapierten«. Sie wussten wahrscheinlich aus jahrhundertelanger Erfahrung, dass über die Aktivierung der Haut das ganze System des Körpers mit seinen Organen und Meridianen stimuliert werden kann, wodurch ein Wohlbefinden ausgelöst wird. Und Pferde, die sich gut fühlen, laufen besser, ganz einfach!

Will sagte auch, er habe nie ein Pferd auf die Bahn geschickt, von dem er das Gefühl gehabt hätte, dass es nicht laufen wollte. Wie wohl mir diese Aussage tat, denn auch ich bestand darauf, dass unsere Pferde in der Schule nur dann eingesetzt wurden, wenn sie sich gerne selbst zur Verfügung stellten. Und ich wäre niemals in einem Distanzritt gestartet, wenn ich nicht die Überzeugung gehabt hätte, dass mein Pferd mental fit und begierig darauf war, die Aufgabe zu meistern. Die richtige Partnerschaft von Reiter und Pferd ist ebenso wichtig für den Erfolg, denn es muss ein gegenseitiger Respekt vorhanden sein. Will spiegelte meine Haltung, indem er davon sprach, dass er nur mit Jockeys gearbeitet hatte, die von den Pferden gerne als Reiter akzeptiert wurden. Wir hatten so viel gemeinsam, und ich entdeckte, dass meine intuitive Art, mit Pferden umzugehen, scheinbar in den Genen meiner Familie steckte. Will war glücklich, als er merkte, wie genau wir seine Anweisungen befolgten und anwandten und wie unsere Pferde darauf reagierten. Er wusste sein »Geheimnis« in guten Händen. Wie gerne würde ich ihm heute sagen, dass von diesem »Insiderwissen« mittlerweile Tausende Menschen und Pferde profitieren und dass es eine noch viel größere Genugtuung ist, damit helfen zu können, als Rennen zu gewinnen. Als wir die Farm aufgaben, zog Will zu seiner Tochter nach Okland in Kalifornien. Wir haben dann nur noch gehört, dass er einige Jahre später gestorben ist. Heute würde ich ihm gerne ganz anders danken als damals.

Sing ein Lied für Dein Pferd

Was mir viel bedeutet, ist die Tatsache, dass Will von einem Menschen, der in meinen Leben bis heute eine große Rolle spielt, sehr geschätzt wurde. Mit diesem Menschen meine ich meinen Mann Roland Kleger. Roland war ja schon mit 17 Jahren mein Schüler gewesen und besuchte Went und mich immer wieder. Zufällig lernte er meinen Großvater bei einem der Besuche kennen und schätzen und verbrachte viel Zeit mit ihm. Will Caywood hatte eine besondere Eigenart, wie auch sein Bruder George: Er summte und pfiff immer leise vor sich hin, damit die Pferde aufmerksam zu ihm hinschauten und eine Verbindung zu ihm aufbauten. Er saß stundenlag in der Stallgasse und putzte das Geschirr, erzählte Geschichten, und Roland und die Pferde hörten zu. Wie schön, dass dieser Roland heute mein Mann ist, den ich sehr liebe, und dass wir so viel gemeinsame Erinnerungen teilen können.

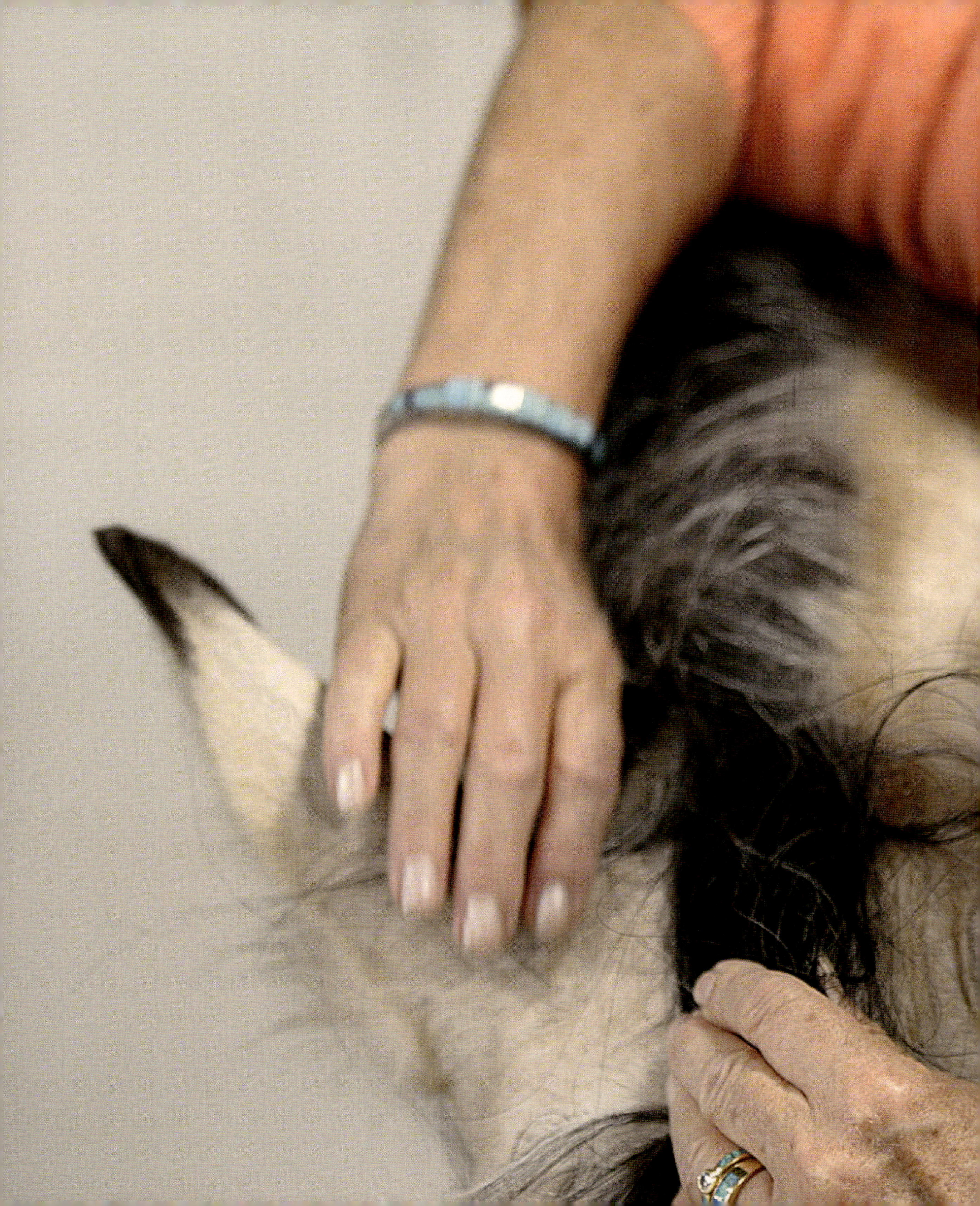

Unsere besondere Beziehung begann ganz locker, fast nebensächlich mit einem Gespräch am Rande eines Turnierplatzes. Nichts, aber auch gar nichts deutete darauf hin, dass diese Begegnung so viel Einfluss auf mein Leben nehmen würde. Es war die zweite Europameisterschaft für Islandpferde. Sie wurde in dem vornehmen Schweizer Kurort St. Moritz, Treffpunkt der Reichen und Schönen, ausgetragen. Wir gehörten nicht unbedingt zu den üblichen Gästen des Ortes, aber wir hatten viel Spaß. Es gab ein Wiedersehen mit den Freunden von Skandinavien bis in die Schweiz, wir bewunderten gegenseitig unsere Pferde und feierten bis spät in die Nächte. In der kleinen Familie der Islandpferdefreunde kannten wir uns alle gut, nur die interessierte Amerikanerin neben mir kannte ich nicht. Sie fragte mich nach Einzelheiten der Prüfungen und der Notenvergabe. Da ich mich bei einem Studienaufenthalt in den USA sehr intensiv mit American Saddlebred Horses befasst hatte, hatten wir eine reiterliche und rassenmäßige Basis für unsere Diskussion, die im Verlaufe des Nachmittags immer interessanter wurde. Wir trafen uns während der Meisterschaften noch sehr oft und weiteten unsere Gespräche auf alle Aspekte des reiterlichen Lebens aus. Die junge Frau – die sich dann als Kanadierin entpuppte – entwickelte faszinierende Ideen, mit und durch Pferde zu lehren und zu lernen. Sie zeigte völlig neue Ansätze bei der Pferdeausbildung auf, aber sie vergaß dabei niemals, ein Pferd auch ein Tier bleiben zu lassen. Wir hatten das Gefühl, uns schon ganz lange zu kennen und eigentlich wieder den Faden einer Freundschaft aufzunehmen, von dem wir gar nicht gewusst hatte, dass er existierte. Bei Messen, Kursen, offiziellen und inoffiziellen Anlässen rund um die Isländerszene fanden wir immer wieder zueinander. Du warst irgendwie das Salz in der Suppe, nie langweilig und immer für jegliche Überraschung gut. Unser Zuhause, der Grenzlandhof, wurde immer wieder von Dir zu einem Zwischenstopp genutzt, und mit im Gepäck hattest Du jedes Mal neue, weitergehende Erkenntnisse, die wir dann auch oft an unseren Pferden auf dem Grenzlandhof ausprobierten – oder auch an uns selbst. Selbst meinen Mann Claus, hast Du in kürzester Zeit überzeugt. Mit Geschichten von unserem gemeinsamen Abenteuer in Amerika, als wir mit Isländern vom Pazifik bis zum Atlantik unterwegs waren, könnten wir ein Buch füllen. Wir haben wundervolle Abenteuer miteinander erlebt und immer viel gelacht. Seit mehr als vierzig Jahren bist Du, Linda, ein Teil meines Lebens. Ich kann es mir nicht anders vorstellen, nicht ohne Deine Menschlichkeit, ohne Deine Herzlichkeit. Als es mir vor einigen Jahren einmal nicht gut ging, klingelte plötzlich das Telefon: Du warst dran, eigentlich mitten in einem Kurs in Kalifornien. Bei Dir hatten die Alarmglocken geklingelt und Du hattest mich spontan angerufen. Das gab mir wieder Mut – Deiner Intuition kann man vertrauen. Du hast schon viele Bücher geschrieben, auch dieses hier, Dein Letztes, ist bestimmt wieder ein Erfolg. Aber keine dieser Schriften kann wirklich den ganzen Umfang von Kraft, Optimismus, Vertrauen und Liebe zu Menschen und Tieren erklären, den Du mit vollen Händen verschenkst.

Dich als Freundin zu haben ist ein Geschenk Gottes.

Ullu Becker

Meine Verbindung zu Linda Tellington-Jones begann an einem verregneten Herbsttag. Genauer gesagt am 27. November 1988 in der Klosterkirche Malgarten vor den Toren Osnabrücks, als Linda mich vor der versammelten Taufgemeinde als meine Patentante in ihren Armen hielt. Seit diesem Zeitpunkt verbindet uns, nicht nur durch die Patenschaft, eine besondere Beziehung. Linda Tellington-Jones ist für mich mehr als nur eine Patentante. Sie ist für mich eine Inspiration, ein Vorbild und einfach eine wunderbare Freundin geworden.

Ich erinnere mich gerne an die Besuche der »wilden« Patentante aus den Vereinigten Staaten während meiner Kindheit auf dem elterlichen Hof in Bramsche, die meist nicht mehr als eine halbe Stunde dauerten. Zwischen Tür und Angel, TTouch und Transatlantikflug schaute Linda oftmals kurz vorbei, um ihr Patenkind in Augenschein zu nehmen. Viele Fotos belegen, dass wir bereits damals die Leidenschaft und Freude am Pferd teilten.

Es gab neben den schönen Erinnerungen an die gemeinsame Zeit jedoch auch einschneidende Momente wie den Tod meines Vaters Wolf im Februar 1999. Auch damals war Linda als eine der Ersten zur Stelle und in den folgenden Jahren eine wichtige Stütze für mich. Die familiären Irrungen und Wirrungen dieser Zeit führten allerdings auch dazu, dass Linda und ich uns ein wenig aus den Augen verloren. Es fehlte zu dieser Zeit an einem Bindeglied, am natürlichen Klebstoff, der uns zusammenhielt.

Doch der Kontakt brach nie ab, so dass Linda bis heute eine wichtige Konstante ist, auf die ich jederzeit zählen kann. Die zweijährliche Equitana in Essen war unser Treffpunkt, an dem ich stets als erstes zum TTouch-Stand in Halle 1 pilgerte, um einen Augenblick meiner gefragten Patentante zu erhaschen. Unvergessen sind auch unsere Treffen am Frankfurter Flughafen. Während meiner Studienzeit in der Mainmetropole lebte ich nur 20 Minuten von dort entfernt. So war der größte Flughafen Deutschlands einer der perfekten Orte für ein Treffen mit der Jet-Setterin Linda. Häufig reichte eine kurze SMS von ihr mit dem Inhalt: »Habe 20 Minuten Zeit. Kaffee?« Und eine halbe Stunde später trafen wir uns. Unabhängig von meinem Gemütszustand waren diese Treffen eine Quelle großer Inspiration und Motivation. Linda steht mir stets mit Rat und Tat zur Seite und gibt mir bis heute wichtige Tipps bei allen großen Entscheidungen, die ich in meinem Leben treffe.

Sie ist eine Frau, die versucht, die Welt jeden Tag ein kleines Stückchen besser zu machen. Ihre Art, mit Mensch und Tier umzugehen, von ihnen zu lernen und mit ihnen zusammenzuarbeiten ist vermutlich einmalig auf dieser Welt. Es ist der besondere Touch mit dem Leben und seinen Akteuren, der sie so einzigartig macht und durch den sie eine Inspiration für Menschen auf der ganzen Welt ist. Linda war und ist eine prägende Figur in meinem Leben, und ich bin unglaublich stolz darauf, ihr Patensohn sein zu dürfen.

Christian Kröber

Linda Tellington-Jones kenne ich seit 1971. Damals begannen wir auf einem Ritt in den Bergen von Los Altos, Kalifornien, ein Gepräch, das seither, über Raum und Zeit hinweg, immer intensiver und faszinierender geworden ist und den Hintergrund unserer gemeinsamen langen Zusammenarbeit für Tiere aller Arten und Menschen bildet. Es geht darum, Tiere in Gestalt und Verhalten zu verstehen, ihre wichtige Rolle in unserem Leben – über den reinen Nutzwert hinaus – als Partner und Botschafter des Verständnisses und des Verknüpftseins mit der Natur zu erspüren. Die faszinierenden Möglichkeiten, Zugang zu Tieren zu finden, mit ihnen körperlichen Kontakt zum Zwecke der Begegnung und Beeinflussung aufzunehmen und dabei eine beglückende, gefühlvolle Antwort zu spüren – das ist das Anliegen unserer gemeinsamen Arbeit.

Naturnahen Völkern, wie den Indianern, waren Elemente der zwischenartlichen Mensch-Tier-Beziehung so selbstverständlich wie das Atmen und Sprechen, bevor sie durch unsere Kultur und Religion indoktriniert wurden. Uns heutigen Menschen ist dieser intuitive Zugang weitgehend verloren gegangen.

Linda hat diese uralten Elemente noch in sich. Sie hat sie erlernbar und nachvollziehbar gemacht und die Beziehung zu Tieren zu einem Instrumentarium entwickelt, um Tiere zu beeinflussen, Stress und Angst abzubauen und körpereigenen Kräfte zu therapeutischen Zwecken anzuregen.

Insbesondere Wissenschaftler, die mit Tieren und Menschen arbeiten, haben – je tiefer sie den Zusammenhängen zwischen Krankheit, Psyche und Befindlichkeit nachspüren – gelernt, dass nicht alles rational erklärbar ist.

Je länger ich besonders als Zootierarzt mit Tieren arbeitete, umso mehr wurden meine anstudierten Zweifel durch Erfolgserlebnisse mit Lindas Arbeitsweisen und eine tiefere Zusammenschau widerlegt.

Wie viel wir an Lebensfreude missen müssen, weil das wechselseitige körperliche Gespräch mit Tieren verloren ging, zeigen die weltweiten Bemühungen und Erfolge, Tiere in Therapie und Prophylaxe im Sinne von »one health« zum Wohle des Menschen einzusetzen.

Linda und Roland wurden über die Jahre zum Teil unserer Familie. Zusammen mit meiner Frau Mengia und unseren Töchtern fanden wir auf langen Ritten, in nächtelangen Gesprächen, bei der Arbeit an unzähligen Tieren, Pferden, Hunden und Wildtieren, immer enger zusammen.

Mit Ursula Bruns haben wir wahrlich die Welt und das Leben der Pferde zu ihrem Wohl verändert. Unzählige gemeinsame Auftritte an Tagungen und Veranstaltungen, die an der ersten Equitana in Essen begannen, aber auch einfache gesprächsreiche Treffen bei mir zu Hause in Greifensee und Flims haben uns immer enger verbunden und zugleich den gefühlten Auftrag bestärkt, etwas zum Wohle der Tiere und damit auch der Menschen verändern zu wollen. Mein Leben hat sich durch Linda verändert.

Ewald Isenbügel

Im Zuge dieses Buchprojektes wird mir so richtig klar, dass ich ohne das, was mir meine Eltern ins Leben mitgegeben haben, niemals den TTouch geboren hätte.
Meine Mutter war mir mein Leben lang eine wunderbare Gefährtin, und deswegen möchte ich gerne eine Gedicht veröffentlichen, das sie für mich geschrieben hat.

In dem beiliegenden Brief schreibt sie: »*Es ist manchmal unglaublich schön zu entdecken, dass wir, Dein Vater und ich, der Kanal waren, der Dich in dieses Universum gebracht hat. Und dankbar können wir die Rolle, die wir gespielt haben, wertschätzen. Wichtig ist unsere spirituelle Verbindung über den Tod hinaus.*«

Tochter
Ich denke an Dich
Und ich vermisse Dich
Tochter
Meine Gedanken wandern immer wieder zu Dir
Im Jetzt und in der Zukunft
Tochter
Deine Stimme hat nun eine andere Qualität
Deine Gedanken haben eine grössere Reichweite
Deine Erfahrungen sind beeindruckend
Deine Erwartungen haben keine Grenzen
Deine Mutter

DANKESCHÖN

Es ist wunderbar, dass dieses Buch mir die Gelegenheit bietet, mich von ganzem Herzen bei den Menschen zu bedanken, die mein Leben zutiefst beeinflusst haben, Menschen, die mich bei meiner Vision und meiner Mission, den TTouch in die Welt zu tragen, unterstützt haben. Natürlich geht mein erster Dank direkt an Gabriele Boiselle, ohne die dieses Buch über mein Leben, auch mit dem Untertitel »Vertraue Deiner Intuition« nie entstanden wäre. Sie hat über 30 Jahre hinweg viele Fotos von unseren gemeinsamen Reisen in alle Welt gemacht. Am Anfang benutzte sie noch Rollfilme, daran kann ich mich noch genau erinnern, auch an ihre Hasselblad. Dabei war Gabriele selbst meistens der Türöffner zu besonderen Menschen, die man normalerweise nicht so einfach kennen lernt. Zunächst sollte das Buch ein Bildband werden mit einigen interessanten Geschichten. Doch bald wurde klar, dass es um mehr ging, und Gabriele stellte immer wieder bohrende Fragen zu meinem Leben. Sie sickerten in mein Inneres und brachten auch für mich überraschende Antworten und Erinnerungen zutage, die mich selbst zum Teil schockierten. Es war, als würde ich mein ganzes Leben noch einmal unter die Lupe nehmen und ganz andere Aspekte durchleben. Das sorgte manchmal auch für Tränen. Ich fühlte mich zurückversetzt in besondere Situationen, es kam mir wie eine Zeitreise vor. Gabriele und ich telefonierten stundenlang, wenn wir nicht persönlich zusammen sein konnten. Ich finde keine Worte dafür, meine Dankbarkeit auszudrücken, dass wir diesen monatelangen Prozess vollziehen konnten. Sie hat meine Geschichten umgesetzt mit einem sehr tiefgründigen, aber auch sehr eigenwilligen Schreibstil. Was sonst würde zu mir passen? Wir wollten das Buch in drei Monaten schreiben und dann sind fast zwei Jahre daraus geworden, denn es entfalteten sich immer mehr Details und Episoden und es wurde ein Mehr an Umfang. Während dieser Zeit hat Gabrieles Team überall geholfen, wo es notwendig war: Sandra Hoffmann und Tanja Münster gingen immer wieder auf die Suche nach Fotos und Texten. Sina Eberhardt hielt die Zusammenarbeit mit Gabriele im Video fest, wenn wir mal wieder auf dem gelben Sofa saßen und Texte verfassten. Anette Harenburg kümmerte sich um die Organisation und stellte unermüdlich Kontakte her und vermittelte Reisetermine. Sie alle sind wie eine zweite Familie für mich, mit denen ich gerne am Tisch sitze, esse, trinke und viel Spaß habe.

Besonders möchte ich mich bei Dr. Patricia Scholten bedanken, der Verlegerin des Müller Rüschlikon Verlags, die die Geduld aufgebracht hat, das Buch reifen zu lassen. Wir haben uns in Speyer getroffen, und sie begriff sofort, was ich mit dem Buch ausdrücken möchte: Jeder Mensch hat sein Leben in der Hand und kann es mit Vertrauen und Selbstvertrauen lenken, man darf nur nicht den roten Faden verlieren und muss seiner Intuition folgen.
Danke an Claudia König, die immer hinter dem Projekt stand, auch wenn es länger als geplant dauerte, es zu vollenden. Danke an Uta Over für die inhaltliche Beratung. Ein ganz großer Dank und auch ein ebenso großes Kompliment geht an die Grafikerin Nicola van Ravenstein, die all die unterschiedlichen Elemente wie ein großes Puzzle zu einem großen Ganzen zusammengesetzt hat. Danke an Olga Janzen für die Geduld bei der Umsetzung der Korrekturen.

Dieses Buch wäre nie geschrieben worden, hätte mich die mittlerweile verstorbene Ursula Bruns nicht vor vielen Jahren vor eine elektrische Schreibmaschine gesetzt und mich dazu gezwungen, meine Texte in dieses Ungetüm einzuhämmern. »Beschreibe Deine Erfahrung und entwickle eine Methode daraus«, waren ihre Worte. Sie hatte ein unglaubliches Fachwissen, mit dem sie mich unterstützte und mir Wege aufzeigte. Mit ihr konnte ich über alles diskutieren und meine Methode finden. Sie war mein Mentor, aber auch eine gute Freundin; ohne ihre Unterstützung hätte ich niemals ein Buch geschrieben. Ich werde ihr immer dankbar sein, bis wir uns auf der anderen Seite der Regenbogenbrücke wiedersehen.

Aus über 3000 Fotos wählte ich die wichtigsten Sequenzen aus und zusammen schrieben wir das erste Buch mit dem Namen: »Die Tellington-Methode. So erzieht man sein Pferd.« Es erschien 1985 ebenfalls im Müller Rüschlikon Verlag. In Englisch erschien es kurz darauf mit dem Titel »The Tellinton-Jones Equine Awareness Method«.

Ich möchte Roger Russel ganz herzlich für die wichtige Rolle, die er in der Entwicklung der Tellington-TTouch-Methode gespielt hat, danken. Es waren wundervolle Jahre des Lernens, wir entdeckten so viele neue Wege, wir diskutierten und wir saßen zusammen und überlegten, wie man was besser machen könnte.

Der größte Teil des Buches wurde in den Stunden zwischen Mitternacht und Morgengrauen geschrieben, wenn die meisten Menschen schlafen. Ich war in Hawaii und Gabriele in Speyer, wir hatten einen Zeitunterschied von 12 Stunden. Wir fühlten uns wie zwei Verschwörerinnen, wenn wir in facetime miteinander redeten und redeten und die Zeit einfach verrann. Gabrieles Hunde kletterten manchmal zu ihr ins Bett, wenn sie mit dem Computer in ihren Daunenkissen lag und mir zuhörte und sich Notizen machte. Irgendwie werde ich das vermissen.

Doch es brauchte noch ein paar Vermittler, die mir immer wieder den deutschen Text erklärten, wenn ich nicht wusste, ob ich alles richtig verstanden hatte. So möchte ich ganz besonders Christine Schwartz und Anke Recktenwald danken, die mir mit der Übersetzung halfen. Besonders Christine kenne ich schon sehr lange. Sie war gerade mal 15 Jahre, als sie mir in Reken begegnete. Seit dieser Zeit hat sie mir unzählige Artikel vom Deutschen ins Englische übersetzt und immer wieder geholfen, den TTouch einprägsam zu beschreiben. Auch Anke hat unheimlich viel Geduld und Zeit aufgebracht.

Lieber Leser, der Du dieses Buch jetzt in Händen hältst, ich wünsche mir, dass Dich meine Lebensgeschichte inspiriert, ebenfalls zu unbekannten Ufern aufzubrechen, Dir Mut macht, neue Dinge zu entdecken und Dich darin bestärkt, Deiner Intuition zu vertrauen.

Doch es gibt noch mehr Menschen, denen ich danken möchte: Natürlich hat meine Familie immer eine große Rolle in meinem Leben gespielt. Angefangen bei meinen Eltern, Marion und Hoodie Hood, die immer hinter mir standen, und meinen fünf Geschwistern. Sie sind alle Vorbilder für mich. In unserer Familie herrschte die Philosophie, dass jeder Einzelne sein Bestes geben sollte, um diese Welt zu einem schöneren Ort zu machen. Und ganz besonders meine jüngste Schwester, Robyn, ist verantwortlich dafür, dass sich der TTouch so unglaublich erfolgreich auf der Welt verbreitet hat. Danke Dir für Dein Durchhaltevermögen und Deine Aufmerksamkeit für die Details.

Dann ist da mein Support-Team in Sante Fé, im Hauptbüro von TTouch. Das sind vor allem Kirsten Henry, Carol Lang und Judy Klein, die die internationale Organisation von Santa Fé, North Dakota, Yellowstone National Park und Michigan aus seit 20 Jahren führen. Carol kam 1980, um einen Monat auszuhelfen mit den sechs Pig-Tailed-Macaque-Affen, die wir davor bewahrten, in ein biomedizinisches Forschungszentrum zu kommen. Sie blieb über 20 Jahre, betreut heute die Webseite und ist für die Kommunikation im weitesten Sinne verantwortlich. Kirsten Henry kam 1996, um Urlaub zu machen, und lebt heute mit ihrer Familie in New Mexiko. Sie ist ein wahrer Schatz, ohne den ich mir das TTouch-Büro und das Team nicht vorstellen kann.

Die letzte Zahl, die ich vom Kosmos Verlag, bei dem ich die meisten meiner Bücher veröffentlicht habe, bekommen habe, lautet: 388.000. So viele Bücher haben wir zusammen im deutschsprachigen Raum verkauft. Über 21 verschiedene Bücher sind von mir in vielen Sprachen erschienen, wobei der englischsprachige Bereich von Trafalgar Square Books betreut wird. Auf diesem Wege möchte ich mich bei den Verlagen und ihren Mitarbeitern herzlich bedanken.

All die vielen wundervollen Menschen kann ich hier gar nicht aufzählen, die mir wichtig sind. Stellvertretend für viele ungenannte Partner möchte ich hier meinem langjährigen und treuen Freund, Dr. Ewald Isenbügel, danken. Über 50 Jahre kennen wir uns und arbeiten wir zusammen. »Deine Unterstützung des TTouches war mir immer sehr wichtig. Deiner Arbeit als Chefveterinär im Zürcher Zoo und Dein Engagement beim Therapeutischen Reiten habe ich immer sehr bewundert.«

Auch Ullu Becker und ihr verstorbener Mann Claus sind wichtige Personen, die meine Entwicklung hin zum TTouch mit geprägt haben. Mit den Islandpferden und dem Ausbildungszentrum der Saga-Reitschule hatte ich immer ein großes Feld, um neue Dinge auszuprobieren.

Mögen alle anderen, die ich hier nicht nennen kann, mir verzeihen. Doch abschließen kann ich diese Danksagung nur, wenn ich zu guter Letzt den wichtigsten Menschen in meinem Leben nenne, der mich seit mehr als 60 Jahren unterstützt und immer wieder bestätigt: Mein Ehemann Roland Kleger. »Roland, Du hast immer an mich geglaubt und mich in allen Lebenslagen mit Deiner enormen positiven Kraft gestützt.«
Wir kennen uns seit 1957, haben aber erst 1997 als Paar zusammengefunden. Und diese Verbindung wird nur der Tod scheiden. Unsere Liebe ist umso stärker, weil wir lange aufeinander warten mussten.

Während ich mit Gabriele an unserem Buch gearbeitet habe, sind immer wieder Menschen aus meiner Vergangenheit aufgetaucht, die alle dazu beigetragen haben, dass der TTouch in 37 Ländern gelehrt wird. Daher gilt mein letzter und allumfassender Dank allen TTouch-Lehrern und Practitionern, allen Organisatoren von Workshops und allen Co-Autoren und allen TTouch-Fans. Ihr alle teilt Eure Erfahrungen auf facebook und im Internet und lasst Tausende von Menschen an Euren Erlebnissen teilhaben. Ihr seid die größte Kraft, die den TTouch lebendig erhält und immer weiterverbreitet. Dafür bin ich Euch von Herzen dankbar.

Zusammen machen wir diese Welt zu einem besseren Ort. Jeden Abend wertschätze ich die Segnungen, die wir immer und überall erhalten, bevor ich in den Schlaf finde.

Ich glaube, das ist der Grund, warum ich so glücklich bin. Immer wenn ich den TTouch lehren darf, immer wieder, in jedem Workshop, erfüllt es mich mit unglaublicher Freude. Danke an alle, die mich begleitet haben, und mit mir die Kraft und Energie des TTouches als leuchtendes Band der Freude sehen.

Möge warmes Licht Dein Leben erfüllen.
Danke Euch allen,

Linda

Danke Dir, Kirsten!

Aus einer Woche wurden 20 Jahre

Kirsten Henry kam 1996 für einen Kurzbesuch nach Sante Fé. Als sie mit ihrem strahlenden Lächeln unser Büro betrat, hätte ich mir nie träumen lassen, wie wichtig sie einmal für mich und die Team-Gulide werden würde. Sie war ein Geschenk des Himmels und ist es heute immer noch. Ohne weitere Umstände brachte sie sich in das aktuelle Geschehen ein. Ihre schnelle Auffassungsgabe, ihr untrüglicher Instinkt für Menschen und Situationen, ihr Pragmatismus und ihre Herzlichkeit sind eine Kombination, die unglaublich selten zu finden ist und sie vom ersten Monat an unentbehrlich gemacht haben. Doch es blieb nicht bei den Büroaktivitäten. Wir zwei sind zusammen sehr intensiv gereist und haben unzählige Seminare, Workshops und Demos gemacht. Manchmal musste ich gar nicht denken, was jetzt notwendig wäre, weil Kirsten schon alles organisiert und vorher gesehen hatte. Oh, man gewöhnt sich so ungemein schnell und leicht daran, einen so überirdischen Helfer an seiner Seite zu haben. Kirsten hat so viele Talente. Es hört sich vielleicht überschwenglich an, aber sie einzigartig und verfügt über das umfangreichste und detaillierteste TTouch-Wissen, das jemand haben kann. Dazu kommt ihr elefantöses Gedächnis für Pferde, Menschen und für jede Kleinigkeit, die für unsere Arbeit aufschlussreich ist. Sie hat ein Händchen für meine Abrechnungen auf Messen oder Reisen, da bin ich ein hilfloser Chaot und kann mich, seit Kirsten nicht mehr mit mir reist, nur auf meinen Mann verlassen. Doch sie verfügt auch über die Gabe, mit einer entwaffnenden Herzlichkeit Kunden und Schüler fast unsichtbar zu dirigieren und zu leiten. Was würden wir alle ohne Kirsten tun?

Meine Hochzeit wäre so etwas von schiefgelaufen, wenn Kirsten nicht die Zügel in die Hand genommen und die Gäste und die Veranstaltung organisiert hätte. Zum Schluss hat sie noch Roland mit einer Bande von wild gewordenen Cowgirls gekidnappt, sodass ich ihn später auslösen musste. Und das Unglaublichste dabei ist, sie tut alles immer so nett und bescheiden, dass man erst später dahinterkommt, was sie alles bewerkstelligt.

Nur weil Kirsten sich zusammen mit Carol Lang und Judy Klein bereit erklärt hat das Büro in Santa Fé komplett zu übernehmen, war ich in der Lage, meinen Lebensmittelpunkt für Roland nach Hawaii zu verlegen. Und in Santa Fé läuft seither alles wie am Schnürchen.

Dabei ist Kirsten immer noch derselbe sympathische, offene und hilfsbereite Mensch, der sie vor 20 Jahren war. Sie hat inzwischen auch ihr privates Glück in Santa Fé gefunden: Ehemann Rodolfo und einen wundervollen Sohn, dessen Patentante ich auch sein darf.

Linda

ZUHAUSE IN SPEYER

LINDA

Warum dieses Buch in Speyer »geboren« wurde!

Eines Abends in Speyer, als Gabriele Boiselle wieder einmal etwas Köstliches in ihrer Küche gezaubert hatte, saßen wir zu dritt mit Roland bei einem Glas Rotwein länger zusammen. Dabei kam ich ins Erzählen, denn Gabriele ist eine gute Zuhörerin. Ich kramte eine Episode meiner Australienreise hervor, die gerade zu unserem Thema über »unsere wirkliche Mission auf dieser Erde« passte und erinnerte mich sehr lebendig an den uralten Feigenbaum am Ayers Rock. Er hat mich zu einem meiner wichtigsten Gedichte und Erkenntnisse inspiriert. Er hatte meine Intuition verstärkt … Da fragte mich Gabriele fordernd: »Warum schreibst Du das alles nicht einfach auf? Du hast schon so viele Bücher über den TTouch geschrieben, jetzt solltest Du auch einmal von Dir erzählen, über die Kraft und das Gefühl in Deinem Leben, die Dich veranlasst haben, immer weiter zu gehen, immer weiter zu suchen und wirklich mit dem Magical TTouch so viel zu bewegen. Das kann auch andere Menschen inspirieren.«
»Dazu habe ich gar keine Zeit«, war meine spontane Antwort. »Außerdem kann ich das nicht alleine, dazu brauche ich ein Gegenüber, dem ich meine Geschichten erzählen kann. Nur so macht es Sinn für mich.«
Spontan sagte sie: »Okay, dann machen wir das zusammen.« In meinem Gesicht stand ein großes Fragezeichen. »Wann willst Du das denn machen?« Zwei Frauen wie wir, die andauernd unterwegs sind, und immer an zu vielen Projekten und Ideen gleichzeitig arbeiten. Wann und wo wollen wir die Zeit dazu finden?« Doch da nichts ohne einen gewissen Druck passiert, stellte Gabriele diesen her, indem sie mit dem Verlag Müller Rüschlikon Kontakt aufnahm, der ja schon mein allererstes Buch mit Ursula Bruns veröffentlicht hatte.

Dort war man begeistert und man freute sich sehr über das Projekt eines gemeinsamen Buches. Den ersten Termin bis zur Buchmesse verpassten wir. Doch als ich das nächste Mal in Speyer eintraf, lag dort ein großer Berg Fotos und Dias aus den letzten dreißig Jahren für mich zur Durchsicht bereit.

Gabriele hat auf Tausenden von Bildern unsere gemeinsamen Reisen und Abenteuer festgehalten. Es erfüllte mich mit Freude, und ich fühlte mich, als würde ich einen Zug besteigen und in meine Vergangenheit reisen ... So viele Erinnerungen und fast vergessene Erlebnisse drangen wieder an die Oberfläche meines Bewusstseins. Immer wieder konnte ich die unsichtbare Hand spüren, die einen roten Faden durch mein Leben gewoben hatte, eine Guideline. Welche Freude, all die wichtigen Momente meines Lebens noch einmal erleben und vermitteln zu dürfen. Wie oft stiegen die Tränen der Rührung in mir auf, denn ich bin total sentimental.

Rückblickend kann ich sagen, dass es immer wieder ganz besondere Menschen waren, denen ich zu einem bestimmten Zeitpunkt begegnet bin und die mich in ihre Obhut genommen haben, weil sie meine Mission erkannten. Es ging mir immer darum, den Weg weiterzugehen, der mir gezeigt wurde. Dafür habe ich mehrmals alles aufgegeben, was ich mir mühevoll erarbeitet hatte – meine Schule, mein komfortables Umfeld, meine Pferde und lukrative Verträge. Ich habe immer wieder mein Leben grundlegend geändert, neue Herausforderungen und Neuanfänge gesucht.

Doch was ist es, was mich wirklich antreibt? Was ist diese Mission? Zunächst war es wirklich reine Intuition, die mich über die Massage-Therapie, die mir mein Großvater gezeigt hatte, zum TTouch führte. Aus heutiger Sicht kann ich es besser definieren:

Der TTouch ist der Schlüssel, mit dem wir auf intuitive Art über das Organ Haut auf die zelluläre Ebene vordringen und Zugang bekommen zum allumfassenden Wissen, das in unserem Körper gespeichert ist. Und nur dort können wir anfangen etwas zu verändern, zum Beispiel Stress oder Angst aufzulösen und abzubauen. Das mag sich gewaltig anhören, aber es ist genau das, was wir erleben. Als ich vor vierzig Jahren mit dem TTouch anfing, war es nur mein Gefühl, dieses Drängen, das mich bewegte, meine Erkenntnisse und Erfahrungen weiterzugeben, um einen neuen Zugang zu allen Lebewesen herzustellen, nicht nur zu den Pferden. Heute gibt es wissenschaftliche Untersuchungen zur Effizienz des TTouches und entsprechende Ergebnisse, die beweisen, dass er und warum er funktioniert. Alles basiert auf der Quantenphysik und dem Prinzip der allumfassenden Verbundenheit von Allem. Wir sind ein Teil vom Ganzen und das Ganze ist in UNS.

Ohne meine Schutzengel und Menschen, die an mich geglaubt haben und von denen ich lernen konnte, wäre ich nie so weit gekommen. Das fing bei meinen Eltern an, dann kamen Wentworth Tellington, Gräfin Margit, Roger Kauffmann, Ursula Bruns und noch einige mehr. Doch letztendlich möchte ich auch aus ganzem Herzen meiner Seelenfreundin Gabriele Boiselle sagen, dass sie mein Leitstern ist. Sie hat mich mit so vielen Menschen an so vielen besonderen Orten auf dieser Welt zusammengeführt, die mich immer einen Schritt weitergebracht haben. Sie hat mich allzeit wieder motiviert, inspiriert und herausgefordert. Unsere Gespräche und Ideen haben sich immer als fruchtbar erwiesen. Sie denkt intuitiv und innovativ, und wir sind uns dabei auf ganz verschiedenen Ebenen unheimlich nah.

Darüber hinaus hat Gabriele noch eine weitere Fähigkeit in ganz ausgeprägtem Maße, die besonders deutlich zu Tage tritt, wenn sie ihre Kamera in die Hand nimmt: In ihren Bildern transformiert sich die Realität und erschafft eine neue Ebene der Wirklichkeit. Es ist, als könne sie die Seele und die Gefühle der Menschen und Tiere sichtbar machen,

Ziemlich beste Freundinnen.

Goldenes Abendlicht über dem tausend Jahre alten Dom zu Speyer.

die im Verborgenen schlummern und kaum berührt werden. Das ist wohl auch der Grund, weshalb ihre Bilder von vielen Menschen nicht nur mit den Augen, sondern mit dem Herzen gesehen werden.
Auf ihrem gelben Sofa in ihrem Loft in Speyer sitzend, das mit zahlreichen Kristallen, Buddhas und einer Fülle guter Energie ausgestattet ist, haben wir beide dieses Buch geschaffen. Es war für mich die pure Freude, denn ich habe mich dabei selbst wiedergefunden, die andere, die spirituelle Linda. Manchmal bin ich so viel auf Reisen unterwegs und mit so vielen unterschiedlichen Menschen auf meinen Workshops zugange, dass ich mich selbst überhole. Jeder, der mich näher kennt, weiß, wie schnell ich umschalten, analysieren und agieren kann. Doch in Gabrieles Wohnung, in Speyer, kam ich zur Ruhe und zu mir selbst zurück und konnte auf eine innere und ganz persönliche Reise gehen.

Speyer – Mein zweites Zuhause

Gabriele und ihre jetzt 95-jährige Mutter, ihre langjährigen Mitarbeiterinnen, die Irischen Wolfshunde, die Pferde, sie alle sind wie eine zweite Familie für mich geworden, die ich schon seit über dreißig Jahre kenne.
Manchmal ist sie auch ein richtiger Nothelfer für mich: Zum Beispiel schickte Gabriele mir Sandra Hoffmann, eine ihrer Mitarbeiterinnen, für ganze drei Wochen nach Hawaii, um mir dort mit meinem Computer zu helfen und meine zahlreichen digitalen Bilder zu ordnen und zu archivieren. Das gesamte Büro der Edition Boiselle, Anette, Tanja und Sandra, kümmert sich immer rührend um Roland und mich, wenn wir dort sind, ganz egal, ob ich spontan einen Friseurtermin brauche, Bahntickets buchen muss oder eine neue Festplatte benötige.
Gabrieles großzügiges Zuhause in Speyer ist für uns sozusagen zu unserem zweiten Wohnsitz in Europa geworden, und es ist erfüllt mit Liebe und Wärme. Jedes Mal, wenn wir dort ankommen, fühle ich mich inspiriert, egal wie müde und ausgelaugt ich gerade zuvor noch war. Und jedes Mal werden wir von einem herzlichen Willkommensschild mit einem Foto von Roland und mir an der Tür begrüßt. Es ist immer ein anderes Bild aus unserem Leben, das mich sofort mitnimmt auf eine Reise in unsere gemeinsamen Erinnerungen – nach Hawaii oder Dresden, nach Spanien oder Wyoming.

Gabriele gelingt es immer wieder, diese besonderen Momente im Hier und Jetzt lebendig werden zu lassen. Und es ist einfach herrlich, nach einem langen Flug um die halbe Welt in ein heißes Schaumbad in ihrer enormen Badewanne eintauchen zu können. Frische Blumen erfüllen den lichtdurchfluteten Raum. Asiatische Möbel und exotische Mitbringsel von ihren Reisen geben ihm eine besondere Atmosphäre. Im Kühlschrank warten schon all die leckeren Bioprodukte auf uns, die ich in Speyer so sehr schätzen gelernt habe, und ein selbstgemachter Smoothie von Gabriele in Grün, Gelb oder Rot steht bereit.

Wenn ich barfuß über die Teppiche in der Wohnung gehe, die Wollfäden erspüre und zur Wendeltreppe hinauf auf die Schlafetage steige, dann erinnere ich mich genau daran, wo diese ausdrucksstarken Teppiche herkommen. Einige haben wir gemeinsam in Jordanien in einer Weberei erstanden, die von Prinzessin Alia al Hussein speziell als Hilfsprojekt für Witwen finanziert wurde; das war auf unserer ersten gemeinsamen Reise 1985. So viele Erinnerungen tragen uns, so eine tiefe Verbundenheit auf vielen Ebenen, so viel Wertschätzung füreinander.

Mit ihr zusammen habe ich mein wichtigstes Trainingsbuch für Pferde fotografiert. Die Bilder dazu entstanden auf dem Rasen hinter dem Haus ihrer Mutter, wo auch die Stallungen mit ihren Pferden sind. (Margarete Boiselle Vogler hat uns dann ab und an eine Flasche Champagner spendiert, damit das Buch nicht zu »trocken« wird.) Gabrieles Araberhengst Kharpada Prince ziert mit mir das Cover des umfangreichen Buches, das im Kosmos Verlag erschienen ist. Ihre Stute Frenzy und deren Fohlen Bea sowie die Trakehnerjährlinge Noelle und Sunny spielten alle als geduldige Fotomodelle mit und genossen die Aufmerksamkeit. An ihnen und mit ihnen konnte ich meine TTouches und die ganzen Übungen bestens demonstrieren. All dies sind Pferde aus Gabrieles kleiner Zucht, die jetzt schon in der vierten Generation in ihrem Stall das Licht der Welt erblickten. Den kleinen, frisch geborenen Hengst Sommerwind haben wir zusammen getauft, und ich bin seine Patentante geworden. Ihre Pferde gehören zu ihrer Familie. Sie leben direkt am Haus, im Schatten von hohen Bäumen. Nicht weit davon fängt ein großes Waldgebiet an, in dem wir schon oft über die Sandwege galoppiert sind und neue Foto-Locations gesucht haben.

Linda, Gabrieles Araberhengst Prince und Labrador Buddy. Beides Fotomodelle für Lindas Lehrbücher.

Linda, Roland und Gabrieles Mutter beim Opernbesuch in Dresden.

Der Voglerhof – Ein ganz besonderer Ort

Speyer ist, besonders für mich als Amerikanerin, ein sehr beeindruckender historischer Ort. Er wird dominiert von dem grandiosen romanischen Dom, zu dem der salische Kaiser Konrad II. im Jahre 1030 den Grundstein gelegt hat. Den Kraftort, auf dem er errichtet wurde, kannten schon die Germanen und die Römer.

Ein Energiestrom verläuft von dort ausgehend weiter zu den Kathedralen nach Worms, Mainz und Köln und geht durch Gabrieles Geburtshaus hindurch. Er gibt dem Haus eine besondere Energie. Das ist mir sofort aufgefallen, als ich ihr Büro zum ersten Mal betreten habe, das in der ehemaligen Heuscheune ihres Großvaters eingerichtet ist und mehr wie eine Wohnung über drei Etagen anmutet. Mit den gemütlichen Sofas und vielen Blumen darin stellt es eine eigene Welt für sich dar. Überall liegen oder hängen

200 Jahre altes Familienanwesen in Speyer.

ihre Fotos oder Gemälde und dazwischen ausgestreckt ihre Hunde und Katzen. Irgendwie komme ich immer zu einem Zeitpunkt nach Speyer, an dem Kalender oder Bücher gemacht werden. Die Auswahl dazu liegt auf dem Boden, und jedes Bild wird von allen Mitarbeitern heftig diskutiert und kommentiert. Sofort wird man mit einbezogen und bekommt die Frage gestellt: »Was gefällt denn Dir am besten? Wo kommt das Gefühl am stärksten rüber?« Schwer zu sagen bei der Auswahl an wundervollen Motiven!

Ungewöhnlich für mich ist, dass der Bauernhof von Gabrieles Vorfahren, der Familie Vogler, heute mitten in der Altstadt liegt, nur einige wenige Gehminuten vom Dom entfernt. Dafür gab Gabriele mir eine einleuchtende Erklärung: Alles was im Mittelalter außerhalb der Stadtmauern lag, wurde in Kriegszeiten – und von diesen gab es in der bewegten Geschichte der Region recht viele – häufig gebrandschatzt und vernichtet.

Das Büro der Edition Boiselle im Voglerhof, Arbeits- und Lebensraum von Gabriele.

Nur innerhalb der wehrhaften Schutzmauern war man sicher mit seiner Familie, dem Vieh und den wichtigen Getreidevorräten. So gehörten die Gehöfte, Stallungen und Speicher neben den zahllosen Klöstern und Kirchen der verschiedenen Orden zum Stadtbild. Speyer war eine freie Reichsstadt, hier wurde vom Kaiser Gericht gehalten. Die zu bewirtschaftenden Felder und Weiden der Bauern lagen vor dem Stadttor. Gabrieles Großmutter hat noch selbst morgens die Kühe gemolken. In den Ställen standen kräftige Arbeitspferde, und Gabriele kann sich noch lebhaft daran erinnern, wie sie jeden Morgen auf die Suche nach den frisch gelegten Hühnereiern auf den Heuballen herumkletterte. All diese Erinnerungen und die Energie, die damit verbunden ist, stecken im Voglerhof, ihrer Wohnung und in ihrem Büro, die tief verwurzelt mit der Geschichte dieses Ortes sind. Gabriele erzählte mir einmal, dass sie manchmal ihren Großvater fühlt, wie er ihr über die Schulter blickt und zufrieden ist, dass sie seine Liebe zu den Tieren und Pferden auf ihre Weise in Bildern und Worten weiterführt.
Im Innenhof stehen zwei gewaltige Kastanienbäume, deren Kronen hoch bis zu den großen Fenstern von Gabrieles Küche reichen. Man hat das Gefühl, in das Geäst und in das Laub der Bäume eingebettet zu sein, und man kann die Wesen spüren, die es bevölkern, und den Bienen zuschauen, wie sie die orchideenartigen Blüten bestäuben. Und wenn das Sonnenlicht durch die Blätter fällt und ein lebendiges Spiel von Licht und Schatten entsteht, dann ist man einfach verzaubert. Tritt man aus dem großen Hoftor hinaus auf die Straße, dann gelangt man mit wenigen Schritten zum alten Stadtkern von Speyer mit seinen vielen kleinen Geschäften, Cafes und Restaurants. Roland und ich lieben ganz besonders das »Mediterraneo«, ein italienisches Familienlokal, in dem Gabriele und inzwischen auch Roland und ich wie Freunde begrüßt werden. Man kann zu jeder Tages- und Nachtzeit durch die Stadt schlendern, überall gibt es Weinstuben, Bistros und Trattorias, Gelächter dringt heraus, man sitzt auf der Straße: ein kleiner multikultureller Kosmos, eine lebendige Stadt mit vielen Galerien und Kunstausstellungen. Man hört es, glaube ich, ganz gut heraus, wie wohl Roland und ich uns hier fühlen. Das kommt vielleicht auch daher, dass Roland deutsche Wurzeln hat und seine Familie nur 30 km von Speyer entfernt ein Weingut besitzt.
Es ist schon erstaunlich, wie gut wir uns alle verstehen, seit ich Gabriele vor über 30 Jahren auf der Hansepferd kennengelernt habe. Das ist kein Zufall, ich glaube – und das wird jeder Leser jetzt am Ende meines Buches bestimmt verstehen, und mitfühlen können –, dass dahinter das geniale Netzwerk des Universums steht. Salopp könnte man sagen: »Wir haben ein dickes Karma und viel Leben schon zusammen gemeistert.«

Alexandra Evang, Sandra Hoffmann und Linda bei der Endauswahl der Kalenderkollektion der Edition Boiselle.

EHRUNGEN & AUSZEICHNUNGEN

1961 Siegerin im Jim Shoulders 100-Meiler in Oklahoma in einer Rekordzeit mit Bint Gulida. Linda erhält außerdem den Konditionspreis. Ihr Rekord wird erst nach sieben Jahren gebrochen.

1964 Gründet Linda mit Wentworth Tellington das internationale Zucht- und Ausbildungszentrum für Reitlehrer »Pacific Coast Equestrian Research Farm and School« in Badger, Kalifornien. Ihre Studenten kommen aus neun Ländern und 36 US-Bundesstaaten.

1975 Geburtsjahr der TT.E.A.M.-Methode (Tellington-TTouch Equine Awareness Method). Linda beginnt die vierjährige Ausbildung zur Feldenkrais®-Lehrerin bei Moshé Feldenkrais am »Institute of Humanistic Psychology« in San Francisco.

1976 Linda ist internationale Koordinatorin für das »Great American Horse Race«, ein Rennen quer durch Amerika, von New York nach Kalifornien.

1978 Linda schließt ihre Ausbildung zur Feldenkrais®-Lehrerin bei Moshé Feldenkrais mit Erfolg ab

1983 Linda erfindet den Tellington-TTouch, zunächst für Pferde, dann auch für alle anderen Tiere und für Menschen. Der erste TTouch war eine sanft kreisende Verschiebung der Haut in einem Eineinviertelkreis.

1984 – 87 Linda reist als »Citizen Ambassador« zehn Mal nach Moskau und berät die UdSSR-Dressur-Olympia-Mannschaft, junge Reiter sowie Tierärzte und den Direktor des Moskauer Zoos.

1985 Linda gründet »Animal Ambassadors International«, eine Stiftung, die sich zur Aufgabe macht, die Verbindung zwischen Mensch und Tier zu fördern und zu vertiefen. Sie wird deren Präsidentin.

1987 – 2001 Linda berät das US-Distanzreiter-Team bei den Weltmeisterschaften in Virginia 1987, Front Royal 1988, Kansas 1996, Frankreich 2000.

1996 Linda ist mit 11 TTEAM-Practitionern bei den Sommer-Paralympics in Atlanta dabei, die Pferde aus 16 Ländern behandeln.

2002 – 06 Lehrbeauftragte des »Center of Spirituality and Healing« der Universität von Minnesota.

ab 2002 Verschiedene Fernseh-Dokumentationen in unterschiedlichen Formaten in Deutschland, Österreich, der Schweiz, in Südafrika und Australien.

Autorenschaft: 21 Büchern, die in 15 Sprachen veröffentlicht wurden. 18 TTEAM- und Tellington-TTouch-Videos

Tellington-Zentren: Tellington-TTouch-Lehrer sind in 37 Ländern vertreten.

Präsentation des TTouch in Zoos: Cincinnati, Frankfurt, Honolulu, Johannesburg, Los Angeles, Louisville, Moskau, Nürnberg, San Diego, Toledo, Washington D.C., Zürich

Keynote Presenter auf internationalen Pferde-Messen:
- Equitana in Essen (Deutschland) 1975 bis 2017
- Hansepferd in Hamburg (Deutschland)
- Equine Affair (USA)

Mitwirkende bei veterinärmedizinischen Kongressen:
American Holistic Veterinary Medicine Association in Minnesota, Hawaii und München sowie weitere mehr.

Lehrbeauftragte der Veterinärmedizinischen Fakultäten:
Universitäten in Guelph, Hannover, Jordanien, Kalifornien, Minnesota, Moskau, Rawleigh, Tel Aviv, Zürich.

Vorträge auf Konferenzen:
- Delta Society for the Human Animal Bond
- North American Riding for the Handicapped Association
- International Association for human/Animal Bond

und viele weitere mehr

Beraterin der »Japanese International Racing Association«

Green Chimneys Animal Assisted Therapy 2009

Animal Behavior Management Association, Keynote speaker, 2009

AUSZEICHNUNGEN

1992 Lifetime Achievement Award For The Art & Science of the Teaching of Riding. (American Riding Instructors Association).

1994 Linda erhält die Auszeichnung »Horsewoman of the Year« der North American Horsemen's Association.

1997 Linda erhält den Titel »Reitlehrerin des Jahres« der American Riding Instructors Association.

2007 Linda wird in Sacramento (Kalifornien) mit dem »Western States Horse Expo Hall of Fame« Award ausgezeichnet. Im selben Jahr wird sie in die American Massage Association Hall of Fame aufgenommen.

2008 Linda erhält die Ehrendoktorwürde der Wisdom Universität in Kalifornien, USA. Der Lehrstuhl »Interspecies Communication« wird eingerichtet.

Es ist eine Sache, eine neue Methode zu initiieren, sie in pragmatisch verwendbare Einheiten zu packen und zu publizieren, um damit anerkannt zu werden.
Doch es ist noch eine ganz andere Sache, sie bekannt zu machen, sie zu verbreiten, den Funken überspringen zu lassen und sie tausend Mal und mehr immer wieder unter Beweis zu stellen. Immer auf Reisen sein, immer neue Menschen inspirieren, immer neue Sprachen, Kulturen, Länder, immer präsent sein, immer authentisch und immer noch selbstkritisch und wach und offen. Dazu gehört eine Art von Energie und Inspiration, von Motivation und Sendungsbewusstsein, die ganz außergewöhnlich ist, so wie bei Linda.
Oft fragt man sich, wo sie um Himmels Willen die Kraft und Lust hernimmt, so intensiv zu reisen und zu unterrichten. In ihrem Fall ist das Wort »unermüdlich« wirklich das einzig passende. Daher bezeichne ich sie auch gerne als Missionarin, nicht im religiösen Sinne, nein, weit darüber hinaus auf einer spirituellen und interkosmischen Ebene. Sie ist die einzige, die ich im Pferdebereich kenne, die auf allen Kontinenten, außer in der Arktis bei den Pinguinen, ihre Schüler und Anhänger hat. Niemand ist so in allen Disziplinen und Nischen der Pferdewelt zuhause wie Linda, niemand nimmt auch jedes Pferd und Pony und jeden so ernst wie Linda. Wenn sie da ist, vor Ort, ist sie im Hier und Jetzt und verbindet sich mit der Seele des Wesens, das ihre Fingerspitzen berührt, auf wundersame Weise. Es ist schön zu sehen, wie sehr dieses Bewusstsein ihrer Wertigkeit von vielen Seiten reflektiert wird. Daher möchte ich hier einen kleinen Ausschnitt ihrer Auszeichnungen und Ehrungen auflisten, damit man sieht, wie viel sie in welchem Zeitraum geleistet hat. Außerdem müssten wir sie eigentlich mit Frau Doktor ansprechen. Denn sie hat von der Wisdom Universität in Kalifornien 2008 den Ehrendoktortitel für die Entwicklung des TTouches bekommen.

Linda hat 21 Bücher geschrieben, die in 15 Sprachen übersetzt wurden. 17 Bücher von ihr sind in Deutschland mit einer Gesamtauflage von ca. 400.000 Exemplaren erschienen. Hinzu kommen noch die internationalen Auflagen in Amerika.

Exemplarische deutsche Bücherliste nach Erscheinungsdatum:

Reiten mit Körper, Geist und Seele.
Co-Autorin: Rebecca M. Didier
Kosmos Verlag, 2015

Tellington TTouch für Pferde. Pferdegesundheit kompakt.
Kosmos Verlag, 2014

Pferde ausbilden mit dem Tellington-Training – TTouch, Bodenarbeit, Reiten.
Co-Autorin: Andrea Pabel
Kosmos Verlag, 2012

Tellington-Training für Hunde.
Co-Autorin: Gudrun Braun
Kosmos Verlag, Neuauflage mit DVD 2010

Der neue Weg im Umgang mit Tieren. Die Tellington-TTouch-Methode.
Co-Autorin: Sybil Taylor
Kosmos Verlag, Neuauflage 2007

Die Persönlichkeit Ihres Pferdes.
Co-Autorin: Sybil Taylor
Kosmos Verlag, Neuauflage 2008

Welpenschule mit Linda Tellington-Jones.
Kosmos Verlag, 2006

Tellington-Training für Pferde: Das große Lehr- und Praxisbuch.
Co-Autor Bobbie Lieberman
Kosmos Verlag, 2006

TTouch für Hunde für unterwegs.
Kosmos-Taschenbuch, 2004

TTouch für Katzen: Der neue Weg zu Harmonie, Gesundheit und Wohlgefühl.
Kosmos Verlag, 2003

TTouch for You!: Gesundheit und Wohlgefühl mit dem Tellington-TTouch.
Co-Autorin: Sybil Taylor
Kosmos Verlag, 2003

TTouch und TTEAM für Pferde: Der sanfte Weg zu Gesundheit Leistung und Wohlbefinden.
Kosmos Verlag, 2002

Trainingsplan: TTEAM-Bodenarbeit.
Kosmos Verlag, 1998

Trainingsplan: TTouch.
Kosmos Verlag, 1998

Liebe Linda: Pferdefreunde fragen Linda Tellington-Jones.
Kosmos Verlag, 1997

Die Linda Tellington-Jones Reitschule.
Co-Autorin Andrea Pabel
Kosmos Verlag, 1996

Die Tellington-Methode: So erzieht man sein Pferd.
Co-Autorin: Ursula Bruns
Müller Rüschlikon Verlag, 1985

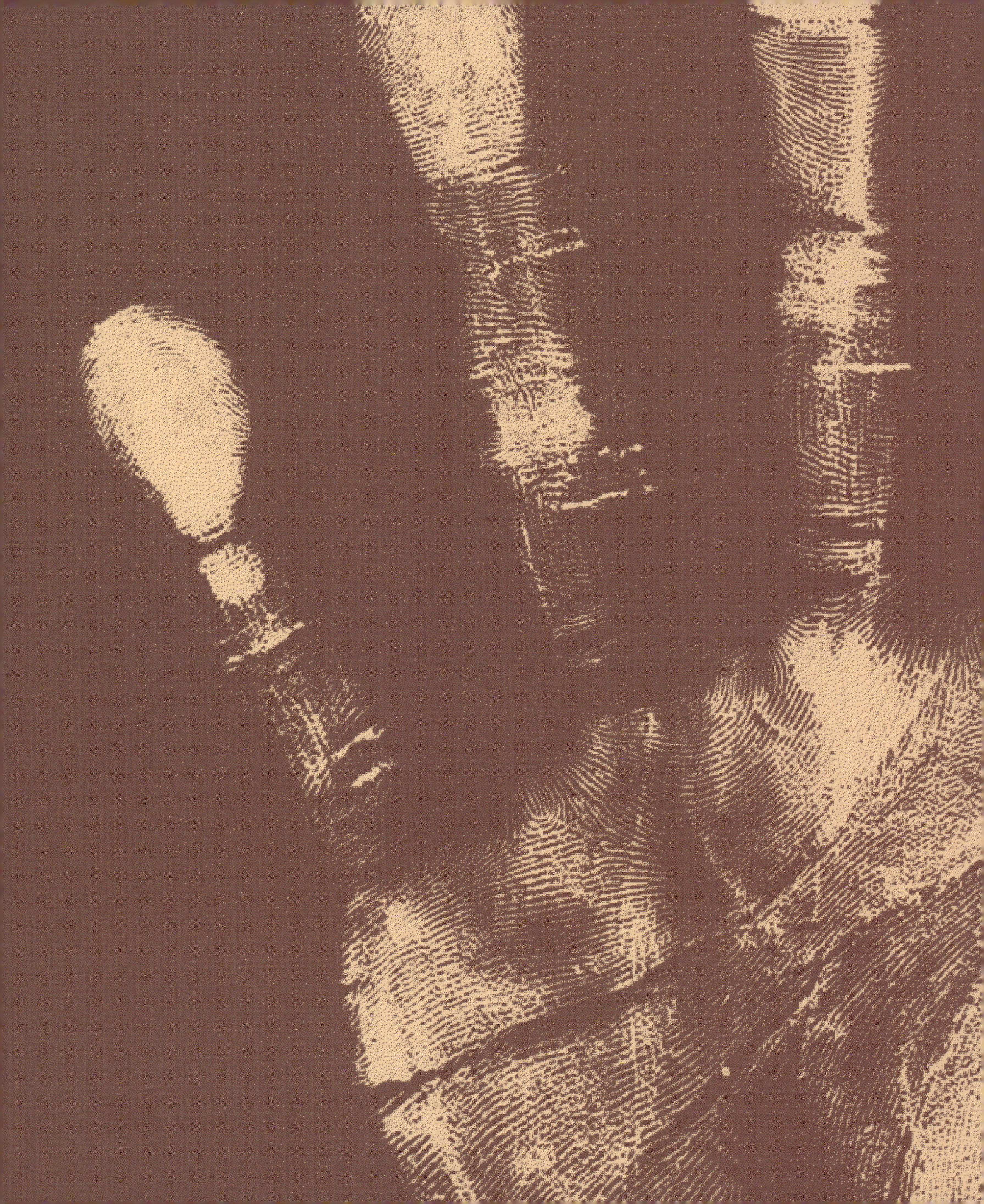

Wakan Tanka, Great Mystery,
Teach me how to trust,
My heart,
My mind,
My intuition,
My inner knowing,
The senses of my body,
The blessings of my spirit ...

... Teach me to trust these things,
that I may enter my Sacred Space
And love beyond my fear.
And thus walk in balance.
The passing of each glorious sun.

LAKOTA PRAYER

IMPRESSUM

Einbandgestaltung: Nicola van Ravenstein, www.ravenstein2.de

Titelfoto: Gabriele Boiselle

Bildnachweis:
Alle Bilder sind von Archiv Boiselle / Gabriele Boiselle
außer

Archiv TTouch, Linda Tellington-Jones
Seite 17, 18, 19, 112, 147, 191, 192, 208 (alle), 214–215, 219, 220, 222, 223, 224, 229, 230–231, 232, 233, 235, 239, 247, 248, 251, 253, 259, 260, 278–279, 283, 288, 311

Archiv Boiselle / Sandra Hoffmann
Seite 21, 39 (alle), 41, 42, 48–49 (alle), 51, 53, 57, 58–59 (alle), 68–69 (alle), 120–121, 126–127, 129, 134, 135, 262–263, 306–307, 313 (beide) und das Bild auf der Rückseite des Schutzumschlags »Gabriele mit Linda und Buddy«

Archiv Boiselle / Jacques Toffi
Seite 96–97 (alle), 99, 110, 113

Archiv Boiselle / Sina Eberhardt
Seite 108–109 (alle), 111

ISBN 978-3-275-02065-2

Postfach 103743, 70032 Stuttgart
Ein Unternehmen der Paul Pietsch Verlage GmbH & Co. KG
Lizenznehmer der Bucheli Verlags AG, Baarerstr. 43, CH-6304 Zug

1. Auflage 2017

Sie finden uns im Internet unter www.mueller-rueschlikon-verlag.de

Gesamtleitung: Claudia König
Fachlektorat: Uta Over
TTouch-Beratung: Anke Recktenwald
Innengestaltung und Satz: Nicola van Ravenstein, www.ravenstein2.de
Druck und Bindung: Graspo CZ, 76302 Zlin
Printed in Czech Republic

Der Tellington TTouch® ist eine geschützte Marke von Linda Tellington-Jones.

ADRESSEN

Büro Deutschland:
www.tellington-methode.de
vorstand@tellington-methode.de

Büro USA:
Tellington TTouch Training
1713 State Rd 502
Santa Fé, NM 87506
www.TTouch.com
info@TTouch.com

Büro Kanada:
Tellington TTouch Training Canada
5435 Rochdell Road
Vernon, BC Canada V1B 3E8
www.tteam-ttouch.ca

Büros weltweit:
www.ttouch.com/linksWorldwide.shtml

Edition Boiselle
Armbruststr. 11
D-67346 Speyer
www.editionboiselle.de
info@editionboiselle.de
www.facebook.com/editionboiselle